教育部高职高专计算机教指委规划教材

基于C#的Windows应用程序设计项目教程

主　编　刘昌明　郑　卉

中国人民大学出版社
·北京·

总序

近年来，我国高等教育取得了跨越式发展，毛入学率由1998年的8%迅速增长到2010年的25%，已经进入到大众的发展阶段，这其中，高等职业教育对实现“形成全民学习、终身学习的学习型社会”、“构建终身教育体系”的宏伟目标，发挥着其他教育形式不可替代的作用。

质量是职业教育的生命，社会需求是职业教育发展的终极动力。新颁布的《国家中长期教育改革和发展规划纲要》特别强调通过推进教育教学改革来提高质量。《纲要》要求通过课程、教材、教学模式和评价方式的创新，推进就业创业教育，实现人才培养方式转变，着力提高学生的职业道德、职业技能和就业创业能力。

实际上，为了适应我国高等职业教育的发展，全面提高教育教学质量，教育部主管部门先后启动了“国家精品课程建设”和“国家示范性高等职业院校建设计划”，经过四年的建设，无论是办学条件、人才培养模式，还是学生的就业质量都取得了显著进步；同时，也涌现出了一批高水平的优秀课程和优秀教材，为传播优秀教学理念、教学方法和教学内容起到了重要作用，为提高教学质量奠定了坚实基础。

为进一步深化教育教学改革和精品课程建设，进一步挖掘优秀的课程和教材，推广优秀的教育成果，扩大精品课程的受益面，在教育部高等学校高职高专计算机类专业教学指导委员会的指导下，中国人民大学出版社组织召开了计算机类专业的教材研讨会，并成立了教材编审委员会，计划在未来两三年内陆续推出百种高职高专计算机系列精品教材。

此套教材的作者大都是有着丰富的职业教育教学经验和较高专业学术水平的专家和教授。教材内容的选择克服了追求理论“大而全”的不足，做到了少而精，有针对性，突出了能力的训练和培养；教材体例的安排突出了学习使用的弹性和灵活性，形成文字教材和多媒体教程相结合的立体化教材，加强了教师对学生学习过程的指导和帮助，形象生动、灵活方便，更能适应学员在职、业余自学，或配合教师讲授时使用，相信会起到很好的教学效果。为满足教师在实际教学中的需求，本套教材在编写体例形式上不拘一格，具备“任务引领型”、“案例型”、“项目实训型”等写作特点，其目的是让学生在学中练、练中学，在实际动手练习中掌握理论知识的专业技能。

我们期待，这套高职高专计算机精品教材能够为促进我国高校IT职业教育的教学质量做出积极的贡献；我们也相信，这套教材必将在实践中日臻完善、追求卓越！

教育部高等学校高职高专计算机类专业教学指导委员会 主任委员

大连东软信息学院院长　温涛教授

二〇一〇年六月

前 言

在信息化快速发展的今天，IT行业变化速度更是惊人，不管是语言、技术还是应用，都在发生着日新月异的变化。几年前，C语言还在编程的世界里大行其道，它依靠简单且易于理解的语法、高效的性能，构建了众多优秀的软件。在进入面向对象编程之后，相继出现了C++、Java和C♯等。C♯是出现最晚的，也是一门集众语言之所长的简单、现代、面向对象且类型安全的语言。

C♯是Microsoft公司推出的基于.NET平台的一门新语言，在语法方面它兼顾了Java和C++的优点，在应用方面它吸收了VB、Java和C++的优点。由于C♯不仅简单易学而且可以跨平台使用，因此它正在成为程序开发人员使用的主流编程语言，Visual Studio集成开发环境更为C♯提供了强大的开发能力。毫无疑问，VC♯会取代VB、VC成为Windows操作系统桌面软件的首要开发语言。因此，应当了解C♯关于桌面软件开发的知识，这些知识包括Windows Form、ADO.NET等。当然，在学习这些知识前，要掌握C♯基本语法及通用操作，这部分的知识包括变量、语句、类定义、字符串类、读写文件、异常操作等。有了这些基础，就可以开发相应的信息管理系统了，随着实践的逐步增多，对平台开发有了一定的基础后，进一步学习Web开发技术就更加容易了。关于Web开发的高级应用技术，请关注编者近期将推出的本教材姊妹篇——《Web应用程序设计》。

目前，国内各大出版社出版了大量关于C♯语言的教材和书籍，但进一步细分的专门针对Windows应用程序设计（即Windows Form）的教材和书籍还相当稀缺。有不少学校选择教材时，只能选择包含这部分知识的书籍，这从能力培养和知识结构的角度来讲，都是不太合适的。为此，我们组织了来自高等学校和高等职业院校教学经验丰富的专业教师、企业的资深软件工程师精心编写了本书。

本书的特点

本书是基于C#学习开发Windows应用程序设计的教材。它基于Microsoft. NET Framework 3.5、Visual Studio 2008版本，整个讲解始于基础，以企业真实项目或案例为教学内容载体，融合多种教学方法，使用通俗生动的语言介绍C#开发Windows应用程序设计的常用案例。本书是软件技术专业的核心课程的配套教材，采纳国家教学成果一等奖“四环相扣”（基于“能力标准、模块课程、工学交替、职场鉴定”）的教学模式，对课程进行精心设计，既注重基础知识和基本技能的培养，又高度重视学生实际项目开发能力的引导和提高。

本书从Windows应用开发常用的五个方面进行了讲解。

第一部分是开发环境搭建，主要介绍了C#的预备知识，包括.Net Framework介绍，C#语言的语法、类和对象介绍，重点介绍了Visual Studio 2008开发环境。

第二部分是窗体界面设计，重点介绍了在设计Windows应用程序时，对窗体界面设计的方法，通过登录程序、技术调查应用程序设计、记事本应用程序三个小项目，介绍了主要的界面设计使用的控件类。

第三部分是系统访问技术，以资源管理器项目为载体，以实现系统访问为目的，介绍了系统环境相关类。

第四部分是图形图像处理，以图片浏览器、简单画图板两个项目为主，介绍图形图像相关类的使用。

第五部分是数据访问，数据访问是较为重要的部分，各种信息管理系统基本上都不能离开数据访问技术。在这部分，通过对XML和Access类型数据的访问，介绍使用C#实现数据访问的方法，包含了通讯录和日记本两个项目。

全书依据具体情景项目，细分为第一个Windows应用程序、登录程序设计、技术调查应用程序设计、记事本应用程序设计、资源管理器应用程序设计、图片浏览器程序设计、简单画图板程序设计、通讯录应用程序设计、日记本程序设计9章。由浅入深，由易到难，以Visual Studio 2008为平台展示了C#强大的开发能力，突出了C#的优点，用浅显易懂的语言、精彩实用的例子，让读者体会C#开发的快速、高效与完美。

如何使用本书（阅读建议）

全书通过对真实企业项目全面解构，精心选择、提炼和组织项目内容。从项目建立开始，到项目测试完成，而后提炼出相关核心技能，最后还设计了便于读者课堂练习的拓展实训以及课后练习，重点加强了对读者的技能培养。本书附录还提供了编程规范，以满足不同读者群的需要。

本书每一章开始，首先提出技能目标。该目标的确定是建立在实用的基础上，并不强调知识的深度和难度，旨在为读者确定学习的基础目标，以及明确通过本章学习所应具备的基本能力。

技能目标下面一部分为情景描述，即简要介绍本章的项目所适用的环境、应当具备的基本功能以及扩展的方向等，使读者对即将开发的项目有一定的感性认识。在时间和课时允许的条件下，还可以根据软件工程的相关内容，例如需求分析，对该部分做进一步的扩展和补充。

接下来为实战引导，采取图文并茂的方式，一步步详细介绍项目实现的过程，并在其中穿插编程技巧、提示和说明等，进一步专注技能方面的介绍。由于项目的步骤非常详细，强烈建议读者在完成项目的过程中，一定多思考，多问为什么，多总结。不要出现在项目完成后，只见树木，不见森林的情况。在引导过程中，按照界面设计、功能代码实现、功能测试三部分完成。根据不同专业方向的不同要求，可侧重其中的某一部分。例如着重测试方面的读者，可针对已完成的项目，对测试部分做详细的设计。

通过前面的介绍，一个小项目基本完成。根据其中涉及的相关知识，再提炼出该部分的核心技能。这部分核心技能的学习，可以以本书为基础并结合 MSDN 获取到更多的知识。采用这种学习方式，锻炼和培养了读者根据需要去获得相关知识的方法和能力。实践证明，这样的方法在实际项目开发中是非常实用和有效的。

为了拓展读者的思维，在每个项目结束后，我们特别编写了拓展实训。拓展实训是建立在本章项目的基础上，与情景是相通的，但增加了一些功能要求。通过实训中的要点提示，一般可在较短时间内完成简单实训，有利于读者检验学习的水平。作为学校教学，可将本部分安排在课内完成，及时了解学生的知识掌握情况。

此外，我们还设计了相应的课后练习，这些练习不同于传统的课后习题。课后练习以项目的形式，通过任务描述给出任务。这些项目与本章课内项目的基础情景是不同的，而核心技能却是相通的。在课后练习中，我们还给出了基本的要点提示，目的是锻炼读者的迁移能力。教学时，可根据课时的不同，作为学生的提高练习，也可在 Windows 应用程序设计的项目实训中单独使用。

通过这样的学习过程，完成了从项目到技能再到项目的循环过程，使读者的学习能力在循环过程中得到巩固和提高。以项目为载体，以技能提升为目标，从而达到举一反三的效果。

读者对象（适用范围）

本书适合作为高职高专院校、应用型本科院校计算机软件类专业的教材，也可作为各类Windows应用程序设计、信息管理训练以及Windows应用程序设计职业资格培训的教材，还可供Windows应用程序设计工程技术人员等自学使用，或作为程序设计人员的案头参考书。

编写过程及情况

本书由刘昌明、郑卉主编，其中第1、2、4章由刘昌明编写，第3、9章由郑卉编写，第5章由李林编写，第6章由刘葭编写，第7、8章由项刚编写。全书由刘昌明统稿。

本书在编写过程中参考了许多相关的资料和书籍，对这些作者表示真诚的谢意。由于Windows应用程序设计技术发展迅速，加之编者水平有限，书中难免有疏漏与不足之处，恳请读者及专家不吝赐教。电子邮箱：wula50@163.com。

本书具体章节内容及预分配课时如下：

教材章节	内容	预分配课时
第1章	第一个Windows应用程序	4课时
第2章	登录程序设计	4课时
第3章	技术调查应用程序设计	4课时
第4章	记事本应用程序设计	8课时
第5章	资源管理器应用程序设计	10课时
第6章	图片浏览器程序设计	8课时
第7章	简单画图板程序设计	10课时
第8章	通讯录应用程序设计	10课时
第9章	日记本程序设计	12课时
合计课时		70课时

目 录

第一部分 开发环境搭建

第1章 第一个 Windows 应用程序

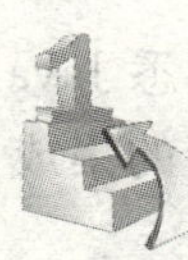

技能目标

- 了解.NET Framework
- 了解C#的基本语法
- 了解 Visual Studio 2008 的安装
- 掌握第一个 Windows 应用程序“Hello World”的开发方法
- 掌握 MSDN 的使用方法
- 熟练掌握 Visual Studio 2008 的开发环境使用

教学情景导入

欢迎来到 Windows 应用程序设计世界！

如果你学习的第一门程序设计语言是C语言的话，相信 Visual Studio 集成开发环境会带给你很不一样的感觉，你可能会愿意花更多时间在编程上，因为一切都那么显而易见，离开了黑底白字的环境，做一个界面很漂亮的程序变成了一件很容易的事情。你会发现很多 Windows 操作系统中的程序自己也能够轻松地做出来了，比如计算器、记事本、资源管理器，除此之外还有一些小系统。来吧，现在就跟着我开始吧！

如图 1—1 所示的是一种典型的即时聊天工具的登录窗体。我们先来解释一下窗体的概念。窗体（也叫窗口）学名叫图形用户界面（GDI），指的是软件的外观，就像人的脸一样，好的外观也是好软件的重要部分，漂亮的界面会带给用户良好的使用

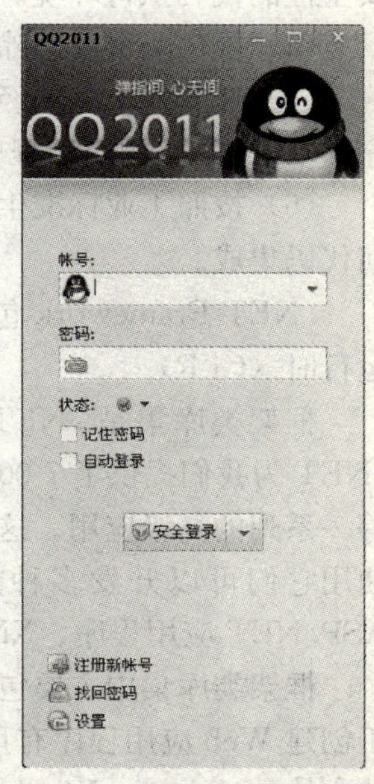

图 1—1 典型 Windows 窗体

体验，能够更好地推广软件。

要开发具有类似外观的窗体程序并不难，Visual Studio 2008为我们提供了很容易使用的界面开发技术，简单到你只需要动动鼠标就能得到你想要的看起来还不错的界面。当然，要实现具体功能，还是需要进一步地编码。

1.1 情景描述：预备知识

在这里我们使用C#（C sharp）语言来开发Windows应用程序，C#是构建在微软（Microsoft）.NET平台之上的全新的面向对象的编程语言，与.NET Framework完美结合。如果以前接触过Java的话，可能会有这样一种感觉——它们在很多地方都有那么点相似。如果有兴趣，可以去互联网上搜索一下，会得到更多相关的信息。那么到底什么是.NET Framework呢？我们先简单地介绍一下.NET Framework。

1.1.1 .NET Framework简介

.NET Framework是.NET应用程序运行的平台，是.NET程序的基础。熟悉Java的人可能会觉得它好像Java的虚拟机。.NET Framework是用于代码编译和执行的集成托管环境，它提供了一套很有用且可重用的类型，简化了应用程序的开发。

.NET Framework的中文名字叫.NET框架，顾名思义，它并不是一种具体的开发语言。它的目标是：

(1) 提供一个一致的面向对象的编程环境，无论对象代码是在本地存储和执行，还是在本地执行但在Internet上分布，或者是在远程执行的。

(2) 提供一个将软件部署和版本控制冲突最小化的代码执行环境。

(3) 提供一个可提高代码（包括由未知的或不完全受信任的第三方创建的代码）执行安全性的代码执行环境。

(4) 提供一个可消除脚本环境或解释环境的性能问题的代码执行环境。

(5) 使开发人员的经验在面对类型大不相同的应用程序（如基于Windows的应用程序和基于Web的应用程序）时保持一致。

(6) 按照工业标准生成所有通信，以确保基于.NET Framework的代码可与其他任何代码集成。

.NET Framework包括两部分内容，一个是框架类库集（FCL），另一个是公共语言运行时（CLR）。

框架类库集是.NET Framework提供的一个综合性的面向对象的可重用类型集合。.NET为我们提供了7 000多个类，其中包括了文件操作、数据库操作、线程、XML解析等一系列的高级应用。这些类被分为了几个部分，每一部分都被包含在一个命名空间下。使用它们可以开发多种类型的应用程序，包括控制台应用程序、Windows应用程序、ASP.NET应用程序、XML Web Services和Windows服务等。

框架类库集中主要包括以下这些命名空间：System（根空间）、System.Web（包含对于创建Web应用程序有用的类型，并有下级命名空间）、System.Data（构成ADO.NET的主体）、System.Windows.Forms（此命名空间中的类型组成Windows窗体，用于构建

Windows GUI)、System. Enterprise Services（提供某些类型的企业级应用程序所需要的服务）、System. XML（提供对创建和使用由 XML 定义的数据的支持）。

公共语言运行时类似 Java 中的“虚拟机”，即程序的源代码不是被直接编译执行，而是编译成了一种特殊的中间码（MSIL）。中间码类似于汇编语言代码，它不能被机器直接识别执行，需要 CLR 来管理和执行，CLR 会将中间代码翻译成机器语言交由机器来执行。这样可以解决传统编译型语言的一些致命缺陷，同时这样的设计也可以轻松地实现跨平台的程序开发。当然前提是操作系统要安装 .NET Framework。

在 Visual Studio 2008 里 .NET Framework 的版本是 3.5，对比之前的 2.0 和 3.0，3.5 没有做过多的改变，其中的 CLR 仍旧是 2.0 的。所以 Visual Studio 2005 所开发的软件可以平稳地升级到 Visual Studio 2008。而 Visual Studio 2008 支持在 2.0、3.0 和 3.5 下开发各版本的软件，而且 Visual Studio 2008 提供了更好的开发环境。本书各章节中的各个项目也可以在 Visual Studio 2005 里实现它们。

1.1.2 C#语言简介

1. C#语言的特点

C#最早产生于 1998 年，它的设计者同时也是 Delphi 的设计者安德斯·海尔斯。他的设计目的是设计一种简单、现代、通用、面向对象的编程语言。C#具有类似 Java 的语法，又借鉴了 C++和 C 的风格，同时它拥有 VB 语言一样的快速开发特性。C#有以下的特点：

（1）入门简单。学习过简单的 C 语言的初学者，就可以轻松入门。

（2）语法简洁。在默认情况下，C#代码是委托给 CLR 管理并执行的，不允许直接操作内存，隐藏了指针操作。如果学习过 C 或者 C++，一定对指针有着很深的印象，但在 C#的托管代码里是没有指针操作的。

（3）完全的面向对象设计。C#是精心设计的面向对象的程序设计语言，具有面向对象语言所拥有的一切特性——封装、继承和多态，但舍弃了一些会引起混乱的东西，比如多重继承。简而言之，在学习面向对象程序设计时所学习到的一切，它都能实现。

（4）支持纯文本编写格式。可以不用安装 C#的开发工具，通过记事本完成编写功能，当然这个需要有十分深厚的 C#功底。

（5）与 Web 应用紧密地结合。不仅仅支持 Windows 桌面应用程序的开发，还支持网站等 Web 应用程序的开发。C#支持绝大多数的 Web 标准，例如 HTML、XML、SOAP 等。

（6）强大的安全性机制。可以消除软件开发中常见错误，如使用未初始化的变量，访问不属于自己所管理的存储空间等。.NET 提供的垃圾回收器（垃圾回收不是 C#的组成部分，而是.NET 平台提供的）能够帮助用户有效地管理内存资源。另外.NET 运行库提供了代码访问安全特性，它允许管理员和用户根据代码的 ID 来配置安全等级。

（7）兼容性。C#遵循 .NET 的公共语言规范（CLS），能够保证与其他语言开发的组件兼容。

C#在语言里内置了版本控制功能，用户可以更加容易地开发和维护，这样就再也不会为了程序到底更新了几次而发愁了。C#提供了完善的错误和异常触发机制，使程序在交付应用时能够更加“健壮”。

(8) 快速开发。依靠强大的开发工具 Visual Studio 2008，它具有其他开发工具无法比拟的智能提示、控件拖放等功能，为快速开发应用程序奠定了基础。

(9) 局限性。必须依赖 Microsoft 的 .NET 框架，以及 Windows 操作系统，从可移植性来讲，局限了C#的发展。

2. C#语言的开发环境

C#语言的开发环境主要有以下两种：

(1) SDK 开发环境。可以从微软公司网站上免费获取 .NET 的软件开发工具包 (SDK)，包含编译、运行和测试C#的各种资源，但不包括C#编辑器。

(2) Visual Studio. NET。Visual Studio 是一个完整的、功能强大的集成开发环境 (IDE)，可用于生成桌面应用程序、ASP. NET Web 应用程序等多种类型的应用程序，而且支持C#、Visual Basic、Visual C++等多种 .NET 编程语言。

本书使用的 Visual Studio. NET IDE 版本是 Visual Studio 2008 (Team System 版)，可以从微软的官方网站上下载到它的 90 天试用版，在本书完成时它的下载的地址是：http：//www. microsoft. com/downloads/details. aspx? familyid = D95598D7-AA6E-4F24-82E3-81570C5384CB&displaylang= zh-cn，如果不能访问，可以到 http：//msdn. microsoft. com/zh-cn/vstudio/default. aspx 寻找它的新的链接。值得一提的是，它被分成了7个压缩包，需要将它们全部下载后才能解压安装。在本书的编写过程中，Visual Studio 2010 已经推出了正式版，可以从微软的官方网站上下载它的 Express 学习版本。

1.1.3 C#语言的基本语法

1. 格式

(1) 缩进与空格。缩进用于表示代码的结构层次，这在C#程序中不是必须的，但是缩进可以清晰地表示程序的结构层次，在程序设计中应该使用统一的缩进格式书写代码。

空格有两种作用，一种是语法要求，必须遵守；另一种是为使语句不至于太拥挤。Visual Studio 2008 可以自动地调节格式，使代码更加清晰。

(2) 字母大小写。C#中的字母可以大小写混合，但是必须注意的是，C#把同一字母的大小写当作两个不同的字符对待，如大写“A”与小写“a”对C#来说，是两个不同的字符。

(3) 注释。C#中的注释基本有两种，一种是单行注释，另一种是多行注释。单行注释以双斜线“//”开始，不能换行。多行注释以“/*”开始，以“*/”结束，可以换行。

说明： 你可以通过工具栏上的这两个按钮“”，快速注释和取消注释语句。

(4) 语句。语句就是C#应用程序中执行操作的指令。C#中的语句必须用分号“;”结束。可以在一行中书写多条语句，也可以将一条语句书写在多行上。

(5) 大括号。在 C# 中，大括号“{”和“}”是一种范围标志，是组织代码的一种方式，用于标识应用程序中逻辑上有紧密联系的一段代码的开始与结束。

大括号可以嵌套，以表示应用程序中的不同层次。

2. 命名空间

命名空间既是 Visual Studio. NET 提供系统资源的分层组织方式，也是分层组织程序的方式。因此，命名空间有两种，一种是系统命名空间，另一种是用户自定义命名空间。

系统命名空间使用 using 关键字导入。系统命名空间是 Visual Studio. NET 中的最基本的命名空间，在创建项目时，Visual Studio. NET 平台都会自动生成导入该命名空间，并且放在程序代码的起始处。其他的一些命名空间则根据不同的开发程序类型，引用有所不同。

除了系统命名空间外，用户也可以自定义命名空间，用户自定义命名空间使用 namespace 关键字声明，在需要使用的时候同样使用 using 关键字导入。

虽然命名空间的导入和声明不是必须的，但是在实际的程序开发过程中，一个程序往往由许多模块组成，使用命名空间有利于程序的组织和管理。

3. 基本数据类型

(1) 数值类型。

① 整数类型。整数类型又分有符号整数与无符号整数。有符号整数可以带正负号；无符号整数不需要带正负号，默认为正数。

有符号整数包括 sbyte（符号字节型）、short（短整型）、int（整型）、long（长整型）。

无符号整数包括 byte（无符号字节型）、ushort（无符号短整型）、uint（无符号整型）、ulong（无符号长整型）。

② 实数类型。实数类型包括 float（单精度浮点型）、double（双精度浮点型）、decimal（十进制型）。

(2) 字符类型。

① Unicode 字符集。Unicode 是一种重要的通用字符编码标准，是继 ASCII 字符编码后的一种新的字符编码，如 UTF-16 允许用 16 位字符组合为一百万或更多的字符。

C# 支持 Unicode 字符集。

② char（字符型）。char 数据范围是 0～65 535 之间的 Unicode 字符集中的单个字符，占用 2 个字节。

char 表示无符号 16 位整数，char 的可能值集与 Unicode 字符集相对应。

③ string（字符串型）。string 是指任意长度的 Unicode 字符序列，占用字节根据字符多少而定。

string 表示包括数字与空格在内的若干个字符序列，允许只包含一个字符的字符串，甚至可以是不包含字符的空字符串。

(3) 布尔类型和对象类型。

① bool（布尔型）：表示布尔逻辑量。bool 数据范围是“true（真）”和“false（假）”。bool 占用一个字节。bool 的值“true”和“false”是关键字。

② object（对象型）：表示任何类型的值，其占用字节视具体表示的数据类型而定，也是所有其他类型的最终基类。C#中的每种数据类型都是直接或间接从 object 类型派生的。

4. 变量

变量主要用于数据的存储，变量不同的内涵，即装在变量中不同的部分，称为类型。变量限定不同的类型，可以避免混淆存储在变量中的数据。

变量声明的格式如下：

```
〈变量类型〉〈变量名〉
```

声明变量后，可以给变量赋值。使用“=”赋值运算符来个变量赋值。例如：

```
int var = 10;
```

当有多个变量需要同时声明时，以下的几种形式都是允许的。

```
int a = 1,b = 2;           //该句和下面两句的功能完全相同
int a,b;
a = 1;b = 2;
```

在C#中所有的名称都必须先声明后使用。

C#对变量名的命名有如下的规定：

(1) 变量名的第一个字符必须是字母（包括汉字）或下划线（ _ ）或@，其余字符必须是字母（包括汉字）、数字或下划线。

(2) 系统关键字或库函数名不能用来做变量名。

例如，这些变量名是正确的：myVar、学号、_123。但这些变量名不正确：1Student、namespace、that's OK。

注意：C#是严格区分字母大小写的，也就是说 myVar、MyVar、myvar 是三个不同的变量。

5. 常量

编写程序代码时，可能会反复用到同一个数据，比如圆周率。此时，使用常量可以大大提高程序的易读性和可维护性。常量有直接常量和符号常量两种。

(1) 直接常量。直接常量即数据本身，包含数值常量、字符常量、字符串常量、布尔常量。

(2) 符号常量。符号常量由用户自定义符号代表，比如在计算税率时，可将起征点和税率定义成符号常量，当数据发生变化时，只修改常量定义就可以了。

常量声明的格式如下：

```
const〈类型〉〈常量名〉=〈常量表达式〉;
```

例如：

```
const double PI = 3.1415926;
```

说明：常量的命名规则和变量的命名规则相同，“常量表达式”由数值常量、字符串常量等直接常量和运算符组成，可以包含已经定义过的符号常量，但不能使用变量和函数。

6. 数据类型的转换

数据类型的转换有隐式转换与显式转换两种。

（1）隐式转换。隐式转换是系统自动执行的数据类型转换。隐式转换的基本原则是允许数值范围小的类型向数值范围大的类型转换，允许无符号整数类型向有符号整数类型转换。

（2）显式转换。显式转换也叫强制转换，是在代码中明确指示将某一类型的数据转换为另一种类型。显式转换的一般格式为：

```
(数据类型名称)数据
```

例如：

```
int x = 600;        short z = (short)x;
```

显式转换中可能导致数据的丢失，例如：

```
decimal d = 234.55M;        int x = (int)d;
```

（3）数据类型转换的方法。

① Parse 方法。Parse 方法可以将特定格式的字符串转换为数值。Parse 方法的使用格式为：

```
数值类型名称.Parse(字符串型表达式)
```

例如：

```
int x = int.Parse("123");
```

② ToString 方法。ToString 方法可将其他数据类型的变量值转换为字符串类型。ToString 方法的使用格式为：

```
变量名称.ToString()
```

例如：

```
int x = 123;        string s = x.ToString();
```

在介绍了这些基本语法后，本章将介绍 MSDN 的使用，同学们可以通过这个巨大的文档库来进一步学习。

7. 类和方法

在 C# 中，必须用类来组织程序的变量与方法，也可以理解为类是组织程序的最基本单位。所有的变量以及方法都需要放在类中定义，不存在独立于类的方法和变量。换句话说，要声明一个变量或者定义一个方法，这些操作必须在类中完成。

类是一种数据类型，在C#中，类分为两种：一种是由系统提供的预先定义的，这些类在.NET框架类库中；另一种是用户定义数据类型，在创建对象之前必须先定义该对象所属的类，然后由类声明对象。

例如，在Windows应用程序设计里，我们常见的Form1就是一个类，这个类继承自系统提供的Form这个类。

C#中定义一个类的简单格式如下：

```
class 类名 {类体}
```

“类名”是一个合法的C#标识符，表示数据类型（类类型）名称，“类体”以一对大括号开始和结束。在一对大括号后面可以跟一个分号，也可以省略分号。

例如，我们定义一个学生类：

```
class Student                                          //类名为Student
{                                                      //声明字段
    private string sno;
    private string sname;
    private double csharp;
    private double database;
    //声明属性
    public string Sno { get { return sno;} set { sno = value;} }
    public string Sname { get { return sname;} set { sname = value;} }
    public double Csharp { get { return csharp;} set { csharp = value;} }
    public double Database { get { return database;} set { database = value;} }
    //声明方法
    public double Average()
    {
        return(csharp + database)/2;
    }
}
```

在这个类里，定义了学号、姓名、C#成绩和数据库成绩四个字段，并且声明了属性，还定义了一个求平均分的方法。

用基本数据类型可以声明变量，用类类型也可以声明变量，只不过类类型声明的变量叫类的对象或类的实例。

上例中，要声明Student类的对象，如下：

```
Student s1 = new Student();
```

调用求平均分的方法并且赋值给变量average，需要通过s1调用，如下：

```
double average = s1.Average();
```

有关类的更详细的介绍，同学们可以查阅有关面向对象程序设计方面的书籍，当然也可以查阅MSDN。

1.1.4 安装和启动Visual Studio 2008

现在就正式开始Visual Studio 2008学习之旅。首先，安装Visual Studio 2008。解压

缩之前下载的文件包，双击其中的 Setup. exe，屏幕上会出现如图 1—2 所示的安装程序界面。

单击第一项“安装 Visual Studio 2008”进入向导界面，如图 1—3 所示。

图 1—2　安装程序界面

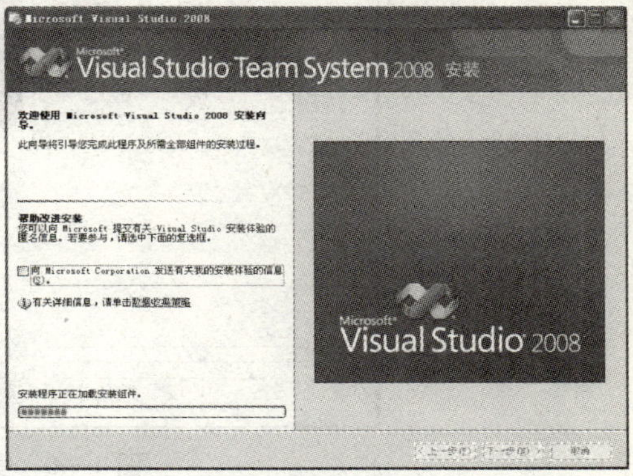

图 1—3　安装向导界面

单击“下一步”按钮，进入安装程序起始页，如图 1—4 所示。在起始页中，选中“我接受许可协议中的条款”，输入产品密钥后，单击“下一步”按钮，进入安装程序选项页，如图 1—5 所示。

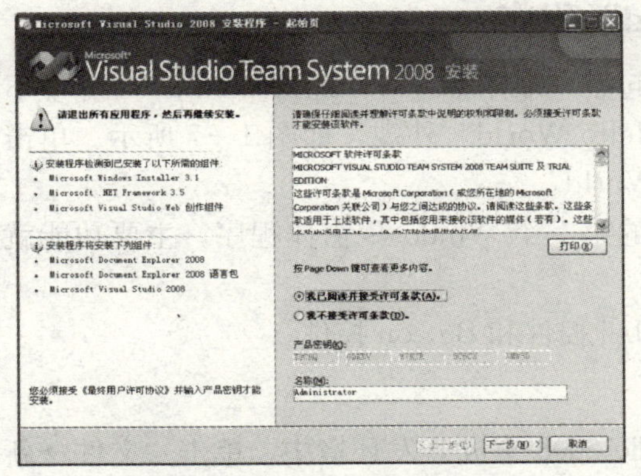

图 1—4　安装程序起始页

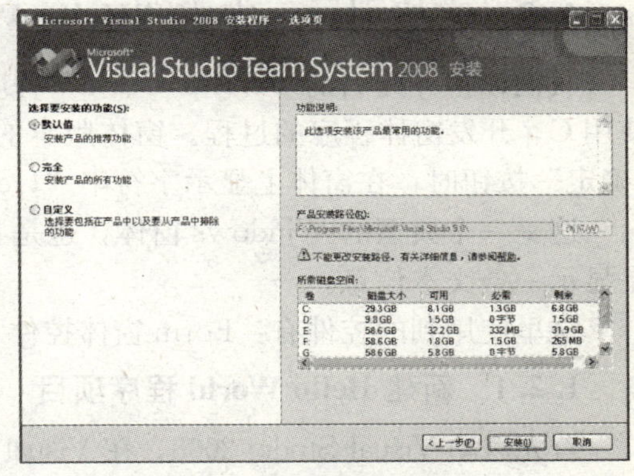

图 1—5　安装程序选项页

说明：我们当前使用的 90 天试用版，默认安装位置在之前安装过 Visual Studio 的地方，且不能更改安装路径，所以此处的路径，不同人安装时有所不同。但是无论应用程序的位置如何，安装过程都将在系统驱动器上安装一些文件。应确保系统驱动器有必需的磁盘空间，而不管应用程序的位置如何，都要确保安装应用程序的驱动器上有足够的磁盘空间。选择自定义安装可能需要更多或更少的硬盘空间。

单击“安装”按钮，进入安装程序安装页，如图 1—6 所示。

组件安装完毕后，单击“下一步”按钮，进入安装程序完成页，单击“完成”按钮，

图 1—6　安装程序安装页

完成安装。

依次单击“开始→所有程序→Microsoft Visual Studio 2008→Microsoft Visual Studio 2008”，启动 Visual Studio 2008。

1.2　实战引导：完成“Hello World”程序

我们以世界闻名的“Hello World”程序为起点，来体验在 Visual Studio 2008 环境下使用 C#开发窗体程序的过程。窗体版本的“Hello World”外观，如图 1—7 所示。单击“确定”按钮时，在窗体上显示字符串“Hello World”。

这是一个典型的 Windows 窗体，也是我们的第一个 Windows 窗体程序，主要功能就是显示一条文本信息。

这里使用到的控件有：Form 窗体控件、Label 控件和 Button 控件。

1.2.1　新建 Hello World 程序项目

首先启动 Visual Studio 2008，在 Visual Studio 2008 集成开发环境中，单击“文件→新建→项目”，打开“新建项目”对话框，如图 1—8 所示，将“名称”改为“Ch1_Ex1”。

图 1—7　Hello World 程序界面

图 1—8　“新建项目”对话框

> **说明：**“项目类型”中的语言选择为“Visual C#”，“模板”中选择“Windows 应用程序”，“位置”中输入或者选取项目文件的存储位置。
>
> 如果要生成基于 .NET Framework 2.0 或者是 3.0 的程序，可以通过单击图 1—8 右上角的下拉列表框进行选择。

单击“确定”按钮，完成项目创建，系统自动生成“Form1.cs”窗体，默认情况下，在开发环境的右上角出现如图 1—9 所示的“解决方案管理器”。

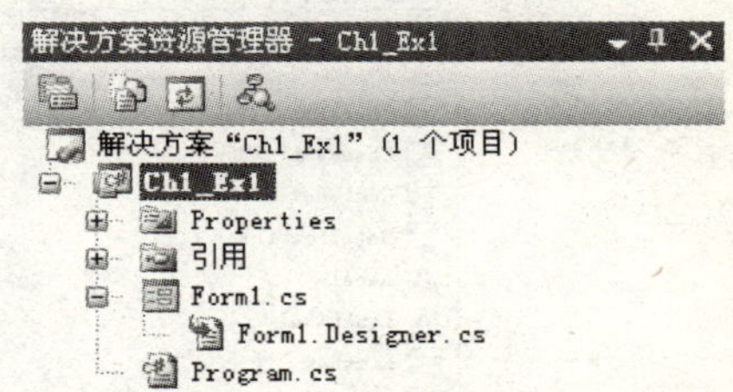

图 1—9　“解决方案资源管理器”的界面

1.2.2　Hello World 程序界面设计

1. 窗体属性设置

要设置窗体的属性，首先要用鼠标点中窗体，此时我们就能够在 Visual Studio 2008 开发环境的右下角看到窗体的“属性”窗体，如图 1—10 所示。

如果没有看到“属性”窗体，可以单击菜单栏上的“视图”，选择“属性窗口”，如图 1—11 所示。

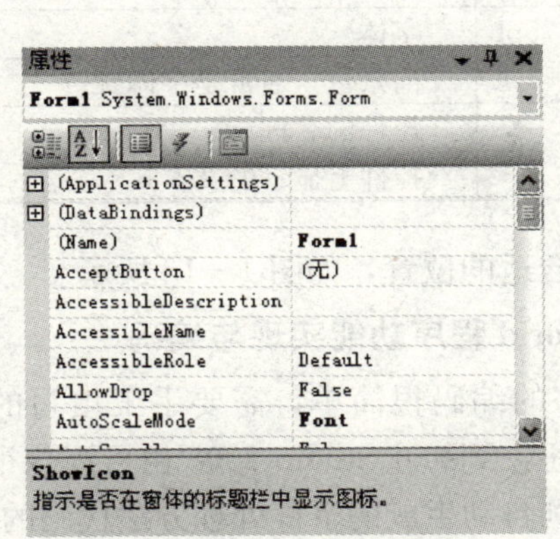

图 1—10　“属性”窗体

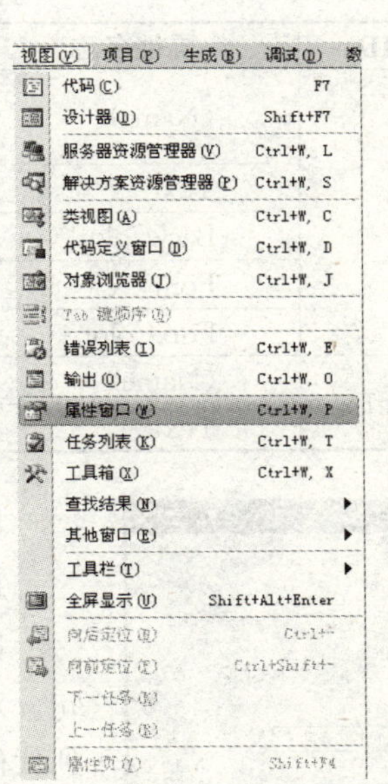

图 1—11　“视图”菜单

在“属性”窗体中对 Form1 窗体进行属性设置，需要设置的属性见表 1—1。

表 1—1　窗体（Form1）属性设置

属性名称	属性值	说明
Text	Hello World	窗体标题栏的文本
Start Position	Center Screen	窗体在第一次启动时的位置

2. 添加控件与设置控件属性

在Visual Studio 2008开发环境中的“工具箱”上拖动1个“Label”控件和1个“Button”控件到窗体中，如图1—12所示。Visual Studio 2008自动为控件实例取名为“label1”、“button1”，设置它们属性见表1—2。

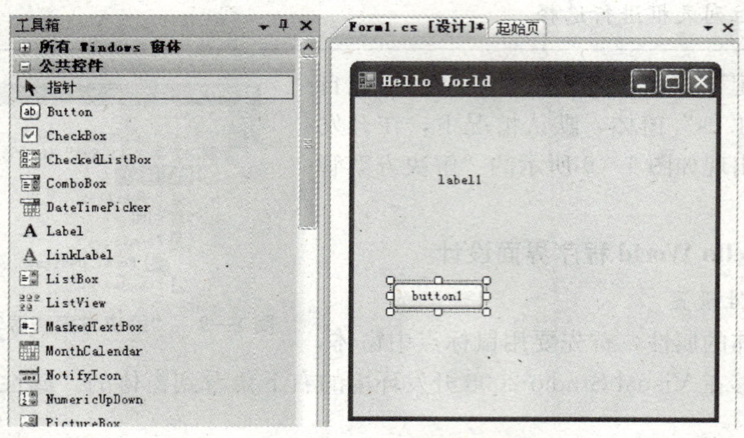

图1—12 程序界面设置

表1—2 Label控件和Button控件属性设置

控件ID	属性名称	属性值	说明
label1	(Name)	lblHW	控件的名称，更改以后，在代码中必须使用新的名称来引用控件对象
	Text	空	控件上显示的文本
	BackColor	255，255，192	控件背景色
	Font	宋体-PUA，15.75pt	字体
	ForeColor	Red	前景色，通常是字体颜色
button1	(Name)	btnOK	控件的名称
	Text	确定	控件上显示的文本

图1—13 程序界面设置

调整两个控件到合适的位置，如图1—13所示。

1.2.3 Hello World程序功能实现与编码

Hello World程序的编码很简单，需要手工填写的只有一句。双击“确定”按钮，Visual Studio 2008由可视化视图切换到代码视图，可以看到自动生成的事件处理方法代码的框架：

```
private void btnOK_Click(object sender, EventArgs e)
{
    //添加代码的地方
}
```

在“//添加代码的地方”添加下面的语句就可以了：

```
lblHW.Text = "Hello World!";
```

说明：双击控件添加事件处理代码，是最快捷的添加控件最常用事件的方法，但控件的事件并不仅仅只有一种。需要添加其他事件时，可以单击“属性”窗体中的“闪电”图标，进入事件设置窗体，如图 1—14 所示。

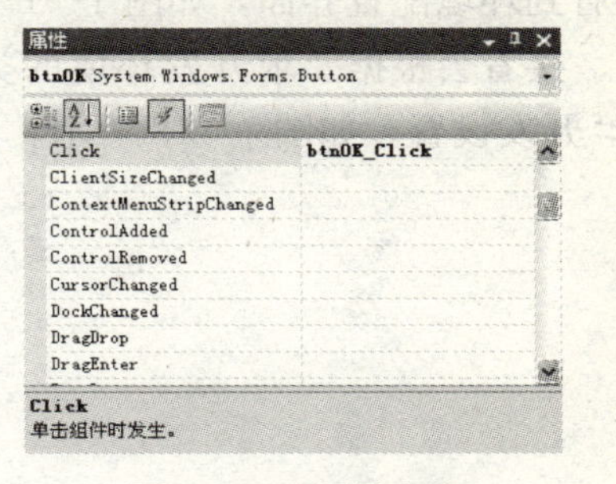

图 1—14 设置窗体

在这里可以看到按钮的事件不仅仅只有 Click，还有双击事件、鼠标移动事件、键盘按下事件、拖动按钮事件等，在需要添加其他事件的时候，双击事件名称就可以了。如果已经编写了事件的处理代码，那么需要在对应事件的右方下拉列表中选择事件处理方法的名称，这就叫做关联事件，如图 1—15 所示。

图 1—15 关联事件

1.2.4 调试运行

以上工作进行完之后，就可以看看程序的运行效果了。可以使用快捷键“F5”直接启动调试，也可以单击工具栏中“▸”启动调试，还可以选择“调试”菜单下“开始调试”。这样运行后产生的窗体就是一个 Windows 窗体，至此我们就完成了一个完整的 Windows 应用程序。

说明：如果没有成功编译项目，则可以在“错误列表”窗体中看到错误提示。根据这些信息很容易找到错误发生的位置。在程序规模比较大的情况下，我们还可以利用“调试”菜单下的其他工具调试执行，如设置断点、按语句（快捷键“F11”）或按过程（快捷键“F10”）运行程序，以逐步运行的方式来查看程序的运行情况。“调试”菜单如图 1—16 所示。

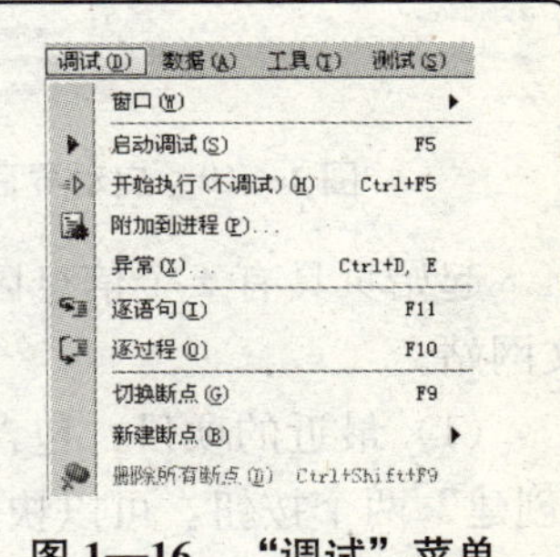

图 1—16 “调试”菜单

要更好、更快地开发 Windows 应用程序，还需要了解更多有关开发环境的知识。

1.3 核心技能

1.3.1 Visual Studio 2008 开发环境

前面简单地介绍了 Visual Studio 2008 的安装，也做了第一个 Windows 应用程序。下面，仔细地看看 Visual Studio 2008 到底有些什么。第一次启动 Visual Studio 2008 时，就会看到环境配置界面，如图 1—17 所示。

接着会根据要求开发环境的类型，定制相应的设置集合，在这里，我们选择 Visual C#开发设置，如图 1—18 所示。

图 1—17　环境配置界面

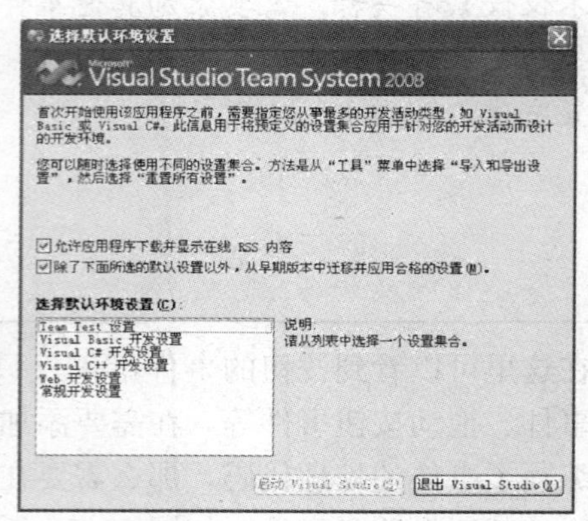

图 1—18　设置开发环境

设置完毕后，就能看到如图 1—19 所示的启动界面。

启动 Visual Studio 2008 后，窗体的中间将出现“起始页”，如图 1—20 所示。

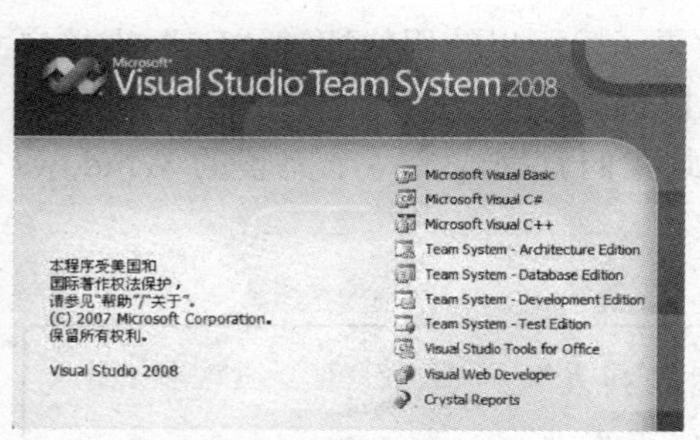

图 1—19　启动界面

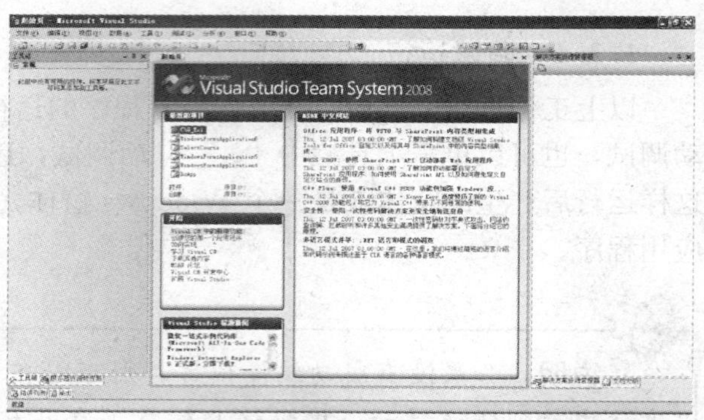

图 1—20　起始页

起始页具有 4 个信息区域：最近的项目、开始、Visual Studio 标题新闻和 MSDN 中文网站。

（1）最近的项目：包含指向最近用过的 6 个项目链接。该信息区域还有“打开”和“创建”两个按钮，可以快速帮助我们打开或新建一个 C#程序，这两个功能和“文件”菜单里的两个功能是完全一样的。

（2）开始：为初学者提供一些帮助，包括快速建立第一个应用程序，初学者工具包，以及到 MSDN 的一些链接。

（3）Visual Studio 标题新闻：主要用来向微软反馈一些意见和建议。

（4）MSDN 中文网站：提供网上的一些技术资源。

在“Hello World”这个例子里，Visual Studio 2008 的开发界面，如图 1—21 所示。

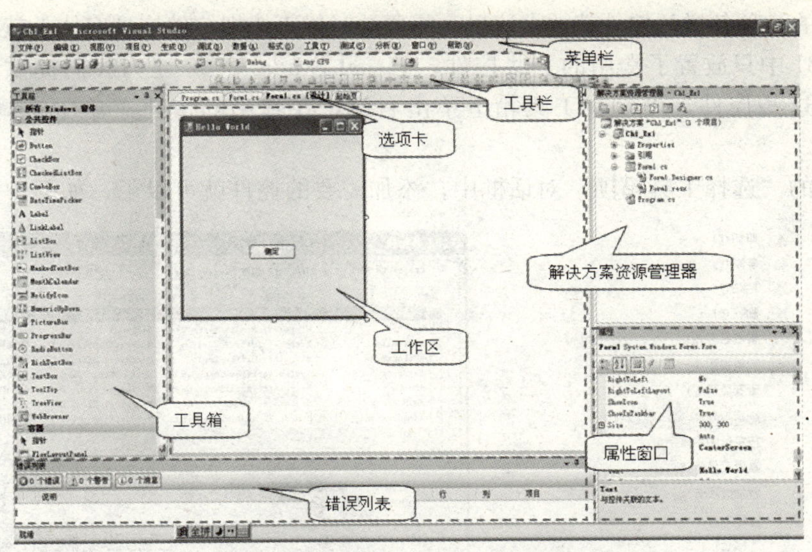

图 1—21　Visual Studio 2008 开发界面

1. Visual Studio 2008 的开发界面组成

（1）菜单栏。

① 文件：提供项目的新建、打开、保存等。

② 编辑：提供编辑代码时的一些操作，如撤销、复制、粘贴、删除、查找和替换等。

③ 视图：提供各个子窗体的显示，如属性窗体、服务器资源管理器等。

④ 项目：提供针对项目的一些操作，如添加窗体、添加类等。

⑤ 生成：提供编译代码的操作，可以编译整个解决方案或者单个项目。

⑥ 调试：提供调试程序的操作，如设置断点等。

⑦ 数据：提供对数据的操作。

⑧ 格式：提供对控件格式的操作。

⑨ 工具：提供一些常用的设置操作，如“选项”菜单，能够提供对文本编辑的一些操作。

⑩ 测试：提供一些有关软件测试的工具，如建立测试单元等。

⑪ 分析：提供对代码性能的分析，包括性能报告等。

⑫ 窗体：提供对窗体布局的操作，如可以自定义开发环境各窗体位置。

⑬ 社区：提供一下帮助信息，如初学者工具包、网络上的交流平台等。

⑭ 帮助：提供 MSDN 帮助文档的一些操作，如搜索、索引等。

（2）工具栏。工具栏上放置了常用命令的快捷按钮。Visual Studio 2008 提供多种用途的工具栏，大部分工具栏都没有显示出来，Visual Studio 2008 会根据当前的操作对象动态地显示相应的工具栏。比如，在设计视图下自动显示“布局”工具栏，以帮助用户调整窗体中各个控件的布局位置；而在代码视图下，则显示“文本编辑器”工具栏，提供一些快捷命令按钮以提高代码编辑的效率。

（3）工具箱。在上面的例子中我们已经用到过它，这里就好像一个“弹药库”，在“战场”上用到的各种各样的控件就放在这里，需要的时候直接把控件拖到窗体上就行了。

图 1—21 中只放置了常用的一些控件，Visual Studio 2008 还为我们提供了更多的控件。要添加这些控件，可以在工具箱上单击右键，在弹出的快捷菜单中选择“选择项”(见图 1—22)。

在弹出的“选择工具箱项”对话框中，添加需要的控件就可以了，如图 1—23 所示。

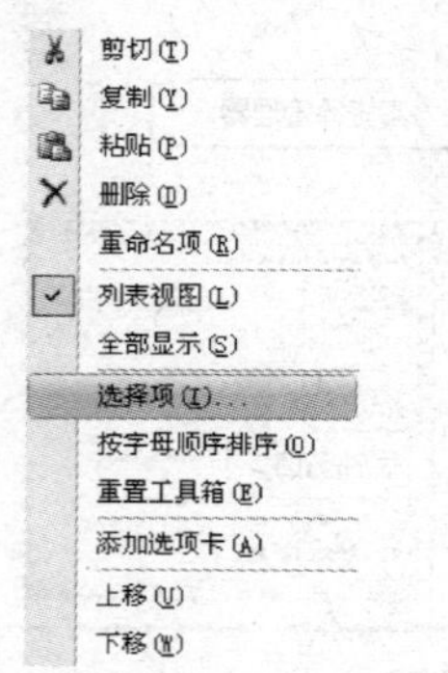

图 1—22　工具箱快捷菜单

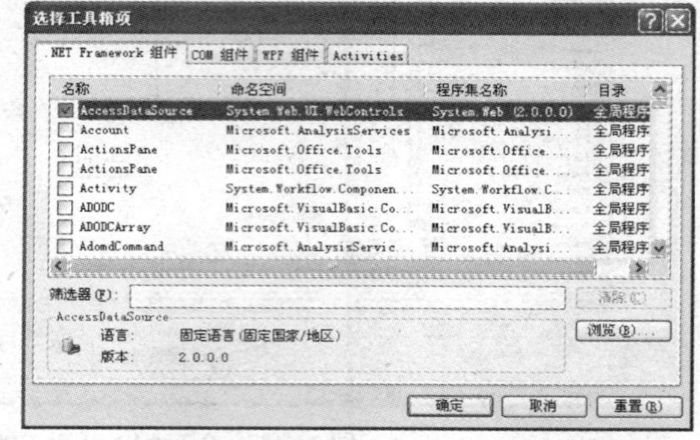

图 1—23　“选择工具箱项”对话框

(4) 工作区。工作区是我们的“主战场”，打开的各种文件以选项卡式的文档窗体呈现。Visual Studio 2008 为多种类型的文件提供了可视化的设计环境。比如，在“解决方案资源管理器”中双击“Form. cs”，我们将看到工作区显示的选项卡标签是“Form1. cs [设计]”，如图 1—24 所示，此时看到的就是 Visual Studio 2008 的可视化设计视图。而在设计视图下在工作区通过右键菜单中的“查看代码”(或者是按快捷键“F7”)，所打开的文档的选项卡标签则是“Form1. cs”。在“解决方案资源管理器”中双击“Form1. Designer. cs”，将会打开这个文件，可以发现里面也是一些代码。

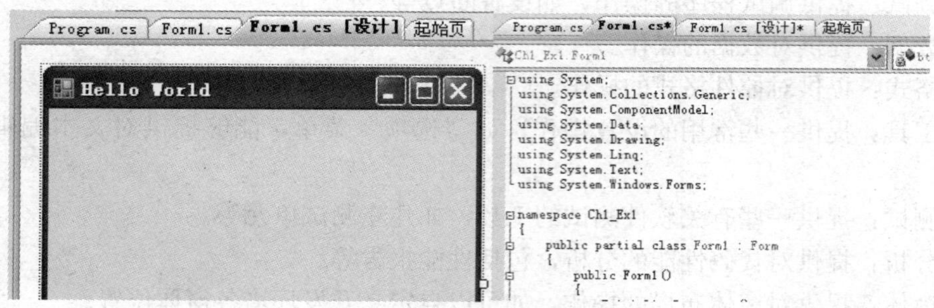

图 1—24　设计视图与代码视图

Visual Studio 2008 将窗体 Form1 的代码分成“Form1. cs”和“Form1. Designer. cs”两个文件来保存。“Form1. Designer. cs”文件中的代码是 Visual Studio 2008 窗体设计器自动生成的，在不了解它们的含义之前不要更改这些代码，否则有可能无法打开窗体的设计视图。“Form1. cs”才是用户编写代码的地方。

(5) 解决方案资源管理器。“解决方案资源管理器”实现我们对项目的文件管理，一个解决方案可以包含多个项目，一个项目也可以包含多个文件，要管理它们，就需要使用解决方案资源管理器。

(6) 属性窗体。属性窗体可以让我们对控件的属性进行个性化的设置，用于查看与设置控件、类和项目的属性，需要提醒的是必须先要选定控件，然后才能设置属性，对于各控件的具体属性我们会在后面的章节给大家详细介绍。

(7) 错误列表。错误列表主要用来输出编译信息，包括出错信息和警告信息。

上面提到的布局是 Visual Studio 2008 开发环境默认布局，并不是一成不变的，有些窗体在 Visual Studio 2008 中并没有显示出来，完全可以按照自己的意愿去修改它。可以在菜单栏上单击“视图”菜单，看看还有些什么窗体，并试试看都包含了什么信息。还可以利用“工具”菜单中的“选项”对话框来进行，主要可以设置如下选项：

(1) 改变窗体的默认外观及布局。

(2) 指定保存项目的默认位置。

(3) 指定常用命令的快捷键。

(4) 确定“任务列表”和“解决方案资源管理器”的默认行为。

(5) 确定在生成项目或项目的解决方案时是否自动保存已更改的文件。

2. Visual Studio 2008 布局上的特点

(1) 自动隐藏。在一些窗体的右上方能看到图标“”，它就像一个图钉，单击后可以隐藏窗体，再次单击后退出隐藏状态。

(2) 选项卡。在工作区中使用选项卡来管理不同文件，通过单击选项卡的标签可以快速地在不同的文档窗体直接切换。选项卡如图 1—25 所示。

Program.cs | Form1.Designer.cs | Form1.cs | Form1.cs [设计] | 起始页

图 1—25　选项卡

(3) 调出工具栏。前面提到的工具栏是默认情况设置，如果需要自己定制工具栏，可以在工具栏空白处单击右键，在菜单里选择要显示的工具条。

(4) 窗体布局管理。Visual Studio 2008 具有窗体停靠功能。当拖动工具窗体通过可停靠窗体的框架时，将显示一个菱形引导标记。菱形的 4 个箭头指向封闭框架的边缘，当拖动的窗体到达可停靠位置时，指向其可固定边的箭头将变为黑色，如图 1—26 所示。如果窗体可以加入选项卡，则该菱形标记的中心将变为黑色。若要停靠窗体，释放鼠标即可。菱形引导标记使开发人员可以更轻松地将活动窗体置于期望的位置。

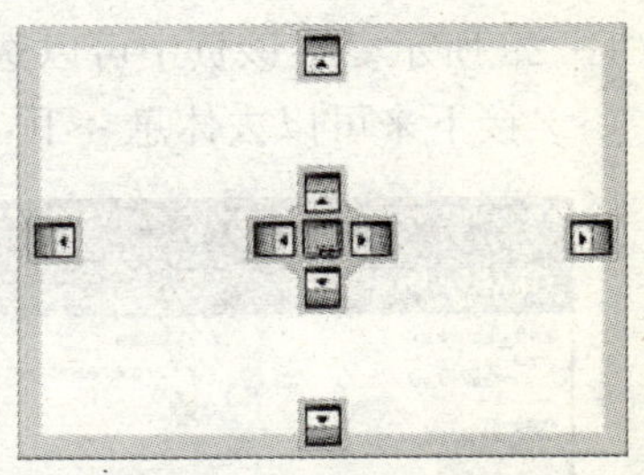

图 1—26　窗体布局管理器

说明：如果想回到默认的设置，可以单击“工具”选择“导出和导入设置”，根据导出和导入设置向导进行操作就可以了。

1.3.2　帮助的使用

现在的技术更新之快、内容之多是用户无法想象的，学会如何在最短时间查找需要的资料是十分重要的。前面在安装 Visual Studio 2008 时，在安装程序界面中的第二个选项是“安装产品文档”，强烈建议大家安装这部分，因为安装了它无异于安装了一部C#的百科全书，充分利用MSDN以及互联网，能够解决在学习中遇到的大部分问题。

MSDN是一个广泛的帮助工具，可以查看任何C#语句、类、属性、方法，还可以从中获取许多编程的例子。帮助工具包括用于 Visual Studio IDE、.NET Framework、C#、J#、VB、C++等的参考资料。可以根据需要筛选这些信息，使其只显示某方面（如C#）的相关信息。当然也可以单独安装MSDN，安装的步骤类似 Visual Studio 2008 的安装。

接下来我们介绍一下MSDN的安装和使用。在安装界面单击第二个选项“产品文档”后，就能够进入到如图1—27所示的界面。

在单击“下一步”按钮后，进入“起始页”，如图1—28所示。在这一页中，主要是检测计算机中已经安装的项目，以及安装许可条款。

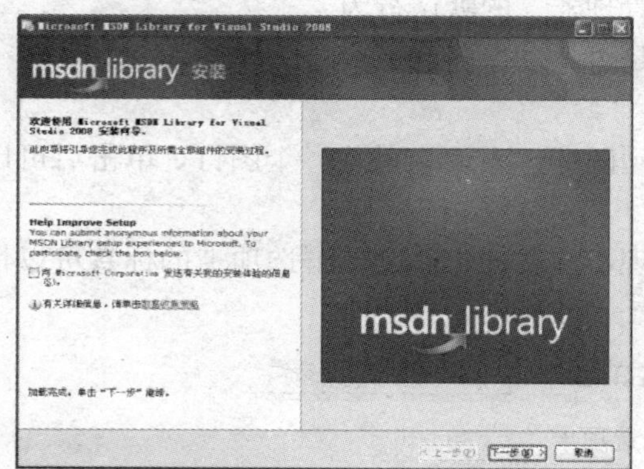

图1—27 MSDN安装向导

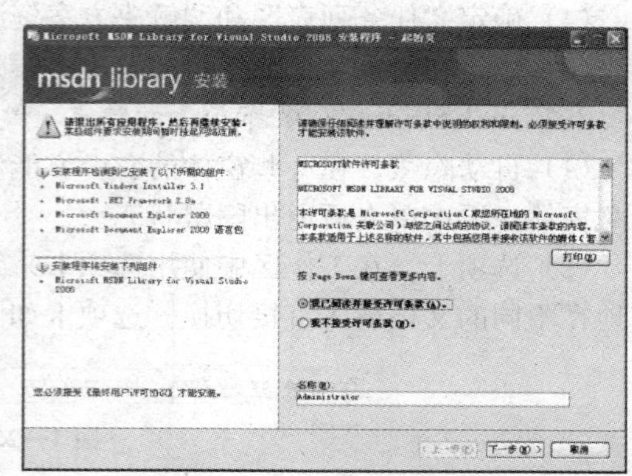

图1—28 MSDN安装起始页

选择“我已阅读并接受许可条款后”，单击“下一步”按钮，进入“选项页”，如图1—29所示。在该页中可以选择安装的功能，以及安装的路径。

接下来可以去休息一下，等待安装（见图1—30）。

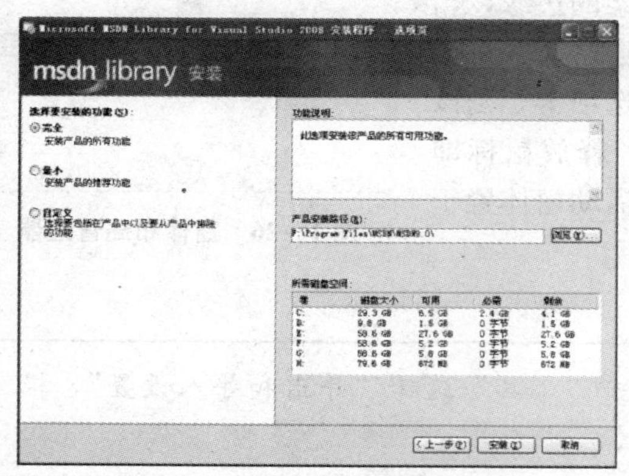

图1—29 MSDN安装选项页

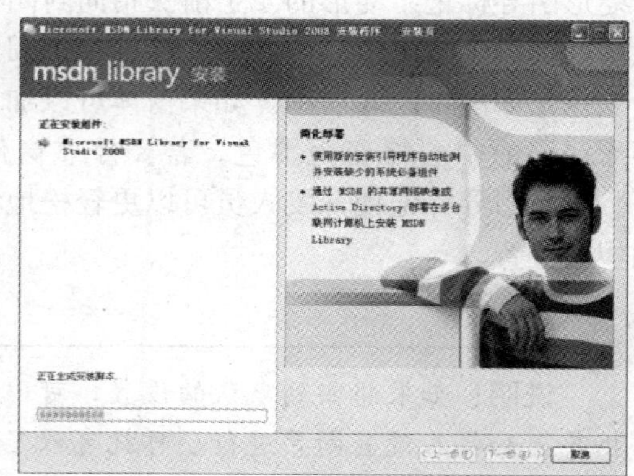

图1—30 MSDN安装过程

安装完毕后，可以在 Visual Studio 2008 中使用“帮助”菜单中的各菜单项打开，也可以依次单击“开始→所有程序→Microsoft Visual Studio 2008→Microsoft Visual Studio

2008 文档”单独打开，如图 1—31 所示。

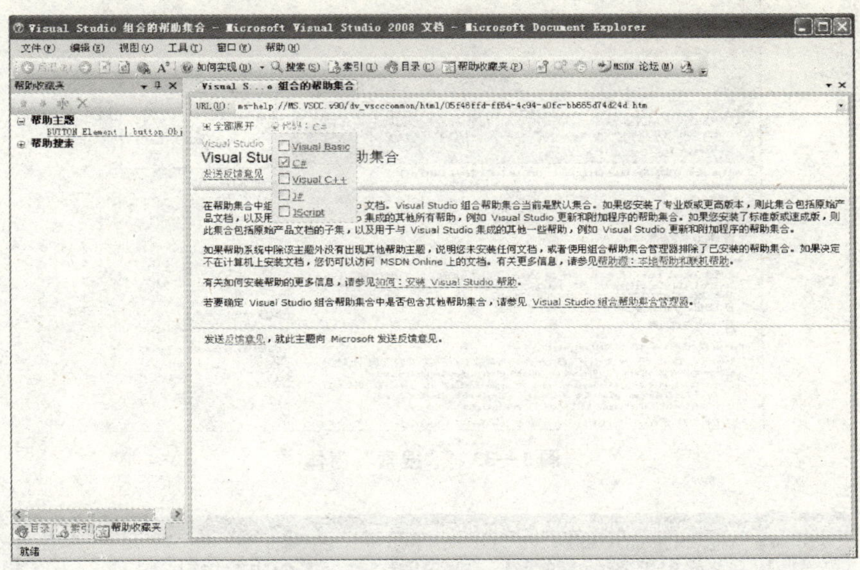

图 1—31　Visual Studio 2008 MSDN

可将“代码：”设置为“Visual C#”，这样可以过滤掉暂时不使用的一些信息。在左边是“目录”、“索引”、“帮助收藏夹”三个窗体，如图 1—32 所示。通过“目录”我们可以系统地学习 C#的知识。最常用的是“索引”，使用它能够快捷地查找想要了解的信息。而“帮助收藏夹”可以自定义收藏一些常用的帮助主题。

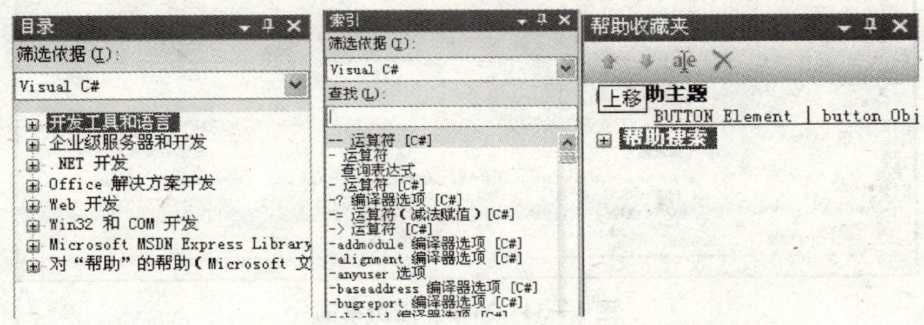

图 1—32　“目录”、“索引”和“帮助收藏夹”窗体

除此以外，位于工具栏的“搜索”也是经常用的。“搜索”窗体如图 1—33 所示，它能够帮助我们从本地、网站或是社区等查询信息。

Microsoft 的 MSDN 从很早的时候就已经开始提供，许多用户都受益匪浅，这也是它闻名于世的原因。Visual Studio 2008 MSDN 里不仅提供了关于各知识点的说明，还提供了大量的源代码，可以经常下载 MSDN 的更新，并且将这些示例代码复制到项目中来运行并查看效果。如图 1—34 所示是一个计算器的演示实例，通过文档里的介绍，你可以快速实现一个比 Windows 操作系统自带的功能更强大的计算器。你可以通过在“索引”输入“计算器演示示例”来找到它。

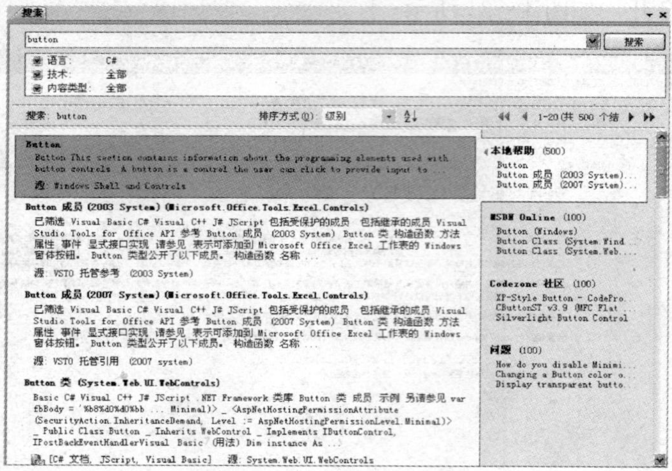

图 1—33 “搜索”窗体

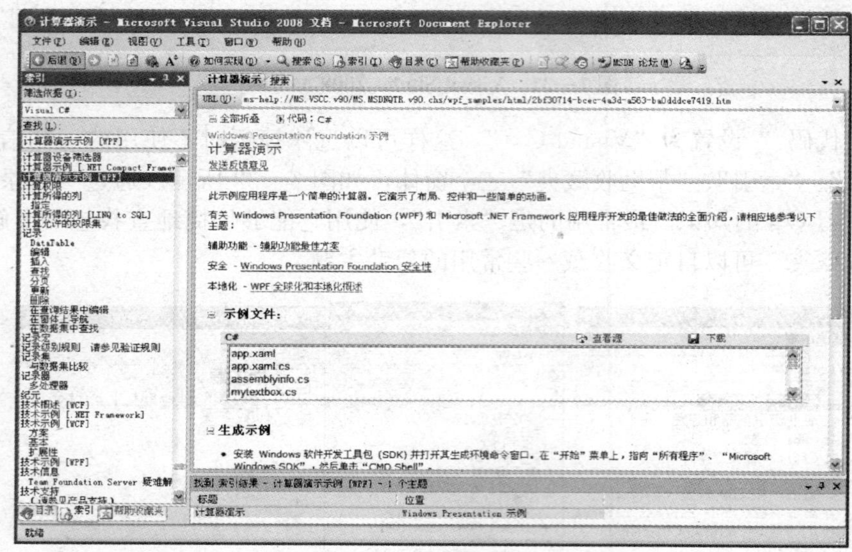

图 1—34 MSDN应用举例

1.3.3 分析窗体代码结构

前面介绍了许多关于IDE的内容，现在来看看“Hello World”这个程序里的代码。从“解决方案资源管理器”中可以看到，这个方案中有一个项目Ch1 _ Ex1，包含了系统自动产生的三个.cs文件，分别是Form1.cs、Form1.Designer.cs、Program.cs。其中前两个文件都是定义了Form1类，也就是窗体类，通过面向对象的知识可以知道，每一个窗体都对应着一个窗体类。Program.cs文件是程序的入口，在这里会看到熟悉的Main方法，文件中还包含程序的主类。

双击“解决方案资源管理器”中各个文件的名字，可以在代码设计器中看到一些代码。接下来，看看这些文件里都有些什么。

```
//Form1.cs
using System;
using System.Collections.Generic;
using System.ComponentModel;
using System.Data;
using System.Drawing;
using System.Linq;
using System.Text;
using System.Windows.Forms;

namespace Ch1_Ex1
{
    public partial class Form1:Form
    {
      public Form1()
      {
        InitializeComponent();
      }

      private void btnOK_Click(object sender,EventArgs e)
      {
        lblHW.Text = "Hello World!";
      }
    }
}
```

Form1.cs 文件也就是在代码设计器看到的文件，里面主要放的是对控件的事件编码，以及自定义的一些方法。

文件的开始是用关键字“using”引入系统命名空间，接下来定义之前的命名空间 Ch1 _ Ex1，在这个空间里，有一个类 Form1，里面包含了自动生成的构造函数 Form1()，以及刚刚添加的 btnOK _ Click 事件。

```
//Form1.Designer.cs
namespace Ch1_Ex1
{
    partial class Form1
    {
        ///<summary>
        ///必需的设计器变量.
        ///</summary>
        private System.ComponentModel.IContainer components = null;

        ///<summary>
        ///清理所有正在使用的资源.
        ///</summary>
        ///<param name = "disposing">如果应释放托管资源,为 true;否则为 false.</param>
        protected override void Dispose(bool disposing)
```

```
{
    if(disposing &&(components != null))
    {
        components.Dispose();
    }
    base.Dispose(disposing);
}

#region Windows 窗体设计器生成的代码

///<summary>
///设计器支持所需的方法——不要
///使用代码编辑器修改此方法的内容.
///</summary>
private void InitializeComponent()
{
    this.lblHW = new System.Windows.Forms.Label();
    this.btnOK = new System.Windows.Forms.Button();
    this.SuspendLayout();
    //
    //lblHW
    //
    this.lblHW.AutoSize = true;
    this.lblHW.BackColor = System.Drawing.Color.FromArgb(((int)(((byte)(255)))),
((int)(((byte)(255)))),((int)(((byte)(192)))));
    this.lblHW.Font = new System.Drawing.Font("宋体-PUA",15.75F,System.Drawing.
FontStyle.Regular,System.Drawing.GraphicsUnit.Point,((byte)(134)));
    this.lblHW.ForeColor = System.Drawing.Color.Red;
    this.lblHW.Location = new System.Drawing.Point(89,62);
    this.lblHW.Name = "lblHW";
    this.lblHW.Size = new System.Drawing.Size(0,21);
    this.lblHW.TabIndex = 0;
    //
    //btnOK
    //
    this.btnOK.Location = new System.Drawing.Point(107,159);
    this.btnOK.Name = "btnOK";
    this.btnOK.Size = new System.Drawing.Size(75,23);
    this.btnOK.TabIndex = 1;
    this.btnOK.Text = "确定";
    this.btnOK.UseVisualStyleBackColor = true;
    this.btnOK.Click += new System.EventHandler(this.btnOK_Click);
    //
    //Form1
    //
    this.AutoScaleDimensions = new System.Drawing.SizeF(6F,12F);
    this.AutoScaleMode = System.Windows.Forms.AutoScaleMode.Font;
```

```
            this.ClientSize = new System.Drawing.Size(292,266);
            this.Controls.Add(this.btnOK);
            this.Controls.Add(this.lblHW);
            this.Name = "Form1";
            this.StartPosition = System.Windows.Forms.FormStartPosition.CenterScreen;
            this.Text = "Hello World";
            this.ResumeLayout(false);
            this.PerformLayout();

        }

        #endregion

        private System.Windows.Forms.Label lblHW;
        private System.Windows.Forms.Button btnOK;
    }
}
```

细心的人可能已经发现 Form1.Designer.cs 文件中很大的一部分是对控件的属性设置，它们实际上就是在设计视图下进行各种操作时由 Visual Studio 2008 自动生成的代码。一般来讲，不要直接去修改其中的内容。在查看代码时使用代码最左边的“+”和“-”可以收起（见图 1—35）和展开（见图 1—36）代码，这样可以让代码更加容易阅读。

```
Windows 窗体设计器生成的代码
```

图 1—35　收起代码

```
#region Windows 窗体设计器生成的代码

/// <summary>
/// 设计器支持所需的方法 — 不要
/// 使用代码编辑器修改此方法的内容。
/// </summary>
private void InitializeComponent()
{
    this.lblHW = new System.Windows.Forms.Label();
```

图 1—36　展开代码

如果想自己添加这样的展开和收起，用于添加说明，可以输入“///”，那么系统会自动添加代码，如图 1—37 所示。

```
/// <summary>
///
/// </summary>
```

图 1—37　添加代码说明

如果想在收起时，能够看到代码功能的简要介绍，可以使用“#region”和“#endregion”这一对关键字，那么就可以实现图 1—35 的效果了。

除了窗体设计器生成的代码，这个文件中还包括必须的设计器变量 components 的定义、添加的控件变量的定义，以及清理使用资源的代码。

```
//Program.cs
using System;
using System.Collections.Generic;
using System.Linq;
using System.Windows.Forms;

namespace Ch1_Ex1
{
```

```
static class Program
{
    ///<summary>
    ///应用程序的主入口点.
    ///</summary>
    [STAThread]
    static void Main()
    {
        Application.EnableVisualStyles();
        Application.SetCompatibleTextRenderingDefault(false);
        Application.Run(new Form1());
    }
}
}
```

Program.cs文件中的Program类是应用程序执行的主类，提供应用程序的主入口点。值得一提的是，在这里用到了Application类的Run方法启动窗体对象。对于Application类，系统使用该类来加载和停止一个窗体，这个类还提供了Exit方法来退出窗体程序，即：

```
Application.Exit():
```

上述的三个文件定义了两个类Form1和Program，其中大部分的代码是由系统自动生成的，Form1类通过修饰符partial实现在两个文件中进行定义同一个类，特别是Form1.Designer.cs文件，其中放置的大部分是关于控件的属性和事件注册代码。一般情况下，是不需要手动在其中书写代码的。但是要弄清楚哪些是系统自动生成的代码，哪些是自己手写的代码。

拓展实训1

1. 实训目的

把“Hello World”程序改装成你的第一个Windows窗体程序。参考界面如图1—38所示。

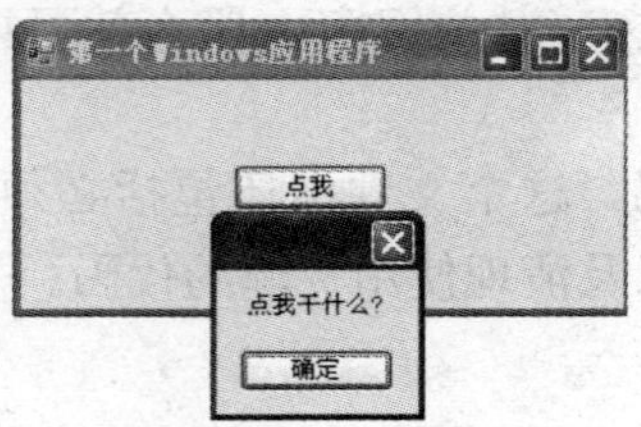

图1—38　参考界面

2. 任务描述

单击程序“点我”按钮时，弹出“点我干什么?”对话框。

3. 要点提示

(1) 设置窗体的Text属性、CenterScreen属性，以及按钮控件的Text属性。

(2) 给“点我”按钮添加 Click 事件，关键代码如下：

```
MessageBox.Show("点我干什么?");            //用于在对话框中显示"点我干什么?"
```

课后练习 1

一、选择题

1. 下列（　　）正确描述了 Visual Studio 2008 与 .NET Framework 之间的关系。

A. Visual Studio 2008 与 .NET Framework 之间没有关系

B. 可以使用 Visual Studio 2008 IDE 或者简单的文本编辑器创建应用程序，应用程序运行时需要使用 .NET Framework

C. 开发应用程序时需要 .NET Framework，但是在运行 Visual Studio 2008 创建的应用程序时不需要它

D. 都不对

2. 下列各选项中，（　　）不是 .NET Framework 的组成部分。

A. 应用程序开发程序　　B. 公共语言规范和 .NET Framework 类库

C. 语言编辑器　　D. JIT 编辑器和应用程序执行管理

3. .NET 公共语言运行库的作用是（　　）。

A. .NET 托管程序的执行引擎　　B. 供 .NET 托管程序调用的 API 集合

C. .NET 托管程序的编译程序　　D. 支持 .NET 托管程序的操作系统

4. .NET Framework 不支持（　　）类型的用户界面。

A. Web 窗体　　B. Windows 窗体

C. 控制台应用程序　　D. COM 组件

5. Visual Studio 窗体中，在（　　）窗体中可以查看当前项目的类和类型的层次信息。

A. 解决方案资源管理器　　B. 类视图

C. 资源视图　　D. 属性

6. 下面对程序集清单说法正确的是（　　）。

A. 程序集没有清单

B. 它描述了程序集以及组成程序集的各个模块

C. 清单是公共访问属性，不包括许可

D. 没有指明程序集安全性

7. 要退出应用程序的执行，应执行（　　）语句。

A. Aapplication. Exit()；　　B. Aapplication. Exit；

C. Aapplication. Close()；　　D. Aapplication. Close；

二、简答题

1. 什么是 .NET Framework?

2. 说明 .NET Framework 类库采用命名空间树的结构的目的。

3. 列举几种常见的 .NET Framework 应用程序并说明其特点。

第二部分 窗体界面设计

第 2 章 登录程序设计

技能目标

- 了解 Windows 窗体应用程序开发的一般过程
- 了解软件测试的基本方法
- 了解软件测试数据设计方法
- 掌握窗体设计的基本步骤
- 掌握制作“闪窗”和不规则窗体的方法
- 掌握 MessageBox 对话框的设置
- 熟练掌握 Label 控件、Button 控件、TextBox 控件的使用

教学情景导入

Windows 窗体程序在启动运行时，有的是直接进入到主界面；有的先显示一个启动画面，同时在后台进行初始化操作，然后才显示主界面；有的是先出现一个身份验证窗体，输入合法的用户名和密码才打开主界面。

许多软件系统，特别是各类信息管理系统，都需要进行用户身份验证。其中很多系统都是单独设计一个登录程序，完成对用户的身份验证，验证通过才能进入到系统的操作界面。在基于角色的用户管理机制中，还可通过登录程序判断用户所属的角色和权限，给不同级别的用户提供不同的操作界面，从而限制用户的操作权限的范围，保证系统的安全性。一般的登录窗体如图 2—1 所示。

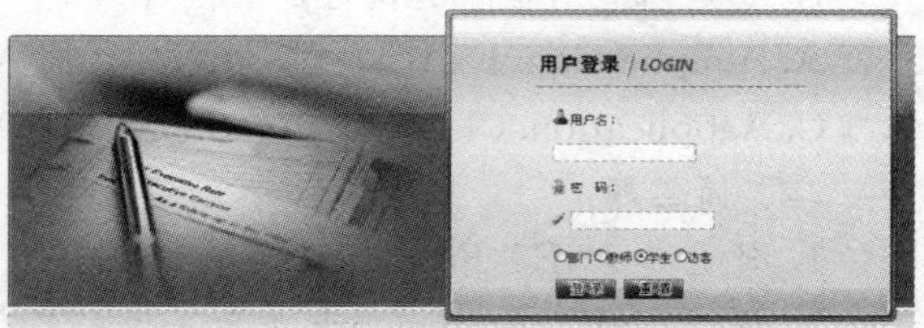

图 2—1 登录窗体

2.1　情景描述：制作登录程序

随着经济的不断发展，各式各样的个人软件越来越多，这类软件的共同特点是为个人用户提供服务，如理财、日记等，因为这些信息涉及个人隐私，故需要验证个人身份才可以使用。在这里我们为一个名为“华尔街个人能理财系统”的 Windows 窗体应用程序设计登录界面。

如果要完整开发这个系统，不仅需要掌握 Windows 窗体的基本知识、常用控件的用法，还需要了解 ADO. NET 数据访问等知识。有关的知识将在以后的章节中陆续介绍，在本章中只实现登录界面部分。通过这个小小的登录程序，可以了解 Windows 窗体应用程序开发的一般过程和基本知识。

运行“华尔街个人理财系统”，启动后界面如图 2—2 所示。其中图 2—2（a）是登录窗体处于“逐渐显现”的不完全透明的状态，图 2—2（b）是正常显示状态。

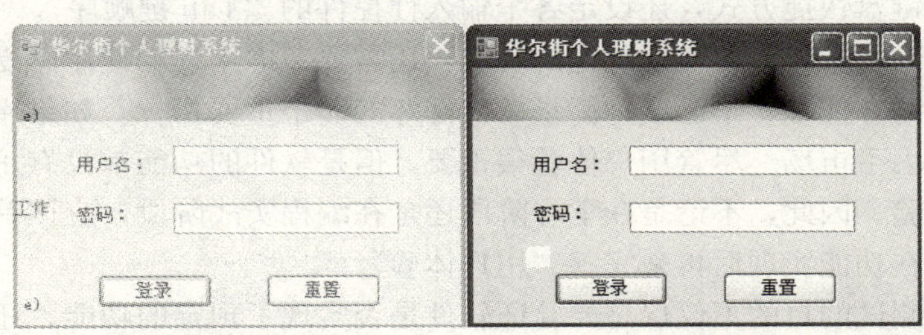

(a)渐显效果　　(b)正常显示

图 2—2　登录窗体

本程序功能非常简单，就是验证用户身份，验证通过则显示系统主窗体，否则提示出错信息，要求重新输入用户名和密码。

在相应的文本输入框输入用户名和密码，单击“登录”按钮，程序将对用户身份进行验证。如果出错则用消息框给出“错误提示”；如果通过验证（见图 2—3），则打开一个新窗体（系统的主窗体）（见图 2—4），并隐藏当前的登录窗体。单击登录窗体的“重置”按钮，则会将已经输入到文本框中的用户名和密码清空。

图 2—3　登录成功

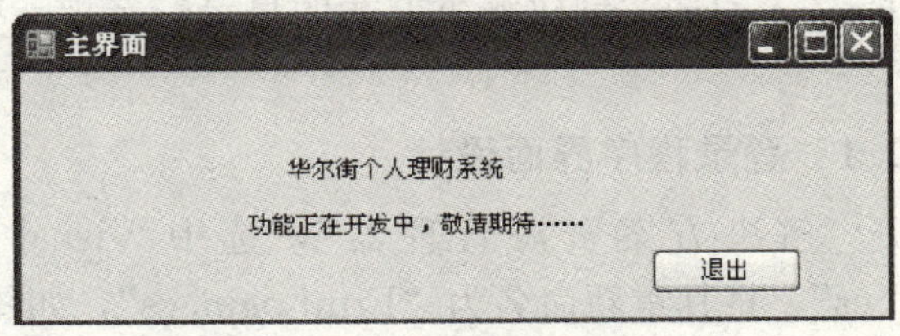

图 2—4　系统主窗体

在本例中我们用到了两个窗体：登录窗体和主窗体。在“登录窗体”中包含有 2 个 Label 控件和 2 个 TextBox 控件，2 个 Button 控件分别是“登录”按钮和“重置”按钮，还有 1 个 PictureBox 控件，用来显示一幅装饰图片。在“主窗体”中，使用 2 个 Label 控件显示两行文本，以及 1 个 Button 控件退出程序。

在本例中，要处理的事件主要是“登录窗体”中的“登录”按钮和“重置”按钮的单击事件，在“登录”按钮的单击事件处理方法中完成对用户身份的验证。

所谓“事件”，可以简单地理解为是程序的使用者或其他程序对窗体应用程序当中的某个对象所作的动作。Windows 窗体程序是基于“事件驱动”机制的。例如用鼠标在按钮上点了一下，这就产生了一个“Click（单击）事件”，这个“事件”是发生在按钮控件上，因此将按钮称为“事件源”（即事件的“发源地”）。在按钮上单击鼠标的目的是让程序做点什么事情，在本例中单击“登录”按钮的目的就是要验证输入的用户名和密码是否合法。这个在点击按钮时要做的“事情”就是一小段程序，这段程序被封装为一个方法。这个在控件发生某“事件”才会调用执行的方法就称为“事件处理方法”或“事件处理程序”，也常常简称为“事件处理”。从某种程度上来看，Windows 窗体程序设计大多数的工作就是在给各种对象的各种事件编写相应的事件处理代码。

此外，还要给“登录窗体”配上了一幅装饰性图片，给窗体的呈现添加“闪窗”效果，给按钮添加键盘快捷方式，还设定各个输入性控件的“Tab 键顺序”。

现在的软件开发不仅仅要实现既定的功能，还需要考虑用户的使用感受。软件界面的美观程度和使用的方便性，早已成为衡量软件好坏的一个重要指标。如果用户不满意，那开发的软件就失去了市场。尽管用户体验很重要，但是软件的功能都没有正确实现，又拿什么给用户去体验。因此，不论是在学习阶段还是在编程实战阶段，应该首先将精力集中在功能实现上，在功能实现后再来完善“用户体验”。

对软件进行测试的目的不仅仅是要验证软件是否实现了预定的功能，还要尽可能地去发现软件中的漏洞和错误（Bug）。如果等到软件交付给用户使用，由用户在使用中不断发现软件的 Bug，那么他们就不会信任软件产品以及开发公司。因此应该在交付软件前，尽可能地进行测试，尽可能地去发现软件设计中的 Bug。

2.2 实战引导：完成登录程序

要实现登录程序，必须分成两个大步骤来完成。第一步，实现程序的功能特性；第二步改善用户体验。

首先，启动 Visual Studio 2008，从“文件”菜单中选择“新建项目”，项目名称改为“Ch2_Ex1”，勾选“创建解决方案的目录”选项，在项目模板中选择“Windows 应用程序”。

2.2.1 登录程序界面设计

打开“解决方案资源管理器”，选中 Visual Studio 2008 自动生成的窗体文件“Form1.cs”，将其重新命名为“FrmLogin.cs”，如图 2—5 所示。

打开“工具箱”窗体，将所需要的控件拖放到工作区的窗体内。添加控件后的窗体如图 2—6 所示，现在控件的排列比较凌乱。在对它们排版之前，先打开“属性”窗体，按表 2—1 逐个修改控件的属性。

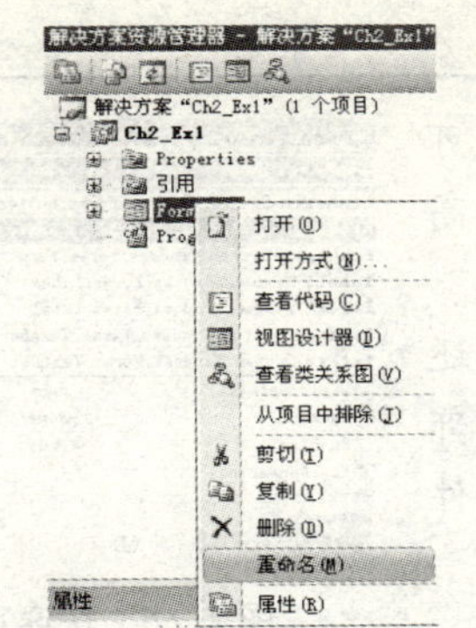

图 2—5　重命名 Form1. cs

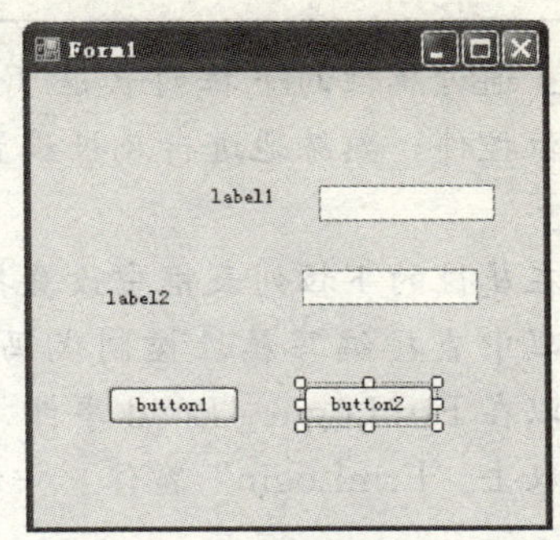

图 2—6　向窗体中添加控件

表 2—1　控件属性设置

控件原名	属性名	属性值	说明
FrmLogin	Text	华尔街个人理财系统	窗体标题栏文字
	AcceptButton	btnLogin	按“Enter”键相当于单击 btnLogin 按钮
	CancelButton	btnReset	按“Esc”键相当于单击 btnReset 按钮
label1	Text	用户名：	标签上显示的文本
label2	Text	密码：	标签上显示的文本
textBox1	(Name)	txtName	控件的名称
textBox2	(Name)	txtPwd	控件的名称
	PasswordChar	*	输入密码时密码框显示的替代字符
button1	(Name)	btnLogin	控件的名称
	Text	登录	显示在按钮上的文本
button2	(Name)	btnReset	控件的名称
	Text	重置	显示在按钮上的文本

修改了控件属性后，窗体及各控件外观如图 2—7 所示。

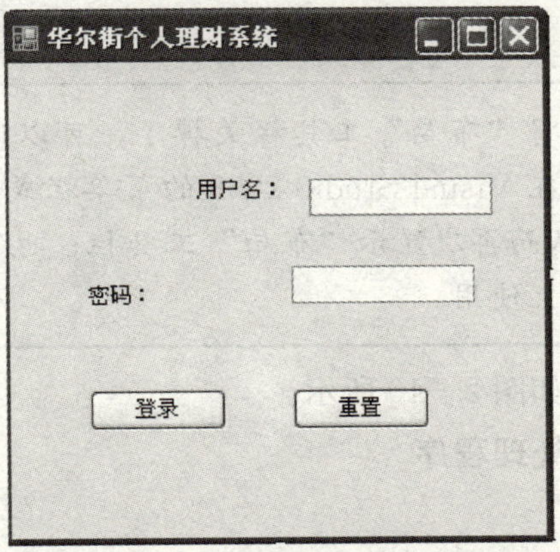

图 2—7　设置控件属性后的视图

说明： 通过属性的下拉列表框（见图2—8），可以快速定位控件，熟练地进行属性设置可以大大提高编码速度。

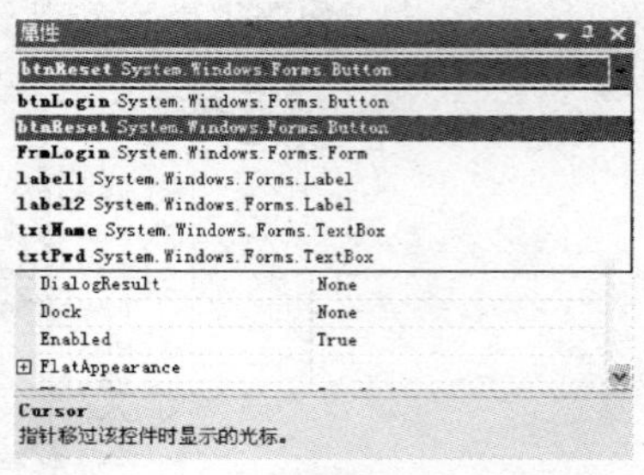

图2—8 快速定位控件

除了在属性的下拉列表框中设置控件的属性，还可以在代码中直接编写属性控制代码，表2—1的部分内容可以在FrmLogin _ Load事件（要添加该事件可以直接双击“FrmLogin”窗体）中编码如下：

```
private void FrmLogin_Load(object sender,EventArgs e)
{
    label1.Text = "用户名:";
    label2.Text = "密码:";
    txtPwd.PasswordChar = '*';
    btnLogin.Text = "登录";
    btnReset.Text = "重置";
    this.Text = "华尔街个人理财系统";
}
```

值得一提的是Name的属性不能在这里定义。熟练地使用编码而减少鼠标的操作，能够大大地提升编码的效率。

接下来就要对控件进行排版，可以选中单个控件，用鼠标拖动到适合位置。但一个一个进行摆放，不仅费时费力，而且一些细微差别也容易忽视。Visual Studio 2008提供了强有力的“布局”工具栏，可以很方便地对多个控件进行排列布局，而且还可以将被选中的控件调整到一样的大小、将控件居中、调整控件的“Z轴”特性等。“布局”工具栏如图2—9所示。

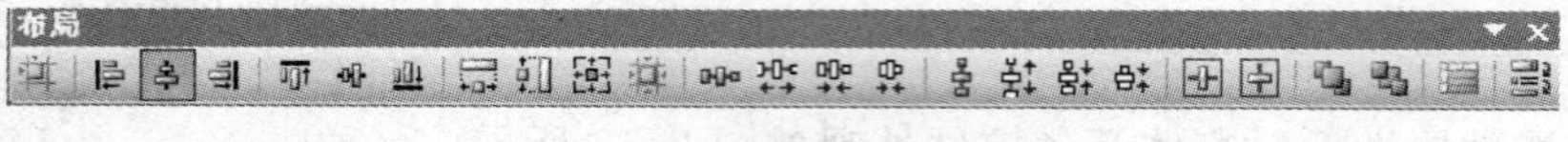

图2—9 “布局”工具栏

说明： 如果一不小心将“布局”工具栏关掉了，可以通过“视图→工具栏→布局”将它再次打开；或者在Visual Studio 2008的菜单栏或工具栏上单击右键，从快捷菜单中选择“布局”，从而再次显示“布局”工具栏；也可以将“布局”菜单项单独或者吸附在工具栏选项上使用。

控件排版后的登录窗体如图2—10所示。

2.2.2 编写按钮事件处理程序

1. 编写程序过程

完成了上面的步骤，就可以按快捷键“F5”来查看阶段性成果了。但现在仅仅是界面，还不具有任何实质性功能，单击按钮没有任何反应。接下来需要进行编码，实现前面定义的功能。

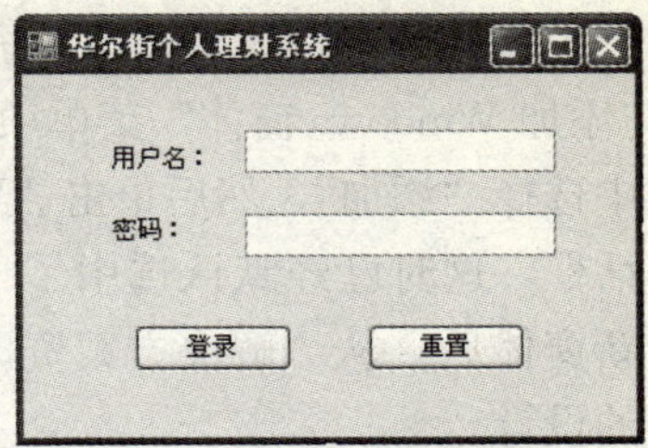

图 2—10 排版后的登录窗体

在 Visual Studio 2008 设计视图下，按快捷键“F7”切换到窗体的代码视图。首先添加一个二维字符串数组作为登录窗体的私有字段，用来存储用户名和密码。然后再切换到设计视图，双击“登录”按钮，Visual Studio 2008 就会生成一个空的方法，这个方法就是“登录”按钮的 Click 事件处理程序，把希望在按钮单击的时候想要执行的操作写在方法体内就可以了。代码如下：

```
//FrmLogin.cs
namespace Ch2_Ex1
{
    public partial class FrmLogin:Form
    {
        private string[,] users = new string[,] { { "admin","123" },{ "user","123" } };
        //添加一个存储用户名和密码的数组

        public FrmLogin()
        {
            InitializeComponent();
        }

        private void FrmLogin_Load(object sender,EventArgs e)
        {
            label1.Text = "用户名:";
            label2.Text = "密码:";
            txtPwd.PasswordChar = '*';
            btnLogin.Text = "登录";
            btnReset.Text = "重置";
            this.Text = "华尔街个人理财系统";
        }

        private void btnLogin_Click(object sender,EventArgs e)
        {
            //"登录"按钮的事件处理代码写在此处
        }
    }
}
```

一般而言，一个系统的用户名和密码都是保存在数据库、文件或注册表里面，从而方便修改，在后面介绍有关 ADO.NET 时会涉及，在这里为了简化，使用了一个数组来存储数据。

```
private string[,] users = new string[,] { { "admin","123" },{ "user","123" } };
```

当前定义了两个用户 admin 和 user，密码都是 123。

添加一个窗体来表示系统的主窗体。方法是在Visual Studio 2008的“项目”菜单中单击“添加Windows窗体”菜单项，也可以在“解决方案资源管理器”中右击项目名称，在菜单中选择“添加”，然后单击“Windows窗体”，如图2—11所示。会弹出如图2—12所示的对话框，这时已经默认选中了“Windows窗体”模板，将名称改为“FmMainForm.cs”。添加新窗体后，从“解决方案资源管理器”中打开它的设计视图，按图2—4对窗体进行简单的设计。

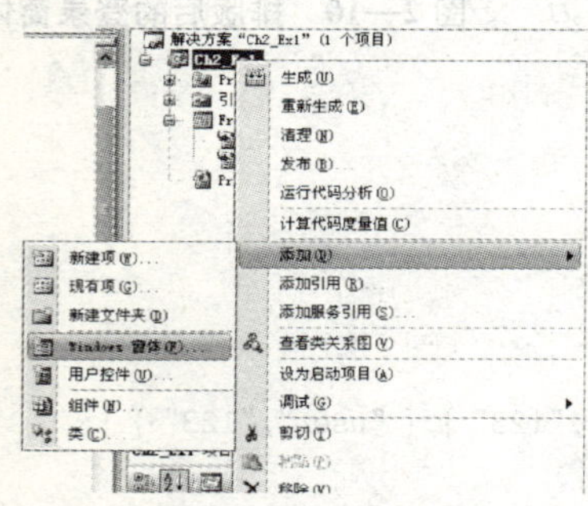

图2—11 添加窗体

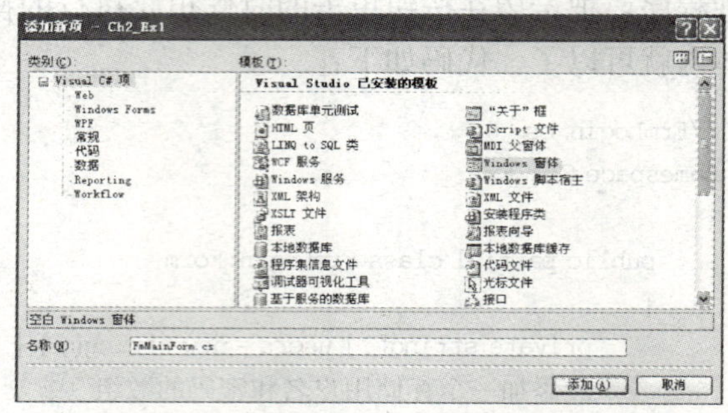

图2—12 向项目中添加新窗体

现在就来完成编写“登录”按钮的事件处理程序。代码如下：

```
private void btnLogin_Click(object sender,EventArgs e)
{
    //"登录"按钮的事件处理代码写在此处
    if(txtName.Text == "" || txtPwd.Text == "")
  //"用户名"或"密码"为空时的提示信息
    {
        MessageBox.Show("用户名或密码不能为空!","错误提示",
MessageBoxButtons.OK,MessageBoxIcon.Error);
        return;
    }
    if(txtName.Text ! = "" && txtPwd.Text ! = "")
  //"用户名"和"密码"都不为空的处理方法
    {
        for(int i = 0;i< users.GetLength(0);i ++ )
      //用循环遍历二维数组,查找用户名和密码是否正确
        {
            if(users[i,0] == txtName.Text && users[i,1] == txtPwd.Text)
            //如果用户名和密码正确,则登录成功
            {
                string message = "欢迎您," + txtName.Text + "!";
                if(MessageBox.Show(message,"登录成功",MessageBoxButtons.YesNo) ==
DialogResult.Yes)
                //当单击消息框"是"按钮时,弹出主窗体
                {
                    this.Hide();
                    FmMainForm mainForm = new FmMainForm();
```

```
                    mainForm.ShowDialog();
                    mainForm.Focus();
                }else                     //单击消息框"否"按钮,退出程序
                {
                    this.Close();
                }
            }else                         //用户名和密码不正确的错误信息提示
            {
                MessageBox.Show("用户名或密码错误!\n请重新输入!","错误提示",
MessageBoxButtons.OK,MessageBoxIcon.Error);
                break;            //使用break退出循环
            }
        }
    }
}
```

登录按钮事件的名字是“btnLogin _ Click”，顾名思义是“btnLogin”在被“Click”的时候执行的方法。这个名字是 Visual Studio 2008 自动生成的。控件与事件处理方法之间的关联不是通过方法名字来表示的。在“解决方案资源管理器”打开“FrmLogin. designer. cs”文件，找到下面这句代码：

```
this.btnLogin.Click + = new System.EventHandler(this.btnLogin_Click);
```

正是这条语句才将“btnLogin”按钮的单击事件和窗体的“btnLogin _ Click ()”方法关联起来。这一过程被称为“事件注册”，这里是将 FrmLogin 窗体对象实例的方法(this. btnLogin _ Click) 注册为 btnLogin 按钮的 Click 事件的处理方法，即一旦在 btnLogin 上发生 Click 事件，就调用这个方法来处理。

在 Visual Studio 2008 的设计视图下，常常会不小心而双击了某个控件，这时 Visual Studio 2008 就会帮助我们进行相应的“事件注册”并生产相应的事件处理方法的框架代码。如果直接删除这个空的事件处理方法，则会引起编译错误。原因很简单，注册事件的语句还存在于相应的“*. designer. cs”文件中。解决方法基本有两种，一是打开相应“*. designer. cs”文件，删除事件注册的语句；二是在设计视图下，查看控件的属性，从“属性”窗体中删除事件属性的取值。

还有一种更为简单的方法，我们以一个例子来说明。错误地双击了“FmMainForm”窗体，IDE 自动添加了 FmMainForm _ Load 事件，在“FmMainForm. cs”文件中删除了自动生成的语句部分，IDE 出现了错误列表提示，如图 2—13 所示。解决方案如下：双击错误列表中提示出现事件注册错误的错误提示，会自动转到相应的“*. designer. cs”文件，不改变光标闪动的地方（见图 2—14）直接单击工具栏上“注释选中行”按钮“▤”，注释掉错误的语句就可以了。

2. 编程技巧

为了降低代码的复杂程度，也为了将代码功能进行分离，可以为窗体类 FrmLogin 设计一个私有方法 ValidateUser()，将对用户名和密码的验证工作封装起来。若以后将用户名和密码保存在其他地方，那只需修改该方法即可。ValidateUser() 方法代码如下：

图 2—13 错误列表提示

```
this.Load += new System.EventHandler(this.FmMainForm_Load);
```

图 2—14 "*.designer.cs" 中错误的语句

```
//封装验证用户名和密码是否合法的操作,"合法"则返回 true,否则返回 false.
//当改变用户名和密码存储方式时,只需修改此方法即可.
  private bool ValidateUser(string name,string pwd)
  {
    for(int i = 0;i< users.GetLength(0);i ++ )
    {
      if(users[i,0] = = name && users[i,1] = = pwd)
      {
        return true;
      }
    }
    return false;
  }
```

修改后的 btnLogin _ Click 显得更加清楚明了。

```
  private void btnLogin_Click(object sender,EventArgs e)
  //调用 ValidateUser 方法的事件
  {
      //"登录"按钮的事件处理代码写在此处
      if(txtName.Text == "" || txtPwd.Text == "")
      //"用户名"或"密码"为空时的提示信息
      {
          MessageBox.Show("用户名或密码不能为空!","错误提示",
MessageBoxButtons.OK,MessageBoxIcon.Error);
          return;
      }
      if(ValidateUser(txtName.Text,txtPwd.Text))
      //"用户名"和"密码"都不为空的处理方法
      //判断表达式使用前面定义的 ValidateUser 方法
      {
          string message = "欢迎您," + txtName.Text + "!";
          if(MessageBox.Show(message,"登录成功",MessageBoxButtons.YesNo) ==
DialogResult.Yes)
          {
              this.Hide();
              FmMainForm mainForm = new FmMainForm();
              mainForm.Show();
```

```
            }else
            {
                this.Close();
            }

        }else
        {
            MessageBox.Show("用户名或密码错误!\n请重新输入!","错误提示",
MessageBoxButtons.OK,MessageBoxIcon.Error);
        }
    }
```

参照给“登录”按钮编写事件处理代码的过程，再写出“重置”按钮的事件处理代码，即将两个 TextBox 控件的 Text 属性置为空：

```
private void btnReset_Click(object sender,EventArgs e)
{
    txtName.Text = "";
    txtPwd.Text = "";
}
```

FmMainForm.cs 文件中的“退出”按钮的代码：

```
private void button1_Click(object sender,EventArgs e)
{
    Application.Exit();
}
```

2.2.3　登录程序测试

完成了程序的主要功能，那么程序运行时有没有问题呢？下面将能考虑到的各类情况都测试一下，测试数据见表 2—2。

表 2—2　测试数据表

用户名	密码	期望
admin	123	验证通过，打开主窗体
admin	空	提示“用户名或密码不能为空”
空	123	提示“用户名或密码不能为空”
admin	admin	提示“用户名或密码错误！请重新输入！”
空	空	提示“用户名或密码不能为空”

2.3　核心技能

2.3.1　控件的分类

窗体界面设计是开发 Windows 应用程序重要的一环，也是基础的一环。.NET 提供了丰富的控件，使用这些控件，可以像搭积木一样来创建程序的界面。根据上一章介绍的内容，C#是使用类来组织程序的。所谓的控件，说到底是一个类，是带有可视化表示形式的控件类，可以在设计视图下进行拖放，可以通过“属性”窗体进行配置的属性和事件。Button 的属性和事件配置如图 2—15 所示。在 Visual Studio 2008 中，这些控件分类放在了“工具箱”里，如图 2—16 所示。

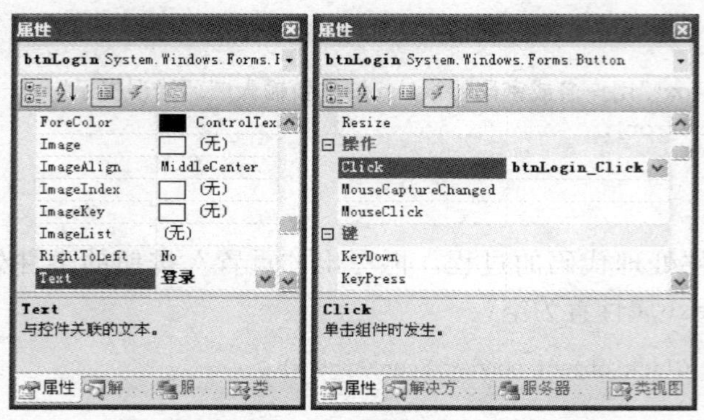

图 2—15 Button 的属性和事件

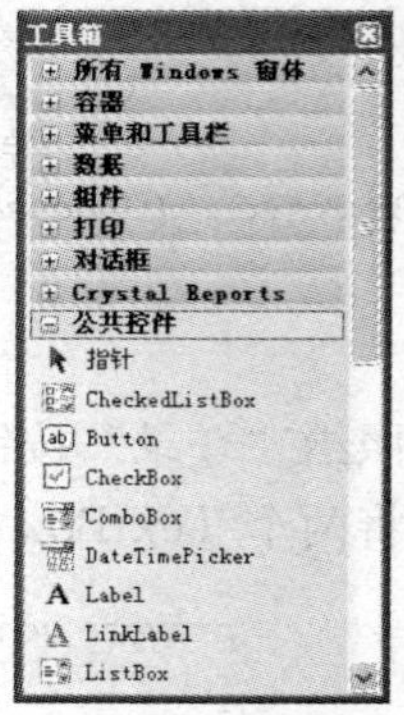

图 2—16 工具箱

在命名空间的组织上，Windows 控件类都放在了 System. Windows. Forms 命名空间中。该命名空间中控件可以分成以下几大类。

1. 控件基类、用户控件和窗体

System. Windows. Forms 命名空间中的大多数类都是从 Control 类派生的。Control 类为在 Form 中显示的所有控件提供基本功能。Form 类表示应用程序内的窗体，这包括消息框，无模式对话框、多文档界面（MDI）客户端窗体及父窗体。Form 类也可以通过从 UserControl 类派生而创建自己的控件。

2. 菜单和工具栏

Windows 窗体包含一组丰富的类，通过这些类，用户可以创建自定义工具栏和菜单，并使它们具有现代的外表和行为。菜单和工具栏可以分别使用 ToolStrip、MenuStrip、ContextMenuStrip 和 StatusStrip 创建工具栏、菜单栏、上下文菜单以及状态栏。

3. 控件

System. Windows. Forms 命名空间提供各种控件类，使用这些控件类可以创建丰富的用户界面。某些控件用于在应用程序内进行数据输入，比如 TextBox 和 ComboBox；某些控件显示应用程序数据，比如 Label 和 ListView。此命名空间还提供用于在应用程序中调用命令的控件，如 Button。MaskedTextBox 控件是一个高级数据输入控件，允许用户定义可自动接受或拒绝用户输入的掩码。

4. 布局

Windows 窗体中的若干重要类有助于控制显示界面（如窗体或控件）中控件的布局。FlowLayoutPanel 以序列方式布局其包含的所有控件；TableLayoutPanel 允许用户定义单元格和行，以设置固定网格中控件的布局；SplitContainer 将显示界面分成两个或多个可调整的部分。

5. 数据和数据绑定

Windows 窗体为与数据源（如数据库和 XML 文件）的绑定定义了丰富的架构。

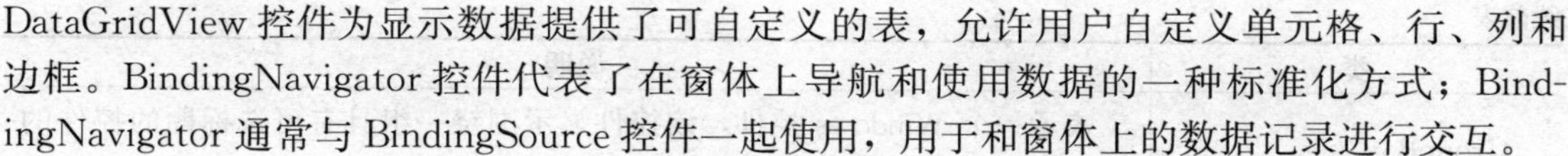

DataGridView 控件为显示数据提供了可自定义的表，允许用户自定义单元格、行、列和边框。BindingNavigator 控件代表了在窗体上导航和使用数据的一种标准化方式；BindingNavigator 通常与 BindingSource 控件一起使用，用于和窗体上的数据记录进行交互。

6. 组件

除控件之外，System. Windows. Forms 命名空间还提供其他一些类，这些类不是从 Control 类派生的，但仍然向 Windows 的应用程序提供可视化功能。某些类，如 ToolTip 和 ErrorProvider，扩展了这些功能或者向用户提供信息。使用 Help 和 HelpProvider 类，可以向应用程序的用户显示帮助信息。

7. 通用对话框

Windows 提供许多通用对话框，在执行诸如打开和保存文件、操作字体或文本颜色的任务时，这些通用对话框可使应用程序具有一致的用户界面。OpenFileDialog 和 SaveFileDialog 类提供显示对话框的功能，以便允许用户定位和输入要打开或保存的文件的名称。FontDialog 类显示一个对话框，以更改应用程序所使用的 Font 的元素。PageSetupDialog、PrintPreviewDialog 和 PrintDialog 类显示对话框，以便允许用户控制文档打印的各个方面。除通用对话框外，System. Windows. Forms 命名空间还提供 MessageBox 类，用于显示消息框，该消息框可以显示和检索用户提供的数据。

在 System. Windows. Forms 命名空间内还有许多其他的类型，这些类型是配合控件使用的，比如枚举、事件参数类、控件和组件内的事件所使用的委托类等。如果对这部分感兴趣的话，可以参考 MSDN 获得帮助。

2.3.2 类层次结构

System. Windows. Forms 空间中的类大部分都派生于 Control 类。Control 类执行核心功能，创建用户所见的界面，它是每个控件和窗体的基类。在设计和构建定制控件时，理解层次结构是非常重要的。

如果定制控件派生于已有的控件，例如对于带有额外属性和方法的文本框，就应使定制控件派生于文本框控件，再重写、添加属性和方法，以满足要求。但是，如果创建的控件与 .NET Framework 中的已有控件不匹配，就必须从 3 个基类中派生：如果需要自动滚动功能，就从 Control 类或 Scrollable Control 类中派生；如果控件应是其他控件的容器，就应从 ContainerControl 类中派生。

表 2—3 列出的是 Control 类的派生类。其中一些派生类又是其他类的基类，比如 ButtonBase 类是 Button、CheckBox 和 RadioButton 的基类。

表 2—3　System. Windows. Form. Control 类的派生类

类	说明
AxHost	包装 ActiveX 控件，并将其作为功能完全的 Windows 窗体控件进行公开
ButtonBase	实现按钮控件共同的基本功能
DataGridView	在可自定义的网格中显示数据，DataGridView 控件对 DataGrid 控件的功能进行了替换和添加，但是考虑到向后兼容性和将来的使用（如果用户选择），仍然保留了 DataGrid 控件
DateTimePicker	表示一个 Windows 控件，该控件用来让用户选择日期和时间并以指定的格式显示此日期和时间

续前表

类	说明
GroupBox	表示一个 Windows 控件，该控件显示围绕一组具有可选标题的控件的框架
Label	表示标准 Windows 标签
ListControl	为 ListBox 类和 ComboBox 类提供一个共同的成员实现方法
ListView	表示 Windows 列表视图控件，该控件显示可用四种不同视图之一显示的项集合
MdiClient	表示多文档界面（MDI）子窗体容器，无法继承此类
MonthCalendar	表示一个 Windows 控件，该控件使用户能够使用可视月历显示来选择日期
PictureBox	表示用于显示图像的 Windows 图片框控件
PrintPreviewControl	表示打印预览的原始预览部分，没有任何对话框或按钮
ProgressBar	表示 Windows 进度栏控件
ScrollableControl	为支持自动滚动行为的控件定义一个基类
ScrollBar	实现滚动条控件的基本功能
SplitContainer	表示使用户可以调整停靠控件大小的拆分器控件。已经取代 Splitter，但为早期版本兼容，仍旧保留 Splitter
ToolStripStatusLabel	表示 Windows 状态栏控件。对以前版本的 StatusBar 控件的功能进行替换和添加，但是保留 StatusBar 以备向后兼容和将来使用
TabControl	管理相关的选项卡页集
TextBoxBase	实现文本控件要求的基本功能
ToolStrip	表示一个 Windows 工具栏。对以前版本的 ToolBar 控件的功能进行了替换和增补，考虑到向后兼容性和将来的使用，仍然保留了 ToolBar
TrackBar	表示一个标准的 Windows 跟踪条
TreeView	表示标记项的分层集合，每个标记项用一个 TreeNode 来表示
WebBrowserBase	为泛型 ActiveX 控件提供包装以便由 WebBrowser 控件用作基类

2.3.3 Control 类的常用属性

Control 类派生于 System.ComponentModel.Component 类。Component 类为 Control 类提供了必要的基础结构，在把控件拖放到设计界面上以及包含在另一个对象中时需要它。Control 类为它的派生类提供了一个很长的功能列表，这个列表太长，不能在这里全部列出，这里仅介绍 Control 类提供的比较重要的功能，详细情况可以查阅 MSDN 文档。

1. *布局*

（1）控件的大小和位置。控件的大小和位置由属性 Height、Width、Top、Bottom、Left、Right 以及辅助属性 Size 和 Location 确定。它们的区别是 Height、Width、Top、Bottom、Left、Right 属性值都是一个整数，而 Size 的值使用一个 Size 结构来表示，Location 的值使用一个 Point 结构来表示。Size 结构和 Point 结构都包含 X、Y 坐标。Point 结构一般相对于一个位置，而 Size 结构是对象的高和宽。Size 和 Point 都位于 System. Drawing 命名空间，非常类似，因为它们都提供了 X、Y 坐标对，还拥有用于简单的比较和转换的重写运算符。例如，可以对两个 Size 结构执行相加操作。对于 Point 结构，加法运算符已经进行了重写，可以把 Size 结构加到 Point 结构上，得到一个新的 Point 结构，这样做的结果是给某个位置加上某个距离值，得到一个新位置。如果动态创建窗体或控件，这样做是非常方便的。

（2）Bounds 属性。Bounds 属性返回一个 Rectangle 对象，它表示一个控件区域。这个区域包含滚动条和标题栏。Rectangle 也位于 System. Drawing 命名空间。ClientSize 属性是一个 Size 结构，表示控件的客户区域，不包含滚动条和标题栏。

（3）PointToClient 和 PointToScreen 方法。PointToClient 和 PointToScreen 方法是方便的转换方法，它们的参数是 Point 结构，返回一个 Point 结构。PointToClient 的 Point 结构表示屏幕坐标，该方法把屏幕坐标转换为基于当前客户对象的坐标，这非常便于进行拖放操作。PointToScreen 正好与之相反，它提取客户对象的坐标，把它们转换为屏幕坐标。还有 RectangleToScreen 和 ScreenToRectangle 方法，它们具有相同的功能，只是用 Rectangle 结构代替 Point 结构。

（4）Dock 属性。Dock 属性确定子控件停放在父控件的哪条边上。DockStyle 枚举的值用作其属性值。这个值可以是 Top、Bottom、Right、Left、Fill 和 None。Fill 会使控件的大小正好匹配父控件的客户区域。

（5）Anchor 属性。Anchor 属性把子控件的一条边与父控件的一条边对齐，并把父控件边界的当前距离设置为常量。例如，如果把子控件的右边界与父控件的右边界对齐，并重新设置父控件的大小，子控件右边界到父控件右边界的距离将保持不变。Anchor 属性采用 AnchorStyles 枚举的值，其值是 Top、Bottom、Right、Left 和 None。通过设置该属性值，可以在重新设置父控件的大小时，动态地设置子控件的大小。这样，当用户重新设置窗体的大小时，按钮和文本框就不会被剪切或隐藏。

Dock 和 Anchor 属性与 Flow 和 Table 布局控件一起使用时，可以创建非常复杂的用户窗体。对于包含许多控件的复杂窗体来说，窗体大小的重新设置比较困难，这些工具有助于完成这个任务。

2. 外观

（1）BackColor 和 ForeColor 属性。与控件外观相关的属性有 BackColor 和 ForeColor，它们把 System. Drawing. Color 对象作为其值。BackGroundImage 属性把基于 Image 的对象作为其值。System. Drawing. Image 是一个抽象类，用作 Bitmap 和 Metafile 类的基类。BackColorImageLayout 属性使用 ImageLayout 枚举的值设置图像在控件上的显示方式，其有效值是 Center、Tile、Stretch、Zoom 和 None。

（2）Font 和 Text 属性。Font 和 Text 属性处理文字的显示。要修改 Font 属性，需要创建一个 Font 对象。在创建 Font 对象时，要指定字体名称、字号和样式。Text 属性则是显示的文字内容。

3. 事件

用户交互操作最好描述为控件创建和响应的各种事件。一些比较常见的事件有 Click、DoubleClick、KeyDown、KeyPress、Validating 和 Paint。

(1) 鼠标类事件。鼠标类事件 Click、DoubleClick、MouseDown、MouseUp、MouseEnter、MouseLeave 和 MouseHover 处理鼠标和控件的交互操作。如果处理 Click 和 DoubleClick 事件，每次捕获一个 DoubleClick 事件时，也会引发 Click 事件。如果处理不正确，就会出现不希望的结果。Click 和 DoubleClick 事件都把 EventArgs 作为参数，而 MouseDown 和 MouseUp 事件把 MouseEventArgs 作为参数。MouseEventArgs 包含几个有用的信息，例如单击的按钮、按钮被单击的次数、鼠标轮制动器（鼠标轮上的凹槽）的数目和鼠标的当前 X、Y 坐标。如果可以访问这些信息，就必须处理 MouseDown 或 MouseUp 事件，而不是 Click 或 DoubleClick 事件。

(2) 键盘类事件。键盘类事件的工作方式与鼠标类事件类似：也需要键盘信息来确定处理什么事件。对于简单的情况，KeyPress 事件接收一个 KeyPressEventArgs，它包含表示被按的键的字符值 KeyChar。Handled 属性用于确定事件是否已处理。把 Handled 属性设置为 true，事件就不会由操作系统进行默认处理。如果需要被按的键的更多信息，则处理 KeyDown 或 KeyUp 事件会比较合适。它们都接收 KeyEventArgs。KeyEventArgs 中的属性包括"Ctrl"、"Alt"或"Shift"键是否被按下。KeyCode 属性返回一个 Keys 枚举值，表示被按下的键。与 KeyPressEventArgs. KeyChar 不同，KeyCode 属性指定键盘上的每个键，而不仅仅是字母数字键。KeyData 属性返回一个 Key 值，还设置修饰符。修饰符与值进行"OR"运算，指定是否同时按下了"Shift"或"Ctrl"键。KeyValue 属性是 Keys 枚举的整数值。Modifiers 属性包含一个 Keys 值，它表示被按下的修饰符键。如果选择了多个修饰符键，这些值就进行"OR"运算。键盘事件以下述顺序来引发：KeyDown、KeyPress、KeyUp。

Validating、Validated、Enter、Leave、GotFocus 和 LostFocus 事件都处理获得焦点（或被激活）和失去焦点的控件。在用户按"Tab"键选择一个控件或用鼠标选择该控件时，该控件就获得了焦点。Enter、Leave、GotFocus 和 LostFocus 事件的功能非常类似。GotFocus 和 LostFocus 事件是低级事件，与 Windows 消息 WM_SETFOCUS 和 WM_KILLFOCUS 相关。一般应尽可能使用 Enter 和 Leave 事件。Validating 和 Validated 事件在验证控件时发生。这些事件接收一个 CancelEventArgs，利用该参数，把 Cancel 属性设置为 true，就可以取消以后的事件。如果定制了验证代码，而且验证失败，就可以把 Cancel 属性设置为 true，且控件也不会失去焦点。Validating 事件在验证过程中发生，Validated 事件在验证后发生。这些事件的引发顺序依次为：Enter、GotFocus、Leave、Validating、Validated、LostFocus。

理解这些事件的引发顺序是很重要的，可以避免不小心创建递归事件。例如，在控件的 LostFocus 事件中设置控件的焦点，就会创建一个消息死锁，且应用程序会停止响应。

上面的介绍可能比较抽象，不好理解，不过也没什么关系，介绍这些通用的属性和方法是因为大部分的控件都拥有这些，即 Control 类是一个基类，按照类的继承特性，Control 类的子类拥有其父类的特性。

当然也可以一个一个地去体验不同的控件有些什么样的属性和方法。通过体验，会留下更深刻的印象。

2.3.4 常用控件

1. Label 控件

Label 控件主要用来显示信息，一般显示格式为文字，有时也加载图片显示，属 Label 类。Label 控件的常用属性和事件见表 2—4。

表 2—4 **Label 控件的常用属性和事件**

属性	属性说明
AutoSize	获取或设置一个值，该值指示是否自动调整控件的大小以完整显示其内容
FlatStyle	获取或设置标签控件的平面样式外观
Image	获取或设置显示在 Label 上的图像
ImageAlign	获取或设置在控件中显示的图像的对齐方式
ImageIndex	获取或设置在 Label 上显示的图像的索引值
ImageKey	获取或设置 ImageList 中的图像的键访问器
ImageList	获取或设置包含要在 Label 控件中显示的图像的 ImageList
事件	**事件说明**
Click	单击事件，在单击标签时触发该事件

2. TextBox 控件

TextBox 控件主要用来显示和输入信息，属 TextBox 类。TextBox 控件的常用属性和事件见表 2—5。

表 2—5 **TextBox 控件的常用属性和事件**

属性	属性说明
AcceptsReturn	获取或设置一个值，该值指示在多行 TextBox 控件中按 Enter 键时，是在控件中创建一行新文本还是激活窗体的默认按钮
Lines	获取或设置文本框控件中的文本行
WordWrap	如果多行文本框控件可换行，则为 true；如果当用户键入的内容超过了控件的右边缘时，文本框控件自动水平滚动，则为 false，默认为 true
Multiline	获取或设置一个值，该值指示此控件是否为多行 TextBox 控件
PasswordChar	获取或设置字符，该字符用于屏蔽单行 TextBox 控件中的密码字符
ReadOnly	获取或设置一个值，该值指示文本框中的文本是否为只读
ScrollBars	获取或设置哪些滚动条应出现在多行 TextBox 控件中
TextLength	获取控件中文本的长度
事件	**事件说明**
TextChanged	当文本框中文本改变时触发，也是该控件的默认事件
KeyPress	在文本框中按键时触发，可以原样保存文本内容，或是判断文本是否符合规定的格式等

3. Button 控件

Button 控件是 Windows 应用程序设计中最常用的控件之一，属 Button 类，提供用户和计算机之间的交互。Button 控件的常用属性和事件见表 2—6。

表 2—6　Button 控件的常用属性和事件

属性	属性说明
FlatStyle	获取或设置按钮控件的平面样式外观。分为四种：平面（Flat）、弹起（Popup）、标准（Standard）和系统默认（System）
事件	**事件说明**
Click	单击事件，在单击按钮时触发该事件

4. Timer 控件

Timer 控件可以按照它的 Interval 属性的设置值作为时间间隔，周期性地自动触发默认的 Tick 事件，则该事件中设计的程序代码自动被执行。Timer 控件在程序运行时是不可见的，添加到窗体后，会显示在窗体设计器下方的组件窗格里。Timer 控件的常用属性、方法和事件见表 2—7。

表 2—7　Timer 控件的常用属性、方法和事件

属性	属性说明
Enable	该属性为 True 时，定时器开始工作
Interval	该属性用来设置定时器触发的周期（以毫秒计），范围 1～64，767
方法	**方法说明**
Start	启动 Timer 控件，相当于 Enable 属性设为 True
Stop	停止 Timer 控件，相当于 Enable 属性设为 False
事件	**事件说明**
Tick	定时器开始工作时由系统触发的事件，用户无法直接触发该操作

5. MessageBox 对话框

MessageBox 对话框调用 MessageBox 类的静态 Show 方法来显示消息对话框，返回值是 DialogResult 类型的枚举值。Show 方法提供了多种重载形式，可以通过 Visual Studio 2008 开发环境中的智能感知看到。常用的重载形式见表 2—8。

表 2—8　常用的重载形式

名称	说明
MessageBox. Show（String）	显示具有指定文本的消息框
MessageBox. Show（String，String）	显示具有指定文本和标题的消息框
MessageBox. Show（String，String，MessageBoxButtons）	显示具有指定文本、标题和按钮的消息框
MessageBox. Show（String，String，MessageBoxButtons，MessageBoxIcon）	显示具有指定文本、标题、按钮和图标的消息框
MessageBox. Show（String，String，MessageBoxButtons，MessageBoxIcon，MessageBoxDefaultButton）	显示具有指定文本、标题、按钮、图标和默认按钮的消息框

要给消息框指定所包含的按钮，应该将 MessageBoxButtons 类型的枚举值作为参数传递给 Show 方法。对话框包含的按钮类型不同，其返回值也不同。如果指定对话框包含的按钮是 MessageBoxButtons. OKCancel，则返回值可能是 DialogResult 枚举值中的 OK 或者 Cancel，而不是 Yes 或者 No，在使用时要注意两者的区别。要指定消息框的图标应使

用 MessageBoxIcon 枚举值，MessageBoxDefaultButton 枚举类型参数指定消息框中哪个按钮是默认被选中的，MessageBoxOptions 枚举类型参数提供一些其他选项。与 MessageBox. Show 方法有关的枚举类型见表 2—9。

表 2—9　　与 MessageBox. show 方法有关的枚举类型

枚举值	说明
	DialogResult 枚举
Abort	对话框的返回值是 Abort（通常从标签为“中止”的按钮发送）
Cancel	对话框的返回值是 Cancel（通常从标签为“取消”的按钮发送）
Ignore	对话框的返回值是 Ignore（通常从标签为“忽略”的按钮发送）
No	对话框的返回值是 No（通常从标签为“否”的按钮发送）
None	对话框返回值是 Nothing，这表明有模式对话框继续运行
OK	对话框的返回值是 OK（通常从标签为“确定”的按钮发送）
Retry	对话框的返回值是 Retry（通常从标签为“重试”的按钮发送）
Yes	对话框的返回值是 Yes（通常从标签为“是”的按钮发送）
	MessageBoxButtons 枚举
AbortRetryIgnore	消息框包含“中止”、“重试”和“忽略”按钮
OK	消息框包含“确定”按钮
OKCancel	消息框包含“确定”和“取消”按钮
RetryCancel	消息框包含“重试”和“取消”按钮
YesNo	消息框包含“是”和“否”按钮
YesNoCancel	消息框包含“是”、“否”和“取消”按钮
	MessageBoxIcon 枚举
Asterisk	消息框图标由一个圆圈及其中的小写字母 i 组成
Error	消息框图标由一个红色背景的圆圈及其中的白色×组成
Exclamation	消息框图标由一个黄色背景的三角形及其中的一个感叹号组成
Hand	消息框图标由一个红色背景的圆圈及其中的白色×组成
Information	消息框图标由一个圆圈及其中的小写字母 i 组成
None	消息框未包含图标符号
Question	消息框图标由一个圆圈和其中的一个问号组成
Stop	消息框图标由一个红色背景的圆圈及其中的白色×组成
Warning	消息框图标由一个黄色背景的三角形及其中的一个感叹号组成
	MessageBoxDefaultButton 枚举
Button1	消息框上的第一个按钮是默认按钮
Button2	消息框上的第二个按钮是默认按钮
Button3	消息框上的第三个按钮是默认按钮

拓展实训 2

1. 实训目的

在前面我们已经创建了一个具有基本功能的登录程序，在此基础上再添加一点小小的改进来增强用户的体验。

2. 任务描述

(1) 加上一幅装饰图片。如图2—1所示，在登录窗体上放置一张图片以美化窗体。

(2) 让窗体具有“闪窗”效果。所谓“闪窗”效果是指窗体“逐渐消隐”、“逐渐显现”的效果。要求登录窗体在运行时逐渐出现，在关闭时逐渐消隐。

3. 要点提示

(1) 设置图片。添加装饰图片可以使用Label这样的控件，具体步骤如下：

选中“FrmLogin.cs［设计］”窗体，打开窗体的“属性”窗体，按表2—10进行设置。

表2—10　　窗体属性设置

属性名	属性值	说明
StartPosition	CenterScreen	窗体启动时居于屏幕中央
MaximizeBox	False	禁用“最大化”按钮
MinimizeBox	False	禁用“最小化”按钮
FormBorderStyle	FixedSingle	窗体边框不可用拖动方式改变大小

添加一个Label控件，首先设置它的Dock属性设置为Top，让它停靠在窗体的顶端，将它AutoSize属性设为false，Text属性清空。然后调整大小，放到相应位置。最后设置它Image属性，选择一幅图片作为背景图片，再稍作高度上的调整就完成了。

(2)“闪窗”效果。实现“闪窗”效果的方法很简单，就是利用定时器Timer组件来不断修改窗体的Opacity（不透明度）属性，从而达到动态隐现的效果。

Timer组件可以每隔一定的时间触发一次Tick事件。对Tick事件进行处理可以实现许多动态效果。.NET提供了3个同名的Timer类，它们位于不同的命名空间，适宜的应用环境也有所差异。我们用的定时器全称是System.Windows.Forms.Timer。具体参考代码如下：

① 下面的两段代码实现窗体在显示时的“渐显”效果。

```
private void timer1_Tick(object sender,EventArgs e)
{
    this.Opacity+ =0.1;              //不断增加窗体的不透明度
    if(this.Opacity= =1)
    {
        //当不透明度为1时,即100%时,停止定时器的工作
        timer1.Enabled=false;
    }
}

private void FrmLogin_Load(object sender,EventArgs e)
{
    //在窗体装载时将窗体的不透明度设置为0.1
    //启动定时器工作
    this.Opacity=0.1;
    timer1.Enabled=true;
}
```

② 下面的两段代码实现窗体在关闭时的“渐隐”效果。

```
private void timer2_Tick(object sender,EventArgs e)
{
    this.Opacity- =0.1;
    if(this.Opacity< =0.1)
    {
        timer2.Enabled=false;
        this.Close();
    }
}

//登录窗体的FormClosing事件
private void FrmLogin_FormClosing(object sender,FormClosingEventArgs e)
    {
        if(this.Opacity >0.1)
        {
            timer2.Enabled=true;//在窗体将要关闭时启动定时器
            e.Cancel=true;
        //阻止窗体的关闭,如果窗体直接关掉了也就看不到逐渐消隐的效果了
        }
    }
```

课后练习 2

通过本章的学习相信大家对 Windows 窗体程序设计有了大体的认识了。那现在就试一试吧！参照前面的例子，制作一个“猜数字”游戏的小程序。

1. 任务描述

随机产生一个 0～100 之间的整数（包含 0 和 100）作为谜底。用户将猜测的数字输入到文本框控件中，单击“试试手气”按钮，由按钮的 Click 事件处理程序来判断猜测值与谜底的大小关系。猜测值大于谜底时，用 Label 显示“第×次尝试，你猜的数字偏大!”；猜测值小于谜底时，用 Label 显示“第×次尝试，你猜的数字偏小!”；若相等，则用 Label 显示“恭喜你，猜中了！共尝试了×次!”，并且用消息框询问用户是否再玩一次。选“是”则重新生成谜底，清除 Label 中的提示文字；选“否”则退出程序。参考界面如图 2—17 所示，程序的流程如图 2—18 所示。

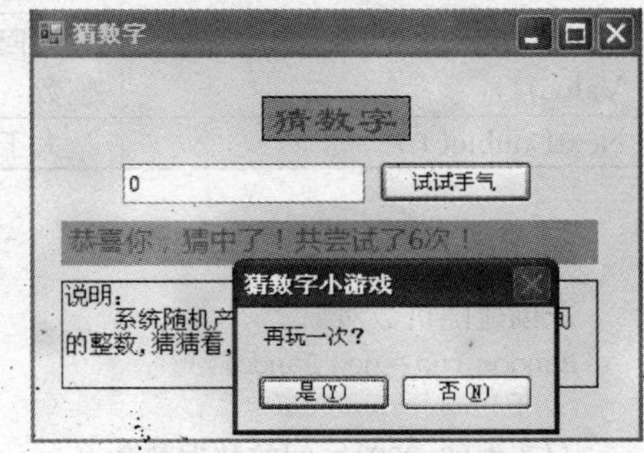

图 2—17　“猜数字”游戏界面

2. 要点提示

(1) 让窗体启动后位于屏幕的中央。将窗体的 StartPosition 设置为：CenterScreen，如图 2—19 所示。

(2) 产生任意区间的随机数。要产生随机数，可以使用 System 命名空间的 Random

类，它是伪随机数生成器，一种能够产生满足某些随机性统计要求的数字序列的设备。该类封装了几个产生随机数的方法。Random 类常用方法见表 2—11。

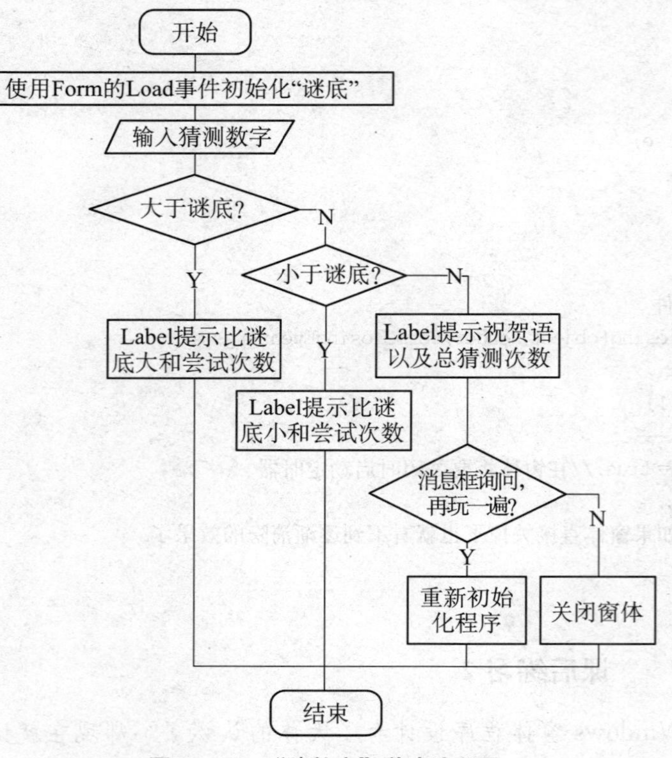

图 2—18 "猜数字"游戏流程图

图 2—19 设置主窗体的启动位置

表 2—11 Random 类常用方法

名　称	说　明
Next()	返回非负随机数
Next(int maxValue)	返回大于或等于零且小于 maxValue 的 32 位带符号整数，即返回的值范围包括零但不包括 maxValue
Next (int minValue, int maxValue)	返回一个大于或等于 minValue 且小于 maxValue 的 32 位带符号整数，即［minValue，maxValue）左闭右开整数区间
NextDouble()	大于或等于 0.0 而小于 1.0 的双精度浮点数字

示例代码如下：

```
//创建随机数对象
Random rnd = new Random();

//产生[0,200)区间的数据整数
int rndint = rnd.Next(200);

//产生[100,199]区间的数据整数
int rndint2 = rnd.Next(100,200);
```

```
//产生[0,1)区间的 double 型数据
double rnddbl = rnd.NextDouble();
```

（3）判断消息框的按钮状态。MessageBox 类显示一个可包含文本、按钮和符号（通知并指示用户）等信息的消息框。要注意的是，无法创建 MessageBox 类的新实例，它的成员都是静态的，可以通过 MessageBox 类直接调用。若要显示消息框，需要调用静态方法 MessageBox. Show。

MessageBox. Show 方法返回一个 DialogResult 类型的枚举值，可以根据返回值判断消息框中的哪个按钮被单击了。

示例代码如下：

```
DialogResult result;
//MessageBoxButtons. YesNo 参数是让消息框显示 Yes 按钮和 No 按钮
result = MessageBox. Show("消息框的标题","要显示的消息",MessageBoxButtons. YesNo)
if(result = = DialogResult. Yes)
{
    //单击"Yes"按钮时执行的代码
}
else
{
    //单击其他按钮时执行的代码
}
```

第3章 技术调查应用程序设计

技能目标

- 了解 Windows Forms 常用控件的主要功能
- 了解 Windows Forms 常用控件的主要属性
- 了解 Windows Forms 控件的基本方法和事件
- 了解手工添加控件的方法
- 了解 ListBox、MaskedTextBox 等控件的应用
- 了解容器控件的应用
- 掌握技术调查应用程序功能的实现方法
- 掌握为按钮设置快捷键的方法
- 掌握对程序异常处理的方法
- 熟练掌握 GroupBox、RadioButton、ComboBox、CheckBox、Timer 控件的应用
- 熟练掌握界面布局方法
- 熟练掌握控件属性的设置方法、控件方法的调用，以及事件的添加

教学情景导入

技术调查是众多企业和网站采集数据、分析市场行情的手段之一。创建技术调查界面，常常采用单选框、复选框、文本框、下拉列表等控件。常见的信息技术调查表，如图3—1所示。

3.1 情景描述：制作技术调查应用程序

无敌软件公司软件外包业务发展势头很快，急需大量软件开发人员，在招聘人员时本着“广撒网、重点面试”的原则，需要让应聘者使用软件填写一个IT情况调查表，以便对应聘者做进一步了解。

要进行软件开发，首先需要理清思路。对于较大规模的软件开发，需要按照软件工程学的方法，明确、细化软件需求，作出概要设计、详细设计，然后再进行代码编写，经过

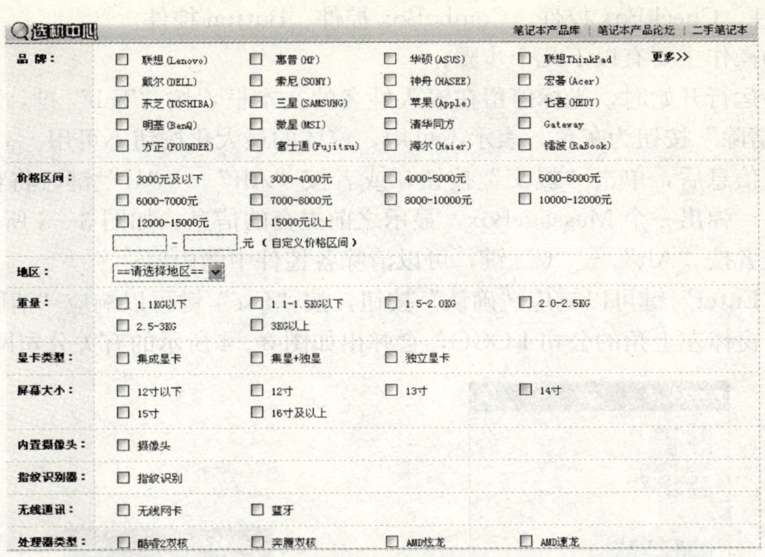

图 3—1　常见的信息技术调查表

测试，最后经过评审才能交付使用。开发像本案例这样的小程序，当然不必完成这么多步骤，但也需要好好整理一下思路，养成先计划后动手的好习惯。首先要明确我们的程序要干什么，然后再去考虑怎么做。

该程序的界面如图 3—2 所示。

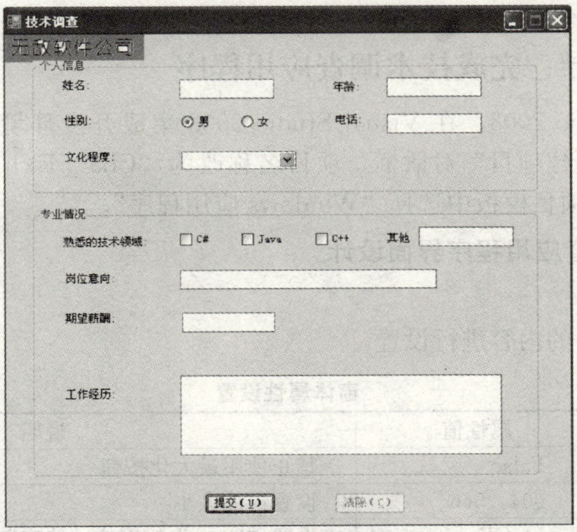

图 3—2　技术调查程序的界面

该程序主要有以下几个功能：

(1) 收集应聘者的个人信息。

(2) 了解应聘者的专业情况。

该程序主要使用的控件包括：GroupBox 控件、Label 控件、TextBox 控件、RadioButton 控件、CheckBox 控件、ComboBox 控件、Button 控件。

该程序的操作主要有以下几个步骤：

（1）程序运行开始时，光标停留在输入姓名的文本框，按“Tab”键，能够在各个控件中切换。“清除”按钮为灰色，表示不可用，窗体的最大化按钮不可用。

（2）填写信息后，单击“提交”按钮，或者按“Alt”＋“U”键，将信息存储在变量中。提交后，弹出一个 MessageBox，显示之前提交的信息，如图 3—3 所示。单击“清除”按钮，或者按“Alt”＋“C”键，可以清除各控件中的内容。

（3）按“Enter”键可以响应“确认”按钮，按“Esc”键可以响应“清除”按钮。

（4）单击窗体左上角的公司 LOGO，会弹出如图 3—4 所示的有关公司网址的对话框。

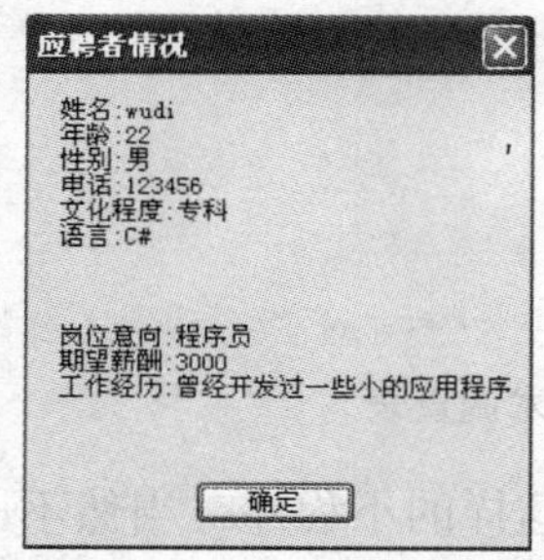

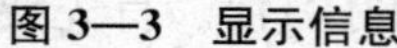

图 3—3　显示信息

图 3—4　公司网址对话框

该程序完成之后，还要对程序进行测试，其目的不仅仅是要验证程序是否实现了预定的功能，还要尽可能地去发现程序中的 Bug。

3.2　实战引导：完成技术调查应用程序

启动 Visual Studio 2008，在 Visual Studio 2008 集成开发环境中，单击“文件→新建→项目”，打开“新建项目”对话框。项目名称改为“Ch3 _ Ex1”，勾选“创建解决方案的目录”选项，在项目模板中选择“Windows 应用程序”。

3.2.1　技术调查应用程序界面设计

1. 窗体属性设置

对窗体按表 3—1 的内容进行设置。

表 3—1　窗体属性设置

属性名	属性值	说明
MaximizeBox	False	禁止使用最大化按钮
Size	604，566	设置窗体大小
AcceptButton	btnOK	设置“Enter”键对应“确定”按钮
CancelButton	btnCancel	设置“Esc”键对应“取消”按钮
Text	技术调查	设置标题
StartPosition	CenterScreen	设置窗体启动的位置

值得一提的是，设置 AcceptButton 和 CancelButton 这两个属性时，可以设置“Enter”键和“Esc”键对应的按钮，这样可以给用户带来更好的体验。

2. 添加控件与设置控件属性

(1) 添加 2 个 GroupBox 控件和 2 个 Button 控件。GroupBox 控件在工具箱中的分类是属于“容器”，顾名思义，就是用来装载具有类似功能的控件，或是为控件进行分组，在这里分别使用两个 GroupBox 控件来装载个人信息和专业情况，如图 3—5 所示。

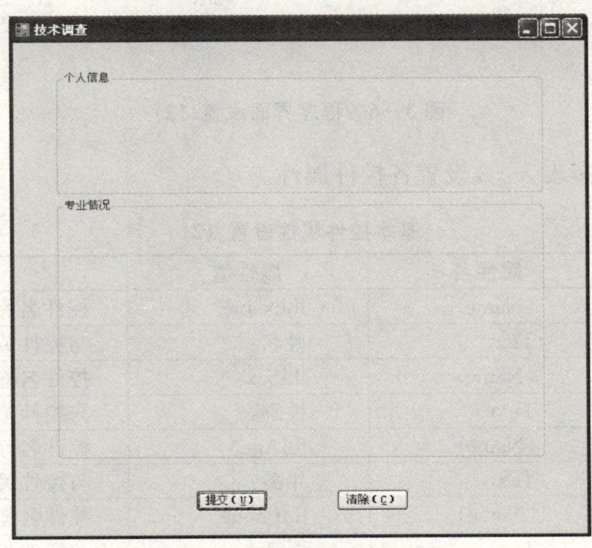

图 3—5　程序界面设置 (1)

2 个 Button 控件是分别用来“提交”所调查到的信息和“清除”所有控件中的信息。其中 Text 属性设置中在字母前面加上“&”，就可以把该字母作为按钮的快捷键，当用户按下“Alt”＋“设为快捷键的字母”时，相当于单击了这个按钮。

添加完控件后，按表 3—2 设置控件的属性。

表 3—2　基本控件属性设置 (1)

控件原名	属性名	属性值	说明
groupBox1	Text	个人信息	与控件关联的文本
groupBox2	Text	专业情况	与控件关联的文本
button1	(Name)	btnOK	控件的名称
	Text	提交 (&U)	显示在按钮上的文本
	Enable	True	启用该控件
button2	(Name)	btnReset	控件的名称
	Text	清除 (&C)	显示在按钮上的文本
	Enable	False	不启用该控件

(2) 向“个人信息”分组框中添加 5 个 Label 控件、3 个 TextBox 控件、2 个 RadioButton 控件和 1 个 ComboBox 控件。RadioButton 控件也称为单选按钮，提供“多选一”的功能，一般都是成组使用，例如图 3—6 中的性别，只能二选一。ComboBox 控件也称为组合框，默认的情况下，组合框是处于折叠状态的，主要的显示效果就是有一个向下的箭头，单击箭头可以看到更多的信息，可以通过键盘输入数据，也可以通过显示出来

的更多信息选择需要的数据，利用组合框可以节省界面的空间。

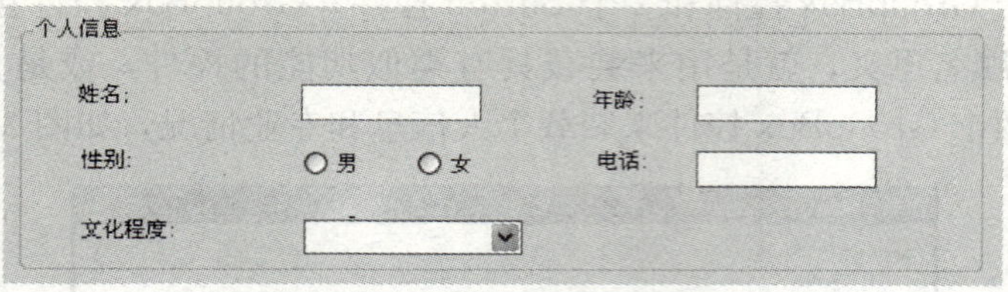

图 3—6　程序界面设置（2）

添加完控件后，按表 3—3 设置各控件属性。

表 3—3　　基本控件属性设置（2）

控件原名	属性名	属性值	说明
label1	(Name)	lblName	控件名称
	Text	姓名：	与控件关联的文本
label2	(Name)	lblSex	控件名称
	Text	性别：	与控件关联的文本
label3	(Name)	lblAge	控件名称
	Text	年龄：	与控件关联的文本
label4	(Name)	lblPhone	控件名称
	Text	电话：	与控件关联的文本
label5	(Name)	lblDegree	控件名称
	Text	文化程度：	与控件关联的文本
textBox1	(Name)	txtName	控件名称
textBox2	(Name)	txtAge	控件名称
textBox3	(Name)	txtPhone	控件名称
radioButton1	(Name)	radMan	控件名称
	Text	男	与控件关联的文本
	Checked	True	默认情况为选中
radioButton2	(Name)	radFemale	控件名称
	Text	女	与控件关联的文本
	Checked	False	默认情况为不选中
comboBox1	(Name)	cboDegree	控件名称
	Items	小学 初中 高中 专科 本科 研究生 博士	设置下拉选项框中的选项

（3）向“专业情况”分组框中添加 5 个 Label 控件、4 个 TextBox 控件、3 个 CheckBox 控件。CheckBox 控件的功能和 RadioButton 控件的功能十分相似，区别在于，它可以实现“多选”的功能。例如图 3—7 中“熟悉的技术领域”调查，应聘者可以根据自己

的情况勾选多个。

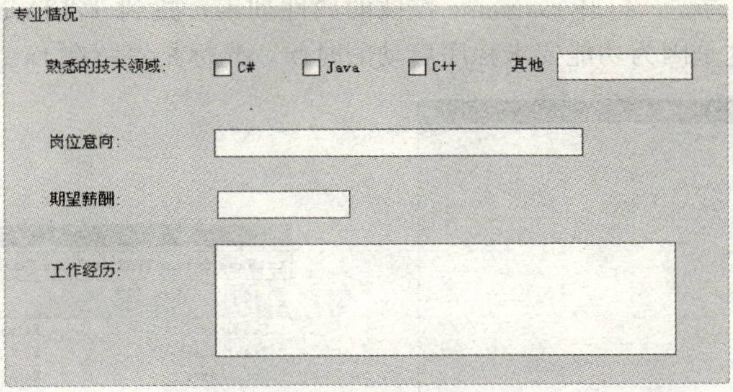

专业情况

熟悉的技术领域：　□ C#　□ Java　□ C++　其他

岗位意向：

期望薪酬：

工作经历：

图 3—7　程序界面设置（3）

添加完控件后，按表 3—4 设置各控件属性。

表 3—4　基本控件属性设置（3）

控件原名	属性名	属性值	说明
label6	(Name)	lblTel	控件名称
	Text	熟悉的技术领域：	与控件关联的文本
label7	(Name)	lblAnother	控件名称
	Text	其他	与控件关联的文本
label8	(Name)	lblWant	控件名称
	Text	岗位意向：	与控件关联的文本
label9	(Name)	lblSalary	控件名称
	Text	期望薪酬：	与控件关联的文本
label10	(Name)	lblExperience	控件名称
	Text	工作经历：	与控件关联的文本
textBox4	(Name)	txtTel	控件名称
textBox5	(Name)	txtWant	控件名称
textBox6	(Name)	txtSalary	控件名称
textBox7	(Name)	txtExperience	控件名称
	Multiline	True	设置为多行显示
checkBox1	(Name)	chbCSharp	控件名称
	Text	C#	与控件关联的文本
checkBox2	(Name)	chbJava	控件名称
	Text	Java	与控件关联的文本
checkBox3	(Name)	chbCPP	控件名称
	Text	C++	与控件关联的文本

完成以上的设置后，界面如图 3—8 所示。

至此基本完成了对界面的设置，但程序功能要求能够通过“Tab”键完成各个控件的跳转，此时，可以先运行程序试一试，看看当前是否响应“Tab”键。

（4）“Tab”键序的设置。由于每个人添加控件的顺序不同，在没有设置之前，得到的“Tab”键序可能不同。那么怎么来控制键序，让光标按照程序想要的顺序进行跳转呢？

其实很简单，首先，打开txtName控件的属性列表，找到TabIndex属性，并设置为0（见图3—9）。这是因为功能要求程序启动的时候，光标是停留在txtName控件里。

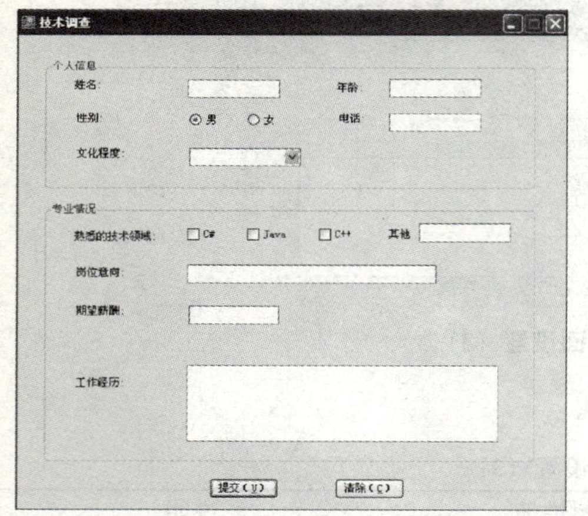

图3—8 完成程序界面设置

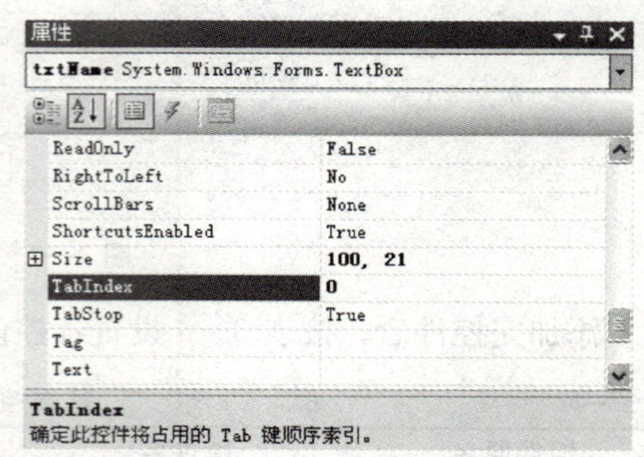

图3—9 完成程序界面设置

按照同样的方法，按照想要的顺序，依次设置每个可以读入数据的控件的TabIndex属性为1以上的整数，并保证没有重复。通过这样简单的设置，就能够通过“Tab”键进行光标有序的跳转。这样，程序基本上已经不再依赖鼠标就可以进行操作了。

当添加了容器控件，上述的操作可能会出现一些问题，这时，可以使用菜单栏中“视图→Tab键顺序”进行键序的设置。本例中，打开该功能后，可以根据需要设置键序，如图3—10所示。

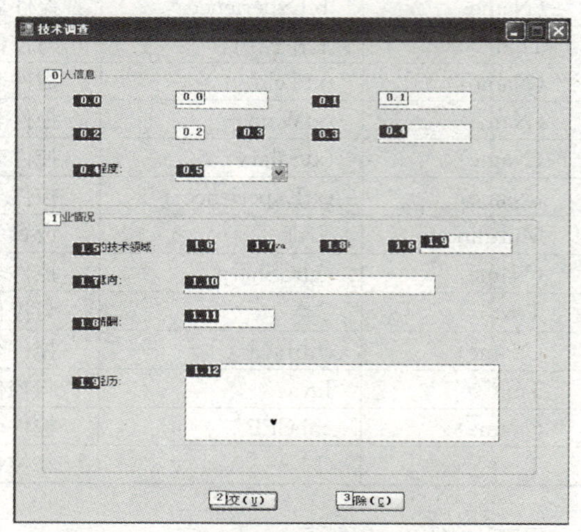

图3—10 “Tab”键序设置

3.2.2 技术调查应用程序功能实现与编码

界面设计得再好，功能的实现还是离不开编码的，虽然Visual Studio 2008做了很多，但是它还是无法代替用户编码，要实现程序的功能，还是要关注代码，下面就看看如何来获得这些收集的数据。

1. 定义窗体级变量

定义窗体级变量用来存储输入的信息，用于 MessageBox 显示。代码如下：

```
string sex = "男";
string degree = "";
string domaincs = "",domainjava = "",domaincpp = "";
```

代码应当写在 Form1 类里，而不属于任何一个方法。

2. 编写单选按钮 CheckedChanged 事件代码

（1）radMan 的 CheckedChanged 事件代码。如果选中了单选按钮，则它的 Checked 属性就为 True。

说明：在 C♯中，布尔值在写入时是全部字母小写（如 true），在输出时是首字母大写（如 True）。

代码如下：

```
private void radMan_CheckedChanged(object sender,EventArgs e)
{
    if(radMan.Checked == true)
        sex = "男";
}
```

（2）radFemale 的 CheckedChanged 事件代码。代码基本和上面相同，这里没有使用“==”来说明，是因为属性值本身就是布尔值，可以用作条件判读。

```
private void radFemale_CheckedChanged(object sender,EventArgs e)
{
    if(radFemale.Checked)
        sex = "女";
}
```

3. 编写复选框 CheckedChanged 事件代码

（1）chbCSharp 的 CheckedChanged 事件代码。与单选按钮相同，复选框也是使用 Checked 属性来判断是否被选中。代码如下：

```
private void chbCSharp_CheckedChanged(object sender,EventArgs e)
{
    if(chbCSharp.Checked)
        domaincs = "C♯";
    else
        domaincs = "";
}
```

说明：为了节省篇幅，在后面的代码中，只写明关键代码，即需要编写的代码，系统自动生成的代码不再列出。例如，双击 chbCSharp 控件，系统会自动生成事件代码如下：

```
private void chbCSharp_CheckedChanged(object sender,EventArgs e)
{

}
```

而关键代码则是：

```
if(chbCSharp.Checked)
        domaincs = "C#";
    else
        domaincs = "";
```

（2）chbJava 的 CheckedChanged 事件代码。关键代码如下：

```
if(chbJava.Checked)
        domainjava = "Java";
    else
        domainjava = "";
```

（3）chbCPP 的 CheckedChanged 事件代码。关键代码如下：

```
if(chbCPP.Checked)
        domaincpp = "C++";
    else
        domaincpp = "";
```

4. 编写组合框的 SelectedIndexChanged 事件代码

SelectedIndex 属性是指所选择项在列表中的索引值。当列表为空时，其值为－1。当选择某项后，会把选中项的值赋值给其 Text 属性。若要获取当前选中的项的内容，可以使用属性 SelectedItem。cboDegree 的 SelectedIndexChanged 事件关键代码如下：

```
if(cboDegree.SelectedIndex > -1)
        degree = cboDegree.Text;
```

5. 编写按钮的 Click 事件代码

（1）“确定”按钮的 Click 事件代码。该代码中首先使“清除”按钮可用，然后定义一个 msg 变量，用来存储调查得到的各项内容，最后使用 MessageBox 消息框显示。关键代码如下：

```
btnCancel.Enabled = true;
string msg = "姓名:" + txtName.Text
        + "\n 年龄:" + txtAge.Text
        + "\n 性别:" + sex
```

```
        + "\n电话:" + txtPhone.Text
        + "\n文化程度:" + cboDegree.Text.ToString()
        + "\n语言:" + domaincs + "\n    " + domainjava + "\n   "
    + domaincpp + "\n " + txtTel.Text
        + "\n岗位意向:" + txtWant.Text
        + "\n期望薪酬:" + txtSalary.Text
        + "\n工作经历:" + txtExperience.Text;
MessageBox.Show(msg);
```

(2)"清除"按钮的 Click 事件代码。该按钮是将所有的变量，以及控件相关属性恢复到初始值。关键代码如下:

```
sex = "";
degree = "";
domaincs = "";
domainjava = "";
domaincpp = "";
txtName.Text = "";
txtAge.Text = "";
txtPhone.Text = "";
radFemale.Checked = false;
radMan.Checked = true;
cboDegree.SelectedIndex = -1;
chbCPP.Checked = false;
chbCSharp.Checked = false;
chbJava.Checked = false;
txtTel.Text = "";
txtWant.Text = "";
txtSalary.Text = "";
txtExperience.Text = "";
btnCancel.Enabled = false;
```

6. 调试、编译程序

(1) 单击"生成"菜单，在下拉菜单中选择"生成 Ch3_Ex1"，完成程序编译。

(2) 若程序没有正确执行，出现错误，应当先修改错误再完成编译。

说明: 可使用快捷键"F5"直接启动调试，或者单击工具栏中"▶"启动调试。

利用控件属性和一些判断语句（如下面代码中的三元运算符）能大大提高编程效率，在上例中，只需要编写两个按钮 Click 事件就能完成功能。关键代码如下:

```
btnCancel.Enabled = true;
    string msg = "姓名:" + txtName.Text
            + "\n年龄:" + txtAge.Text
            + "\n性别:" + (radMan.Checked ? "男":"女")
            + "\n电话:" + txtPhone.Text
```

```
            + "\n 文化程度:" + cboDegree.SelectedItem.ToString()
            + "\n 语言:" + (chbCSharp.Checked ? "C# ":string.Empty)
        + (chbJava.Checked ? "Java ":string.Empty)
            + (chbCPP.Checked ? "C++ ":string.Empty)
           //string.Empty 不分配存储空间
        + txtTel.Text
            + "\n 岗位意向:" + txtWant.Text
            + "\n 期望薪酬:" + txtSalary.Text
            + "\n 工作经历:" + txtExperience.Text;
MessageBox.Show(msg);
```

3.2.3 技术调查应用程序测试

1. 设计测试数据

测试是为了发现程序中的错误，所以在设计测试数据时，应尽量考虑到各种情况。在本例中，设计测试数据见表 3—5。

表 3—5　设计测试数据表

第一组测试数据			
姓名	欧阳风	年龄	43
性别	男	电话	12345678、
文化程度	博士	熟悉的技术领域	C#，Java
岗位意向	管理	期望薪酬	33,000
工作经历	一直在微软公司工作		
第二组测试数据			
姓名	令狐冲	年龄	28
性别	男	电话	
文化程度	大学	熟悉的技术领域	C++
岗位意向	研发	期望薪酬	5,000
工作经历	推销，游戏开发		
第三组测试数据			
姓名	西门冰	年龄	
性别	女	电话	87659876
文化程度	高中	熟悉的技术领域	营销
岗位意向	文职	期望薪酬	2,500
工作经历	Mini 公司公关		

2. 测试结果

使用表 3—5 的测试数据，可以得到如图 3—11 所示的测试结果。程序能够完成预期的功能，并有一定的容错性。

通过测试可以发现，该程序对数据为空时，没有进行判断，也就是说，应聘者可以不填写他们不愿透露的信息。如果要强制填写，例如希望应聘者一定填写年龄，只需要添加如下类似的代码就可以了：

```
if(txtAge.Text = = "")
{
```

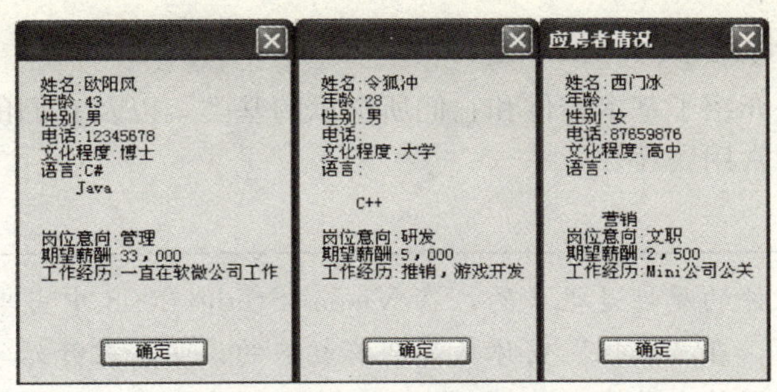

图 3—11　测试结果

```
        MessageBox.Show("请输入年龄");
        return;
    }
```

在本例中没有考虑到数据类型的判断，如年龄输入应当为数字，要实现这样的判断可以使用需要判断控件内容的控件 KeyPress 事件，使用 e 参数读取当前键盘的输入，判断得到是否为合法输入。读者可以试着自己实现一下这样的功能。

3.3　核心技能

3.3.1　窗体的常用属性和事件

窗体是 Windows 应用程序设计的舞台，也是程序的载体，前面的几个例子里都已经对窗体的属性做过一些设置，也为窗体的事件添加了编码，现在介绍一下窗体的常用属性和事件，见表 3—6。

表 3—6　　窗体的常用属性和事件

属性	属性说明
AcceptButton	获取或设置当用户按“Enter”键时所单击的窗体上的按钮
CancelButton	获取或设置当用户按“Esc”键时单击的按钮控件
ContextMenu	获取或设置与控件关联的快捷菜单
FormBorderStyle	获取或设置窗体的边框样式
Icon	获取或设置窗体的图标
KeyPreview	获取或设置一个值，该值指示在将键事件传递到具有焦点的控件前，窗体是否将接收此键事件
MaximizeBox	获取或设置一个值，该值指示是否在窗体的标题栏中显示“最大化”按钮
MinimizeBox	获取或设置一个值，该值指示是否在窗体的标题栏中显示“最小化”按钮
Opacity	获取或设置窗体的不透明度级别
事件	**事件说明**
Load	在第一次显示窗体前发生
Activated	当使用代码激活或用户激活窗体时发生
Closed	关闭窗体后发生
Closing	在关闭窗体时发生

3.3.2 其他控件的常用属性和事件

在第2章中已经介绍了基本控件和它们所继承的基类，以及它们的常用属性，这一章主要关注其他控件的常用属性。

说明：每个控件的属性是很多的，在Visual Studio 2008中当单击“属性”窗体中的某一具体属性，在“属性”窗体底部会有相应的说明，在开始学习使用时，多加留意这些信息，慢慢就会熟悉了。

1. RadioButton 控件

RadioButton 控件为单选按钮，属 RadioButton 类，通常若干个 RadioButton 控件和 GroupBox 控件作为一组使用，每一组单选按钮中只能有一个被选中，若不使用 GroupBox 控件分组，则整个窗体中只能有一个 RadioButton 控件被选中。RadioButton 控件的常用属性和事件见表3—7。

表3—7　RadioButton 控件的常用属性和事件

属性	属性说明
Appearance	获取或设置一个值，该值用于确定 RadioButton 的外观
AutoCheck	获取或设置一个值，该值指示在单击控件时，Checked 值和控件的外观是否自动更改
Checked	获取或设置一个值，该值指示 CheckBox 是否处于选中状态。选项为布尔型，true 表示选中；fales 表示未选中
事件	**事件说明**
CheckedChange	选择发生改变时触发

Appearance 属性设置 RadioButton 控件的外观，除了常见的样式（○男）外，还可以设置成其他样式（男），从这里也可以看出，该控件和 Button 控件的关系密切。

2. CheckBox 控件

CheckBox 控件为多选框，属 CheckBox 类，与 RadioButton 控件最大的区别是可以复选。CheckBox 控件的常用属性和事件见表3—8。

表3—8　CheckBox 控件的常用属性和事件

属性	属性说明
CheckAlign	获取或设置 CheckBox 控件上的复选框的水平和垂直对齐方式
Checked	获取或设置一个值，该值指示 CheckBox 是否处于选中状态。选项为布尔型，true 表示选中，fales 表示未选中
CheckState	获取或设置 CheckBox 的状态
ThreeState	获取或设置一个值，该值指示此 CheckBox 是否允许三种复选状态而不是两种
事件	**事件说明**
CheckedChange	选择发生改变时触发

CheckState 属性可以显示出三种状态，分别为 Unchecked（未选中），Checked（选

中）和 Indeterminate（不确定状态）。第一种状态和 Checked 属性的 false 关联，后两种状态和 Checked 属性的 true 关联。使用 ThreeState 属性设置是否允许第三种状态。

3. ListBox 控件

ListBox 控件又称为列表框，主要使用列表来显示数据，用户通过鼠标和键盘从列表中进行选择，从而实现数据的输入。对于需要输入的数据内容与范围固定等情况，使用列表框是最佳选择。ListBox 控件的常用属性、方法和事件见表 3—9。

表 3—9　ListBox 控件的常用属性、方法和事件

属性	属性说明
BorderStyle	获取或设置在 ListBox 四周绘制的边框的类型
CustomTabOffsets	获取 ListBox 中的项之间的制表符的宽度
ColumnWidth	指定多列列表中各列的宽度
MultiColumn	是否显示多列，默认是单列显示（False）
Items	获取一个对象，该对象表示该控件中所包含项的集合
SelectedIndex	获取或设置 ListBox 中当前选定项的从零开始的索引
SelectedIndices	获取一个集合，该集合包含 ListBox 中所有当前选定项的从零开始的索引
SelectedItem	获取或设置 ListBox 中的当前选定项
SelectedItems	获取包含 ListBox 中当前选定项的集合
SelectedValue	获取或设置由 ValueMember 属性指定的成员属性的值
SelectionMode	获取或设置在 ListBox 中选择项所用的方法，有四种模式：选择多项（MultiExtended）、可以选择多项（MultiSimple）、只能选择一项（One）、禁止选择（None）
方法	**方法说明**
Items. Add	向列表中添加项
Items. Insert	将项插入到列表框中指定索引处
Items. Clear	从集合中移除所有的项
Items. Remove	从集合中移除指定的项
事件	**事件说明**
SelectedIndexChanged	在选择时触发，也是默认事件

4. ComboBox 控件

ComboBox 控件又称组合框控件或下拉菜单，可以认为是 ListBox 控件和 TextBox 控件的组合，可以为用户在一个列表中提供一些预先设置好的选项，也允许用户在文本框中通过键盘输入数据，属 ComboBox 类。ComboBox 控件的方法和事件与 ListBox 控件类似。ComboBox 控件的常用属性见表 3—10。

表 3—10　ComboBox 控件的常用属性

属性	属性说明
DropDownHeight	获取或设置 ComboBox 下拉部分的高度（以像素为单位）
DropDownStyle	获取或设置指定组合框外观样式的值
DropDownWidth	获取或设置 ComboBox 下拉部分的宽度（以像素为单位）
MaxDropDownItems	获取或设置组合框中最多显示的列表项数量

续前表

属性	属性说明
Sorted	获取或设置指示是否对组合框中的项进行了排序的值
SelectedText	获取或设置 ComboBox 的可编辑部分中选定的文本
Text	显示在文本框中的文本

DropDownStyle 属性有 3 种参数样式可选：Simple、DropDown 和 DropDownList，如图 3—12 所示。

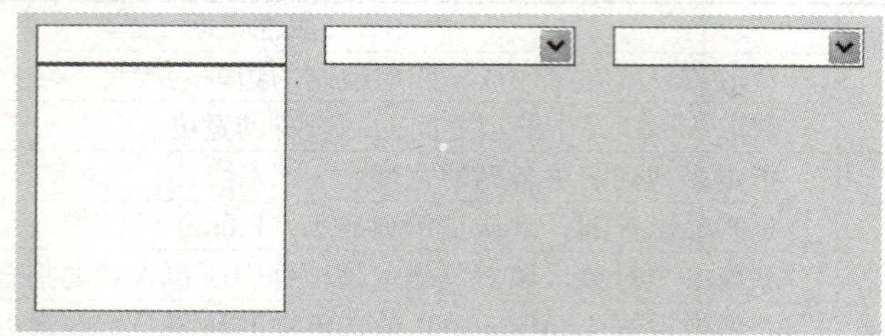

图 3—12　DropDownStyle 属性 3 种参数的样式

从图 3—12 中，能够容易地看到 Simple 样式是直接显示而不折叠的，但是 DropDown 和 DropDownList 从外观上看基本是一样的，两者的区别在于 DropDown 的文本框是可以编辑的，而 DropDownList 的文本框则不能编辑。

5. MaskedTextBox 控件

MaskedTextBox 控件为掩码文本框控件，是一个增强型的 TextBox 控件，它支持用于接受或拒绝用户输入的声明性语法。通过使用 Mask 属性，无需在应用程序中编写任何自定义验证逻辑，即可指定下列输入：

（1）必需的输入字符。

（2）可选的输入字符。

（3）掩码中的给定位置所需的输入类型，例如只允许数字、只允许字母或者允许字母和数字。

（4）掩码的原意字符或者应直接出现在 MaskedTextBox 中的字符，例如电话号码中的连字符（-）或者价格中的货币符号。

（5）输入字符的特殊处理，例如将字母字符转换为大写字母。

MaskedTextBox 控件的常用属性和事件见表 3—11。

表 3—11　MaskedTextBox 控件的常用属性和事件

属性	属性说明
Mask	获取或设置运行时使用的输入掩码
AsciiOnly	获取或设置一个值，该值指示 MaskedTextBox 控件是否接受 ASCII 字符集以外的字符
BeepOnError	获取或设置一个值，该值指示掩码文本框控件是否每当用户键入了它拒绝的字符时都发出系统警告声
CutCopyMaskFormat	获取或设置一个值，该值决定是否将原义字符和提示字符复制到剪贴板中
MaskCompleted	获取一个值，该值指示所有必需的输入是否都已输入到输入掩码中

续前表

属性	属性说明
MaskedTextProvider	获取与掩码文本框控件的此实例关联的掩码提供程序的复本
MaskFull	获取一个值，该值指示所有必需和可选的输入是否都已输入到输入掩码中
TextMaskFormat	获取或设置一个值，该值决定原义字符和提示字符是否包括在格式化字符串中
事件	**事件说明**
MaskInputRejected	当用户的输入或者分配的字符与输入掩码的对应格式元素不匹配时发生

6. 容器控件

有一类控件的主要作用是容纳其他的控件，方便实现布局的控制，这一类控件就称为容器控件。在工具箱里，可以通过容器分类来找到它们，在这里介绍常用的几个控件。

(1) GroupBox 控件。在一组控件周围显示一个带有可选标题的框架。GroupBox 控件用于为其他控件提供可识别的分组。通常，使用 GroupBox 控件细分窗体。当移动单个 GroupBox 控件时，它包含的所有控件也会一起移动。

GroupBox 控件的常用属性和事件见表 3—12。

表 3—12　GroupBox 控件的常用属性和事件

属性	属性说明
FlatStyle	获取或设置组框控件的平面样式外观
Text	用来设置控件的文本
事件	**事件说明**
DoubleClick	当用户双击控件时发生

(2) Panel 控件。Panel 控件用于为其他控件提供可识别的分组。开发 Windows 应用程序时，通常使用 Panel 控件按功能细分窗体。在窗体设计时，所有控件都可以自由移动，而当移动 Panel 控件时，它包含的所有控件也将随着移动。

Panel 控件的常用属性和事件见表 3—13。

表 3—13　Panel 控件的常用属性和事件

属性	属性说明
AutoScroll	指示当控件内容大于它的可见区域时，是否自动显示滚动条
BackColor	获取或设置控件的背景色
BackgroundImage	获取或设置在控件中显示的背景图像
BorderStyle	指示控件的边框样式
事件	**事件说明**
Layout	在控件将要对其内容布局时发生

(3) TabControl 控件。管理并向用户显示可以包含控件和组件的相关选项卡的集合。TabControl 控件显示多个选项卡，这些选项卡类似于档案柜文件夹中的标签。TabControl 控件的选项卡中可包含图片和其他控件。此外，TabControl 控件还可以用来创建一组相关属性的属性页。

TabControl 控件的常用属性见表 3—14。

表 3—14　　TabControl 控件的常用属性

属性	属性说明
ItemSize	获取或设置控件的选项卡的大小
Multiline	获取或设置一个值，该值指示是否可以显示一行以上的选项卡
RowCount	获取控件的选项卡条中当前显示的行数
SelectedIndex	获取或设置当前选定的选项卡页的索引
SelectedTab	获取或设置当前选定的选项卡页
ShowToolTips	获取或设置一个值，该值指示当鼠标移到选项卡上时是否显示该选项卡的“工具提示”
TabPages	获取该选项卡控件中选项卡页的集合

3.3.3　异常处理

在程序的开发过程中，错误总是无法完全避免的，但使用一定的方法尽量处理程序执行过程中的问题，这就是异常处理。

1. 常用异常类

C#提供了处理错误的机制，使用异常类 Exception 为每种错误提供定制的处理，并把识别错误的代码和处理错误的代码分离开。Exception 类为各常见异常类的基类。常见的异常类及其说明见表 3—15。

表 3—15　　常见的异常类及其说明

异常类名称	说明
MemberAccessException	访问错误：类型成员不能被访问
ArgumentException	参数错误：方法的参数无效
ArgumentNullException	参数为空：给方法传递一个不可接受的空参数
ArithmeticException	数学计算错误：由于数学运算导致的异常，覆盖面广
ArrayTypeMismatchException	数组类型不匹配
DivideByZeroException	被零除
FormatException	参数的格式不正确
IndexOutOfRangeException	索引超出范围，小于 0 或比最后一个元素的索引还大
InvalidCastException	非法强制转换，在显式转换失败时引发
MulticastNotSupportedException	不支持的组播：组合两个非空委派失败时引发
NotSupportedException	调用的方法在类中没有实现
NullReferenceException	引用空引用对象时引发
OutOfMemoryException	无法为新语句分配内存时引发，内存不足
OverflowException	溢出
StackOverflowException	栈溢出
TypeInitializationException	错误的初始化类型：静态构造函数有问题时引发
NotFiniteNumberException	无限大的值：数字不合法

2. try 语句

C#提供结构化处理异常的方法，使用 try 语句提供的控制结构检测代码中的异常并做出相应的处理。try 语句有以下三种方式：

（1）try...catch 语句。一般情况下，程序流进入 try 控制块，如果没有错误发生，就会正常操作；当程序流离开 try 控制块后，如果没有发生错误，将执行 catch 后的 finally 语句块或顺序执行。当执行 try 语句时发生错误，程序流就会跳转到相应的 catch 语句块。

（2）try…finally 语句。有时可能希望在程序运行时，要求清除异常而不是错误处理。若希望使程序在出现异常时继续执行，且不显示出错信息，那么可以使用 try…finally 语句实现清除异常。它不仅抑制了出错消息，而且所有包含在 finally 块中的代码在异常被引发后仍然会被执行。

（3）try…catch…finally 语句。try…catch…finally 结构能将上述两者结合起来，使之成为一个整体。

示例代码如下：

```
//try...catch 语句
int a;                              //声明变量
try                                 //试图捕获异常
{                                   //将文本转换为 Int32 类型的整数
  a = Convert.ToInt32(textBox1.Text);
}
catch                               //发生异常时的处理
{
    label1.Text = "提示:请将被除数的值输入为数字!";
    return;
}

//try...catch...finally 语句
int a,b,c;
try
{         c = a /b;}
catch(DivideByZeroException)        //如果发生除数为 0 的异常
{   label1.Text = "提示:除数不能为 0!";
   return;
}
finally                             //无论是否发生异常,都正常结束
{
    MessageBox.Show("感谢使用本软件!","程序结束");
}
```

3. 用户自定义异常类

除了系统提供的异常类，在某些特殊情况，可以通过继承 Exception 来创建自定义异常类。

声明一个异常类的语法格式如下：

```
class ExceptionName:Exception
{
    ……
}
```

引发自定义异常的语法格式如下：

```
throw(ExceptionName);
```

引发系统异常类的语法格式如下：

```
throw new〈系统异常类〉;
```

throw 方法是在程序设计时可能需要有意地引发某种异常，以测试程序在不同状态下的运行情况。throw 方法就是专门用于人为引发异常的。通常将这种主要用于测试程序的、能够自动引发异常的方法称为“抛出异常”。

3.3.4 手工添加控件

前面已经介绍了一些工具箱里的常用控件，有了这些控件在完成一般的程序时可以节省很多的时间和精力。在第 1 章中，介绍过 Form1. Designer. cs，从工具箱拖动一个控件到窗体时，Form1. Designer. cs 会自动产生一些代码，当修改控件属性的时候，代码中对应的位置也会发生改变。

但有些情况下，这些控件不一定能够完全符合需要。接下来简单地介绍一下如何在代码运行时，手工添加控件。具体有以下几个步骤：

(1) 新建一个需要添加控件的对象。

(2) 对该对象的属性进行设置。

(3) 如果需要给控件对象添加事件，需要手动订阅事件。

(4) 将控件对象加入到 Form 对象控件集合中。

(5) 编写控件对象事件。

具体的例子，请参考拓展实训 3。

拓展实训 3

1. 实训目的

将技术调查应用程序功能进行扩展，增强功能。

2. 任务描述

(1) 限制输入数据的格式。在个人信息分组框中，年龄信息限制为只能输入数字。

(2) 手工添加控件，以及注册事件。手工添加一个带有公司 LOGO 的图片标签，当单击该图片的时候，弹出消息框，显示公司网址信息。

3. 要点提示

(1) 限制数据输入格式。要限制输入的信息格式只能为数字有多种方法，其中之一是可以使用 MaskedTextBox 控件。

① 将原来的 txtAge 文本框删除，从工具箱中添加 MaskedTextBox 控件到原来 txtAge 控件位置处，如图 3—13 所示。

② 单击控件右上角的三角形，弹出“MaskedTextBox 任务”，单击“设置掩码”，得到如图 3—14 所示的对话框。

③ 如图 3—14 所示，设置年龄格式，需要设置为数字，并且最长为 3 位，所以在“掩码”处输入“999”，单击“确定”按钮，设置完毕。

图 3—13　添加 MaskedTextBox 控件

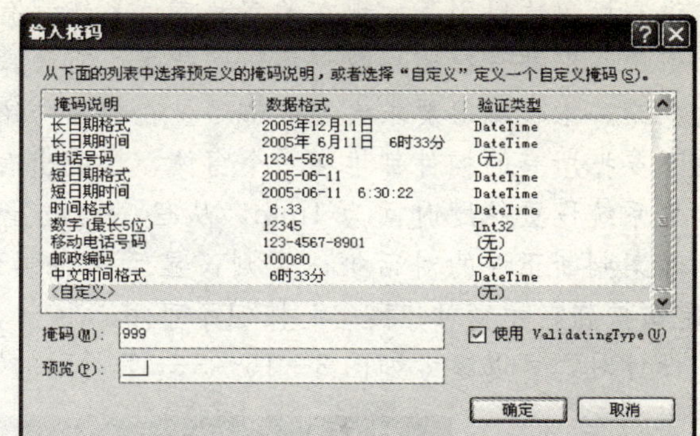

图 3—14　“输入掩码”对话框

（2）手工添加控件注册事件。

① 手工添加带公司 LOGO 图标的标签。主要是在窗体的 Load 事件中添加如下代码：

```
    Label lblLogo = new Label();                          //生成一个 Label 对象
    lblLogo.AutoSize = false;                             //设置 AutoSize 属性
    lblLogo.Width = 147;                                  //设置控件大小和图片一样
    lblLogo.Height = 31;
    lblLogo.Image = Image.FromFile("无敌软件公司 LOGO.JPG");
//设置 Image 属性
    lblLogo.Click + = new EventHandler(lblLogo_Click);    //注册事件
    this.Controls.Add(lblLogo);                           //将控件添加到控件集合中
```

说明：设置图片时使用了 Image 类的静态方法 FromFile 获取图像文件，图片是放在和 .exe 文件同一文件夹，所以使用了相对路径，若图片存放在 D 盘 JPG 目录下，则该语句更改为：

```
lblLogo.Image = Image.FromFile("C:\\JPG\\无敌软件公司 LOGO.JPG");
```

也可以通过创建一个 Bitmap 实例，来给 Image 属性赋值，实现图片的显示，实例代码如下：

```
lblLogo.Image = new Bitmap("无敌软件公司 LOGO.JPG");
```

② 实现 lblLogo _ Click 事件，在 Form1 类中，添加如下代码：

```
private void lblLogo_Click(object sender,EventArgs e)
{
    MessageBox.Show("公司网址是 www.wudi.com");
}
```

课后练习 3

1. 任务描述

随着信息技术的发展，无纸化考试也应运而生，这次的练习就是做一个简单的考试系统，说它简单的原因是，现在的完整考试系统都有一个装有试题和答案的数据库，而在这次练习中我们并没有使用数据库访问技术，有关数据库操作的知识在本书的后面将会有详细的介绍。本次练习要求大家能够尽量将前面介绍的各种控件有效地利用起来，说到有效是指不要把所有的控件都堆在一个窗体，要突出有用的信息。

本系统设置答题时间为 1min，从程序加载开始算起，如果在时间结束之前提交，则显示答案判断正误的对话框；否则，显示“时间到”对话框，单击“时间到”对话框的“确定”按钮，主窗体“提交”按钮不可用。

设计时，可以参考如图 3—15～3—17 所示的考试系统界面。

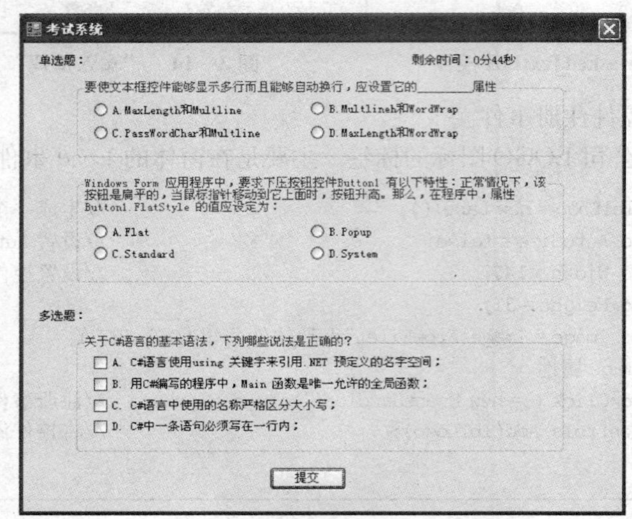

图 3—15　考试系统界面

图 3—16　显示提示　　　　**图 3—17　“时间到”对话框**

2. 要点提示

（1）使用 Timer 控件实现倒计时。使用 Timer 控件来显示考试剩余时间，需要定义 3 个全局变量，一个是总秒数，递减即可实现倒计时；还有两个变量用来得到“分”和“秒”信息，“分”可以通过总时间“/60”得到，“秒”可以通过总时间“%60”得到。

（2）RadioButton 控件要分组使用。RadioButton 控件使用时要与分组控件放在一起，否则整个页面只有一个选项能被选中。

（3）程序的扩展。Timer 控件用来倒计时，当然还可以扩展程序，比如增加一个“开始计时”按钮，或者显示开始考试的时间等。

第 4 章　记事本应用程序设计

技能目标

- 了解对话框组件的使用
- 掌握 MenuStrip 控件、ToolStrip 控件、StatusStrip 控件和 ContextMenuStrip 控件的使用方法
- 掌握 OpenFileDialog 组件和 SaveFileDialog 组件的使用方法
- 掌握“记事本应用程序”功能的实现方法
- 掌握查找和替换功能的编码方法
- 熟练掌握 RichTextBox 控件使用方法
- 熟练掌握程序调试的方法

教学情景导入

Windows 操作系统中附件自带的记事本小巧、简洁、朴素，在格式要求不是很严格的时候，经常用它来记录一些东西，是计算机常用的工具之一，也是典型的 Windows 应用程序。如图 4—1 所示就是 Windows XP 系统自带的记事本。

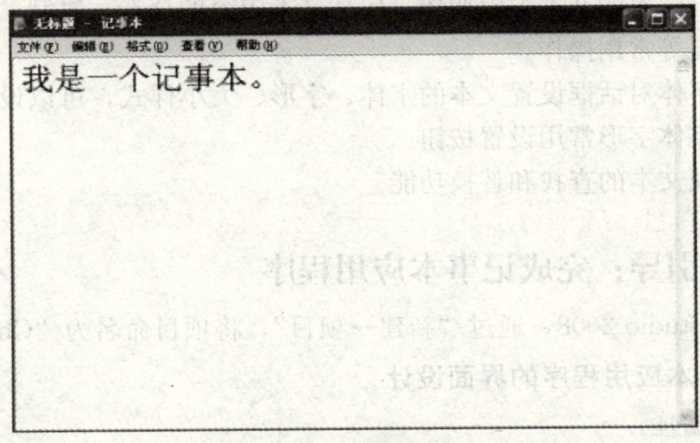

图 4—1　记事本程序界面

本章将以系统自带的记事本为原型，设计一个简单记事本程序，还对其在部分功能进行加强。

4.1　情景描述：制作记事本应用程序

兼善小学的学生要求用计算机记录下每一天的读书计划和读书笔记，以及每一天的心得。我们为此设计、开发一个类似记事本，用于记录和编辑文本的应用程序。

要求程序具有以下功能：

(1) 能记录文字，并能进行字体、背景颜色等简单编辑。

(2) 能打开、保存文本文件。

(3) 拥有查找和替换功能。

记事本应用程序的界面如图4—2所示。

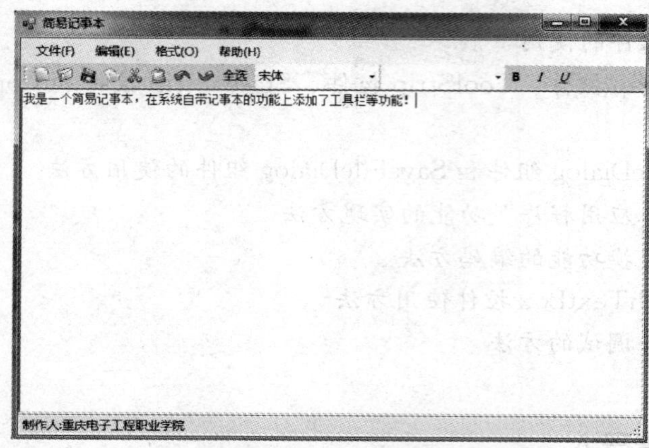

图4—2　记事本应用程序的界面

记事本应用程序的操作具有以下特点：

(1) 通过菜单栏、工具栏或快捷键新建文本文件，同时通过对话框打开、保存文本文件。

(2) 可以进行简单的文本编辑操作，包括文本内容的全选、复制、粘贴，以及操作过程中的撤销、重复等常用操作。

(3) 能通过字体对话框设置文本的字体、字形、大小样式，可以设置背景颜色。同时在工具栏提供了字体字形常用设置按钮。

(4) 可以实现文本的查找和替换功能。

4.2　实战引导：完成记事本应用程序

打开Visual Studio 2008，通过"新建→项目"，将项目命名为"Ch4 _ Ex1"。

4.2.1　记事本应用程序的界面设计

1. 设置窗体属性

窗体的属性设置见表4—1。

表 4—1　　窗体属性设置

属性	属性值	说明
(Name)	frmMain	窗体控件 ID
Size	620,470	窗体大小
Text	简单记事本	标题栏显示的文本

2. 添加控件与设置控件属性

(1) 添加菜单栏（MenuStrip）。从工具箱中找到 MenuStrip 控件，并拖动到窗体上，添加 menuStrip1 控件后，在窗体的最上方将出现菜单设计器和“请在此处输入”的操作提示。在菜单设计器中输入第一个菜单标题“文件（&F)”后会出现进一步提示，右侧为下一个菜单标题，下方为第一个菜单标题的第一个菜单项。以此类推，按屏幕提示可以十分方便地完成菜单标题和菜单项的设置。

按照图 4—3 设计菜单结构。

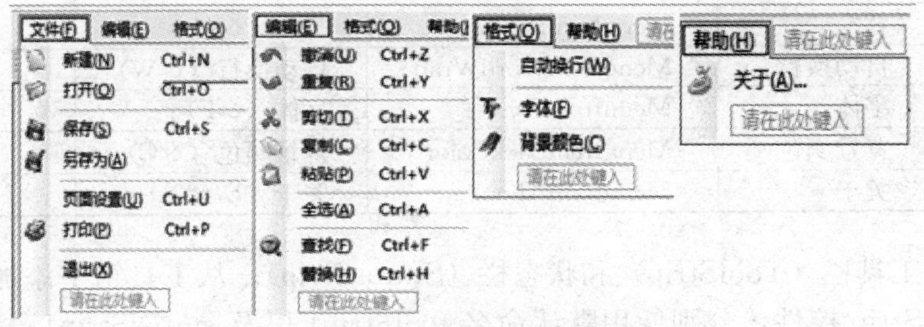

图 4—3　菜单结构设计

说明：(1) 要实现图 4—3 中的中间分割线，可以直接输入“-”实现。

(2) 默认情况下，系统会自动将菜单项的（Name）属性设置为“菜单项内容”＋ToolStripMenuItem 的名称，我们应该修改其属性值，便于编程理解。

(3) 为菜单标题项和菜单项设置快捷方式的方法。

设置菜单标题项的快捷键，可以通过对其 Text 属性进行设置。只要在某个字母前输入“&”，就可以把该字母作为菜单标题项的快捷方式，按“Alt”＋“字母”，打开菜单。

设置菜单项的快捷键，可以使用菜单标题项设置的方法，但需要在该菜单项所在菜单标题项打开的情况下，按“Alt”＋“字母”，才能实现。也可以通过设置菜单项的 ShortCutKeys 属性来实现。设置完成后，不需要打开菜单，直接使用组合键就相当于单击了该菜单项。

(4) 要为菜单项添加图标，可以对菜单项的 Image 属性进行设置，一般设置的图标与后面要添加的工具栏应当是一致的。

菜单结构及菜单项的属性设置见表 4—2。

表 4—2　　菜单结构及菜单项的属性设置

菜单标题	菜单项	Name 属性	Text 属性	ShortCutKeys 属性
文件（&F）	新建	MenuItemNew	新建（&N）	Ctrl+N
	打开	MenuItemOpen	打开（&O）	Ctrl+O
	保存	MenuItemSave	保存（&S）	Ctrl+S
	另存为	MenuItemSavaAs	另存为（&A）	
	页面设置	MenuItemPageSet	页面设置（&U）	Ctrl+U
	打印	MenuItemPrint	打印（&P）	Ctrl+P
	退出	MenuItemExit	退出（&X）	
编辑（&E）	撤销	MenuItemUndo	撤销（&U）	Ctrl+Z
	重复	MenuItemRedo	重复（&R）	Ctrl+Y
	剪切	MenuItemCut	剪切（&T）	Ctrl+X
	复制	MenuItemCopy	复制（&C）	Ctrl+C
	粘贴	MenuItemPaste	粘贴（&P）	Ctrl+V
	全选	MenuItemSelectAll	全选（&A）	Ctrl+A
	查找	MenuItemFind	查找（&F）	Ctrl+F
	替换	MenuItemReplace	替换（&H）	Ctrl+H
格式（&O）	自动换行	MenuItemWordWrap	自动换行（&W）	
	字体	MenuItemFont	字体（&F）	
	背景颜色	MenuItemBackColor	背景颜色（&C）	
帮助（&H）	关于	MenuItemAbout	关于（&A）…	

（2）添加工具栏（ToolStrip）和状态栏（StatusStrip）。从工具箱中添加 ToolStrip 控件以及 StatusStrip 控件，分别使用默认命名 toolStrip1 以及 statusStrip1，和 menuStrip1 一样，它们在窗体上都不会显示，而是出现在窗体下方，如图 4—4 所示。

ToolStrip 控件添加后，可以在设计视图中，通过工具栏中添加按钮控件的下拉列表选择要添加的按钮类型，如图 4—5 所示。添加后单击某一按钮，即可在属性窗体中设置其属性。其中 DisplayStyle 属性设置有四种情况，即 None（无）、Image（图片）、Text（文本）和 ImageAndText（图片和文本）。

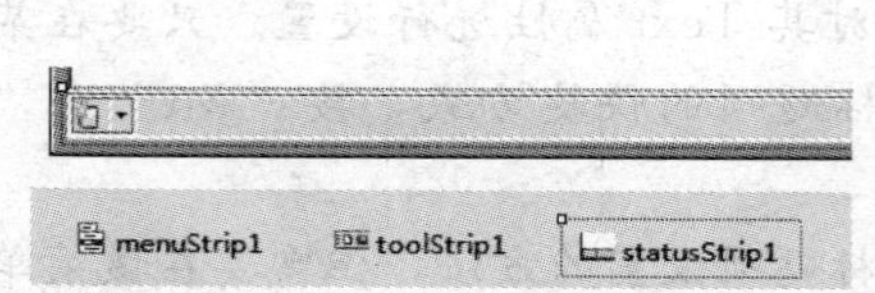

图 4—4　添加工具栏和状态栏

Button
Label
SplitButton
DropDownButton
Separator
ComboBox
TextBox
ProgressBar

图 4—5　工具栏的对象

设置 toolStrip1 控件属性见表 4—3。

表 4—3　　toolStrip 1 控件属性

对象	Name 属性	Text 属性	DisplayStyle	说明
Button	toolNew	新建	Image	新建文件
Button	toolOpen	打开	Image	打开已有文本文件

续前表

对象	Name 属性	Text 属性	DisplayStyle	说明
Button	toolSave	保存	Image	保存文本
Button	toolCopy	复制	Image	复制所选文本
Button	toolCut	剪切	Image	剪切所选文本
Button	toolPaste	粘贴	Image	粘贴复制板内容
Button	toolUndo	撤销	Image	撤销前面操作
Button	toolRedo	重做	Image	撤销撤销操作
Button	toolSlecletAll	全选	Text	选择全部内容
ComboBox	comboBoxFontStyle			字体样式选择
ComboBox	comboBoxFontSize			字体大小选择
Button	toolboldface	B	Text	字体加粗
Button	toolItalic	I	Text	字体倾斜
Button	toolUnderline	U	Text	字体下划线

StatusStrip 控件添加后，默认位置是在窗体的底端，和 ToolStrip 控件相似，它也拥有多个对象，如图 4—6 所示。常用的是 StatusLabel，在这里添加一个该控件，使用系统提供的默认命名，用来显示制作者的信息，还可以用来显示行列等信息。

（3）添加设置 RichTextBox 控件。从工具箱添加 richTextBox1 后，设置其 Dock 属性为 Fill，使它填充满整个空白区域，如图 4—7 所示。

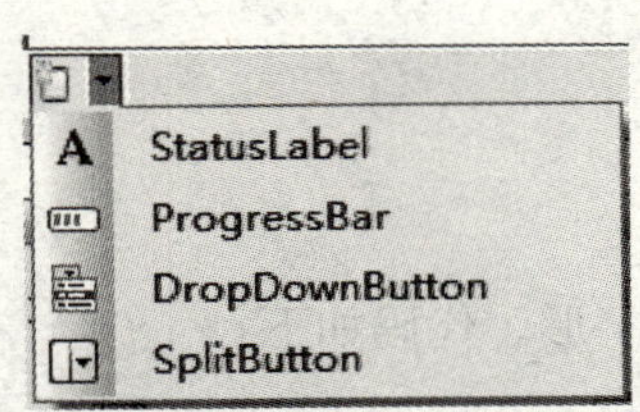

图 4—6　状态栏的对象

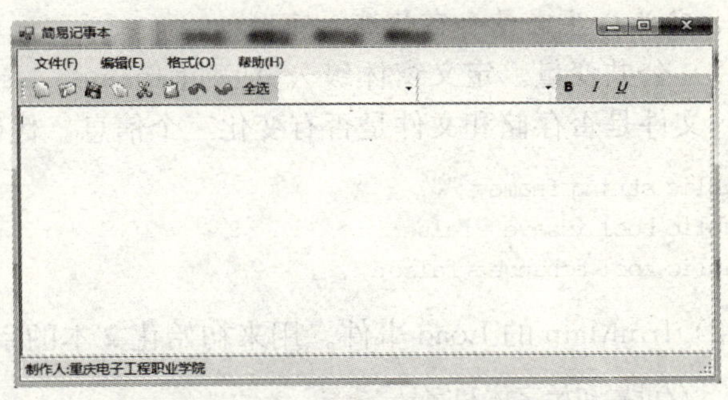

图 4—7　界面设计完成后的效果图

3. 添加对话框控件

记事本应用程序具有打开、保存、打印文件等功能，在 Visual Studio 2008 中可直接用对话框组件实现。因此根据本例的需要，从工具箱往窗体中添加对话框。工具箱中位置和添加后的对话框分别如图 4—8 和图 4—9 所示。

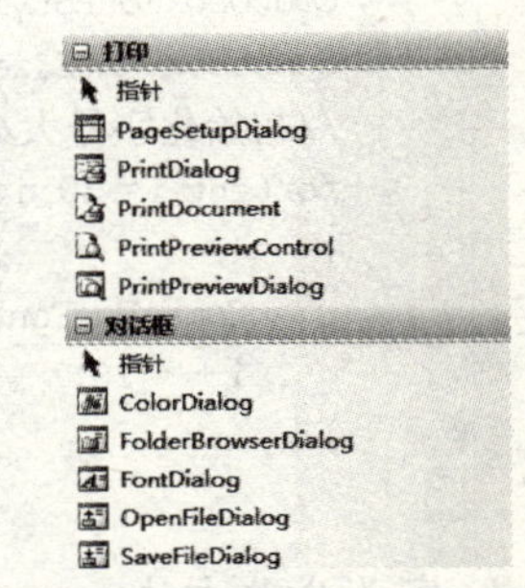

图 4—8　工具箱中对话框组件

4. 设计“关于”窗体

单击“帮助”菜单下的“关于”会弹出有关该程序的版本号和制作人等相关信息，因此需要为应用程序增加新窗体，添加方式如图 4—10 所示。

添加新窗体后，将它命名为“frmAbout. cs”，设计的“关于”界面如图 4—11 所示。

图4—9　添加的对话框组件

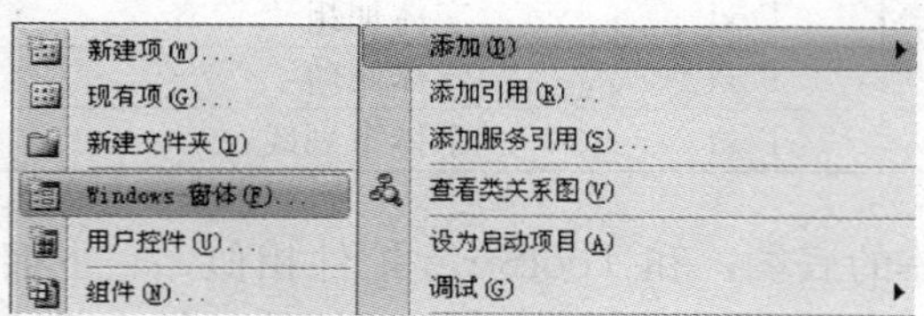

图4—10　为程序添加新窗体

图4—11　“关于”界面

该窗体不涉及编码信息，只是一个版本信息。

4.2.2　记事本应用程序功能实现与编码

1. 定义公共变量和窗体载入事件

（1）公共变量。定义窗体级公共变量 fname、issave、tchange，分别用来表示存储文件名、文件是否存储和文件是否有变化三个信息。代码如下：

```
public string fname = "";
public bool issave = false;
public bool tchange = false;
```

（2）frmMain 的 Load 事件。用来初始化文本的字体和字形。代码如下：

```
//设置初始字体和字号
private void frmMain_Load(object sender, EventArgs e)
{
    ComboBoxFontStyle.SelectedItem = "宋体";
    ComboBoxFontSize.SelectedItem = "90";
    //初始化字号大小范围
    for(int i = 30;i< 300;)
    {
        ComboBoxFontSize.Items.Add(i);
        i+ =10;
    }
}
```

2. 定义公共方法

为了实现调用的方便，可以在 frmMain 类里定义公共方法，使得控件的事件方法直接调用公共方法即可。

（1）打开文件方法。使用 OpenFileDialog 组件，使用过滤器过滤要打开的文件格式，并修改公共变量的值。代码如下：

```
//打开文件
private void open()
{
    openFileDialog1.Title = "打开";
    openFileDialog1.FileName = "";
    openFileDialog1.Filter = "文本文件|*.txt;";
    openFileDialog1.FilterIndex = 1;
    if(openFileDialog1.ShowDialog() == DialogResult.OK)
    {
        fname = openFileDialog1.FileName;
        richTextBox1.LoadFile(fname,RichTextBoxStreamType.PlainText);
        issave = false;
        tchange = false;
    }
}
```

（2）保存文件方法。使用 SaveFileDialog 组件完成文件的保存，并修改 issave 的值。代码如下：

```
//保存文件
private void save()
{
    if(fname == "")
    {
        saveFileDialog1.Title = "保存";
        this.saveFileDialog1.Filter = "文本文件|*.txt;";
        if(this.saveFileDialog1.ShowDialog() == DialogResult.OK)
        {
            if(saveFileDialog1.FileName != "")
            {
richTextBox1.SaveFile(saveFileDialog1.FileName,RichTextBoxStreamType.PlainText);
                issave = true;
            }
        }
    }
    else
    {
        richTextBox1.SaveFile(fname,RichTextBoxStreamType.PlainText);
        issave = true;
    }
}
```

（3）判断文本框中的内容是否已经发生改变。在一些情况下，需要判断文本框中的内容是否已经发生了改变，若已经发生了改变，则将变量 tchange 的值设置为 true。代码如下：

```
//文本框中是否有内容
private void change()
{
    if(richTextBox1.Text != "")
        tchange = true;
}
```

(4) 判断文件是否已保存。在关闭程序的时候，发现文件未被保存，但是又有新修改的情况下，要使用信息框询问是否要保存文档。代码如下：

```
//判断是否已保存
private void isbsave()
{
    if(issave == false && tchange == true)
    {
        if(MessageBox.Show("是否保存数据","提示",MessageBoxButtons.YesNo,
MessageBoxIcon.Question) == DialogResult.Yes)
        {
            save();
        }
    }
}
```

(5) 另存文件的方法。当要把文件另存为另外一个副本时，主要也是使用 SaveFileDialog 组件。代码如下：

```
//另存文件
private void osave()
{
    saveFileDialog1.Title = "另存为";
    this.saveFileDialog1.Filter = "文本文件|*.txt;";
    if(this.saveFileDialog1.ShowDialog() == DialogResult.OK)
    {
        if(saveFileDialog1.FileName != "")
        {
            richTextBox1.SaveFile(saveFileDialog1.FileName,RichTextBoxStreamType.PlainText);
            issave = true;
        }
    }
}
```

3. "文件"菜单功能代码实现

(1) "新建"菜单项编码。判断是否已经保存，然后清空文本，初始化全局变量值。代码如下：

```
private void MenuItemNew_Click(object sender,EventArgs e)
//新建文件
{
    isbsave();
    richTextBox1.ResetText();
```

```
        issave = false;
        tchange = false;
        fname = "";
    }
```

(2)“打开”菜单项编码。直接调用 open() 方法。代码如下：

```
//打开文件
private void MenuItemOpen_Click(object sender,EventArgs e)
{
    open();
}
```

(3)“保存”菜单项编码。直接调用 save() 方法。代码如下：

```
//保存文件
private void MenuItemSave_Click(object sender,EventArgs e)
{
    save();
}
```

(4)“另存为”菜单项编码。直接调用 osave() 方法。代码如下：

```
//文件另存为
private void MenuItemSaveAs_Click(object sender,EventArgs e)
{
    osave();
}
```

(5)“页面设置”菜单项编码。此处使用了异常处理，如果调用出现了问题，可以提示错误。代码如下：

```
//页面设置
private void MenuItemPageSet_Click(object sender,EventArgs e)
{
    try
    {
        if(pageSetupDialog1.ShowDialog() == DialogResult.OK)
            pageSetupDialog1.ShowDialog();
    }
    catch(Exception error)
    {
        MessageBox.Show(error.Message.ToString());
    }
}
```

(6)“打印”菜单项编码。这里的打印功能非常简单，要实施精细的排版控制，需要认真学习 System.Drawing.Printing。代码如下：

```
private PrintDocument printDocument1 = new PrintDocument();
  private void MenuItemPrint_Click(object sender,EventArgs e)
```

```
{
    //启用页选项
    printDialog1.AllowSomePages = true;
    //启用"帮助"按钮
    printDialog1.ShowHelp = true;
    //获取打印机对话框修改的属性
    printDialog1.PrinterSettings = new PrinterSettings();
    DialogResult result = printDialog1.ShowDialog();
    //捕获打印机异常,该异常一般由打印机名造成
    try
    {
        if(result == DialogResult.OK)
        {
            printDocument1.Print();
        }
    }
    catch(Exception er)
    {
        MessageBox.Show(er.Message.ToString());
    }
}
```

(7)“退出”菜单项编码。退出前先判断是否已经保存过文本，若没有，则先提示保存。代码如下：

```
//退出
private void MenuItemExit_Click(object sender,EventArgs e)
{
    change();
    if(tchange == true)
    {
        isbsave();
    }
    else
    {
        Application.Exit();
    }
}
```

说明：当我们单击窗体右上方的关闭按钮时，实际上是调用了 Application.Exit()，记事本会不判断是否保存而直接关闭程序，所以本例中为窗体也再添加一个 frmMain_FormClosing 事件，用来实现和“退出”类似的功能。代码如下：

```
private void frmMain_FormClosing(object sender,FormClosingEventArgs e)
{
    isbsave();
    MenuItemExit_Click(sender,e);
}
```

4. “编辑”菜单功能代码实现

“编辑”菜单的功能实际上都是通过调用 RichTextBox 的方法来实现的，想要进一步了解该控件可以参见本章的“核心技能”。“编辑”菜单各菜单项代码表，见表 4—4。

表 4—4 编辑菜单各子菜单代码表

菜单项	Click 事件代码
撤销	richTextBox1. Undo();
恢复	richTextBox1. Redo();
剪切	richTextBox1. Cut();
复制	richTextBox1. Copy();
粘贴	richTextBox1. Paste();
全选	richTextBox1. SelectAll();

例如，要实现“撤销”菜单项的功能，可以编写如下代码（其他菜单项代码类似）：

```
//撤销
private void MenuItemUndo_Click(object sender, EventArgs e)
{
    richTextBox1. Undo();
}
```

5. “格式”菜单功能代码实现

（1）“自动换行”菜单项编码。首先，将该菜单项的 CheckOnClick 属性设置为 True，使得该菜单项能够显示出选中和未选中状态。然后将 WordWrap 属性设置为 False，使得在初始情况下，不能自动换行。代码如下：

```
//自动换行
private void MenuItemWordWrap_Click(object sender, EventArgs e)
{
    if(MenuItemWordWrap. Checked)
    {
        richTextBox1. WordWrap = true;
    }
    else
    {
        richTextBox1. WordWrap = false;
    }
}
```

（2）“字体”设置。使用 FontDialog 组件设置字体。代码如下：

```
//字体设置
private void MenuItemFont_Click(object sender, EventArgs e)
{
    fontDialog1. ShowDialog();
    richTextBox1. SelectionFont = fontDialog1. Font;
}
```

（3）“背景颜色”设置。使用ColorDialog组件设置背景颜色，除基本颜色外，还支持自定义颜色。代码如下：

```
//背景颜色设置
private void MenuItemBackColor_Click(object sender,EventArgs e)
{
    //使用自定义颜色
    colorDialog1.AllowFullOpen = true;
    //显示基本颜色集中的可用的所有颜色
    colorDialog1.AnyColor = true;
    //打开自定义颜色控件
    colorDialog1.FullOpen = true;
    if(colorDialog1.ShowDialog() == DialogResult.OK)
    {
        richTextBox1.BackColor = colorDialog1.Color;
    }
}
```

在这里仅仅只是实现了背景颜色的设置，读者也可以考虑一下如果要对字体颜色进行设置应当如何实现。

6. “帮助”菜单功能代码实现

“帮助”菜单下只有一个菜单项，即“关于”菜单项，该菜单项用来打开制作者信息窗体，先实例化窗体，然后显示出来。代码如下：

```
//打开“关于”
private void MenuItemAbout_Click(object sender,EventArgs e)
{
    frmAbout frmabout = new frmAbout();
    frmabout.Show();
}
```

7. 工具栏按钮的实现

（1）与菜单栏中菜单项有对应功能按钮的实现。工具栏上与菜单栏里对应的工具按钮，可以通过直接调用已经编写的菜单项事件来完成，例如工具栏上的“新建”按钮，可以通过调用相应主菜单项单击事件代码方式实现相应的功能。代码如下：

```
//"新建"按钮
private void toolNew_Click(object sender,EventArgs e)
{
    MenuItemNew_Click(sender,e);
}
```

“打开”、“保存”、“复制”、“粘贴”、“剪切”、“撤销”、“重做”、“全选”按钮的单击事件可参照上面代码编写完成。

（2）“字体”与“字号”设置实现。字体与字号的设置也是通过Font对象的设置来实现的。代码如下：

```
//"字体"设置
private void ComboBoxFontStyle_SelectedIndexChanged(object sender,EventArgs e)
{
    richTextBox1.SelectionFont = new Font(ComboBoxFontStyle.Text,richTextBox1.
SelectionFont.Size,richTextBox1.SelectionFont.Style);
}

//"字号"设置
private void ComboboxFontSize_SelectedIndexChanged(object sender,EventArgs e)
{
    richTextBox1.SelectionFont = new Font(ComboBoxFontStyle.Text,float.Parse
(ComboBoxFontSize.Text),richTextBox1.SelectionFont.Style);
}
```

(3) 粗体、斜体、下划线按钮功能的实现。要实现对选定文本的字形设置，首先要判断选定的部分有哪些，再通过对 Font 对象设置字形的改变。代码如下：

```
//"粗体"按钮
private void toolboldface_Click(object sender,EventArgs e)
{
    int loc = richTextBox1.SelectionStart;
    int len = richTextBox1.SelectionLength;
    RichTextBox rt = new RichTextBox();
    rt.SelectedRtf = richTextBox1.SelectedRtf;
    for(int i = 0;i< len;i ++)
    {
        rt.Select(i,1);
        rt.SelectionFont = new Font(rt.SelectionFont.Name,
            rt.SelectionFont.Size,rt.SelectionFont.Style ^ FontStyle.Bold);
    }
    rt.Select(0,len);
    richTextBox1.SelectedRtf = rt.SelectedRtf;
    richTextBox1.Focus();
}
```

“斜体”、“下划线”按钮的事件类似，唯一的区别在于上面代码中粗体的部分，“斜体”和“下划线”分别对应 FontStyle.Italic 和 FontStyle.Underline。

8. 调试、编译程序

(1) 按“F5”键，完成程序编译。

(2) 若程序没有正确执行，出现错误，应当先修改错误再完成编译。

4.3　核心技能

在上例中，主要使用了菜单和工具栏以及一些对话框组件实现简单记事本的功能，下面详细地介绍一下这些组件。

4.3.1　MenuStrip 控件和 ContextMenuStrip 控件

菜单是 Windows 程序界面设计的一个重要组成，通常 Windows 应用程序中的各种任务都可以通过菜单中的命令来实现。传统上菜单有主菜单 MenuStrip 和快捷菜单（上下文菜单）ContextMenuStrip 两种。

1. MenuStrip 控件

MenuStrip 是 .NET Framework 2.0 的新功能，它取代了 MainMenu 控件并向其中添加了新功能。MenuStrip 控件是一个组件，在运行时显示一个菜单，可以通过添加访问键、快捷键、选中标记、图像和分隔条来增加程序的可读性和可用性，使应用程序更人性化。

说明：组件是指可重复使用并且可以和其他对象进行交互的对象。组件（Component）是靠类实现的。控件是能够提供用户界面接口（UI）功能的组件。换句话说就是，控件是具有用户界面功能的组件。所有控件肯定都是组件，但并不是每个组件都一定是控件。

（1）常用属性。MenuStrip 控件的常用属性见表 4—5。

表 4—5 **MenuStrip 控件的常用属性**

属性	属性说明
MdiWindowListItem	获取或设置用于显示 MDI（多文档窗体）子窗体列表的 ToolStripMenuItem
ShowItemToolTips	获取或设置一个值，该值指示是否为 MenuStrip 显示工具提示
CanOverflow	获取或设置一个值，该值指示 MenuStrip 是否支持溢出功能
ShortcutKeys	获取或设置与 ToolStripMenuItem 关联的快捷键
ShowShortcutKeys	获取或设置一个值，该值指示与 ToolStripMenuItem 关联的快捷键是否显示在 ToolStripMenuItem 旁边

（2）提供的多种项类型。MenuStrip 控件提供的项类型如图 4—12 所示。

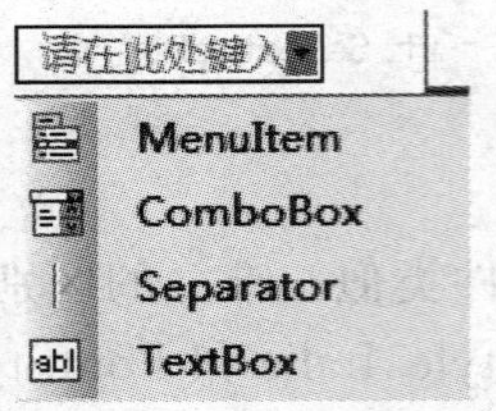

图 4—12 MenuStrip 的项类型

常用的是 MenuItem 项，MenuItem 项的常用属性见表 4—6。

表 4—6 **MenuItem 项的常用属性**

属性	属性说明
Checked	是否处于选中状态，选中为 True；否则为 False
CheckOnClick	指示在单击项时是否应切换其选中状态
CheckState	指示组件的状态，有三种状态，Unchecked、Checked 和 Indeterminate。其中后两个状态对应的是 Checked 属性的 True

续前表

属性	属性说明
DisplayStyle	指定是否呈现图像和文本
DropDownItems	指定单击项时显示的 ToolStripItem
Image	指定显示在项上的图片
TextDirection	指定项上的文本绘制方向
TextImageRelation	指定图像与项上的文本的相对位置

（3）使用技巧和注意事项。

① 输入菜单项分隔线。在菜单项编辑时，可以输入减号“－”（），也可以单击“请在此处键入”中的图标“”选择“Separator”进行输入。

② 菜单快捷键设置。菜单标题的快捷键显示的效果是字母加了下划线，设置的方法是在对应的 Text 属性中在字母前输入符号“&”，调用时，通过“Alt”＋“字母”实现。菜单项的快捷键是通过 ShortcutKeys 来设定，若想设置快捷键为“Ctrl”＋“Z”，可以参考图 4—13。

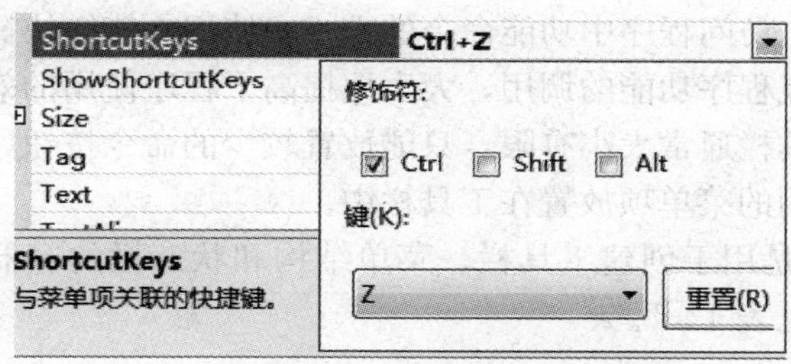

图 4—13　MenuStrip 的项集合编辑器

ShowShortcutKeys 的设置可由右键快捷菜单“ShowShortcutKeys”设置，或由属性窗体“ShowShortcutKeys　True”设置。

添加、删除移动菜单项，可直接拖动需移动的菜单项，也可右键单击弹出快捷菜单，插入、复制、粘贴和删除菜单项。

③ 项集合编辑器。可以在选中菜单状态下单击属性窗体中的图标“DropDownItems　(集合)”，也可以通过选择菜单中的选项“编辑 DropDownItems(E)...”完成添加、排列和属性设置，如图 4—14 所示。

2. ContextMenuStrip 控件

ContextMenuStrip 控件替换了之前的 ContextMenu 控件，称为“上下文菜单”，又叫“快捷菜单”，就是单击右键时弹出的菜单。当右键单击某个控件时，便弹出其关联的快捷菜单（如果存在）。主要设置和菜单十分相似。

使用该控件的关键是将需要显示快捷菜单的控件的 ContextMenuStrip 属性设置为所添加的 ContextMenuStrip 控件对象。

ContextMenuStrip 提供的项类型和 MenuStrip 控件提供的完全相同，可以参考前面的相关介绍。

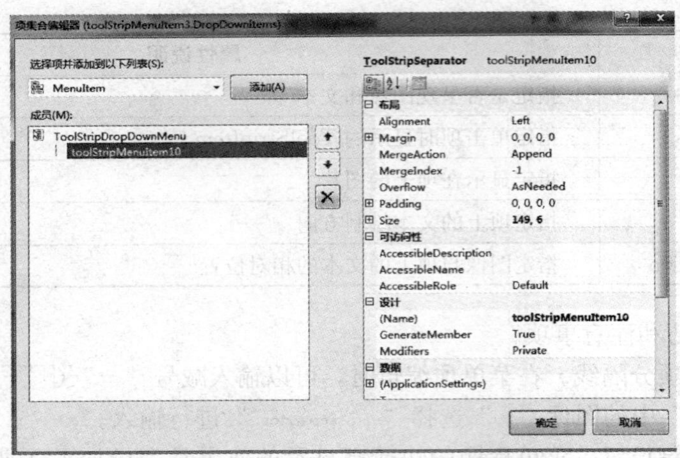

图 4—14 MenuStrip 的项集合编辑器

4.3.2 ToolStrip 控件和 StatusStrip 控件

1. ToolStrip 控件

工具栏提供了单击访问程序中功能命令的方式，使用户能够快捷、方便地通过单击一个个可见的按钮，完成程序功能的调用，大大地提高了程序使用的效率，在很多程序中都能看到它的身影。工具栏通常大小有限，只能放置较少的命令按钮，因此通常在应用程序中是把一些用户最常用的菜单项放置在工具栏中。

ToolStrip 控件就是用于创建工具栏、菜单结构和状态栏的容器控件，像菜单一样也提供了多种项类型，见表 4—7。

表 4—7 工具栏上的项类型

工具栏项类型	说明
ToolStripButton	表示用户可以选择的按钮
ToolStripLabel	在 ToolStrip 上显示不能选择的文本或图像，ToolStripLabel 还可以显示一个或多个超链接
ToolStripSeparator	用于分解和组合其他 ToolStripItems，选项根据功能来组合
ToolStripDropDownItem	显示下拉选项，是 ToolStripDropDownButton、ToolStripMenuItem 和 ToolStripSplitButton 的基类
ToolStripControlHost	在 ToolStrip 上存放其他非 ToolStripItem 的派生控件，是 ToolStripComboBox、ToolStripProgressBar 和 ToolStripTextBox 的基类

ToolStrip 控件的常用属性和事件与 MenuStrip 控件基本相同，工具栏上各项的属性和事件与 MenuStrip 控件中菜单项基本相同。ToolStrip 控件重要的属性见表 4—8。

表 4—8 ToolStrip 控件重要的属性

属性	属性说明
Dock	获取或设置 ToolStrip 停靠在父容器的哪一边缘
AllowItemReorder	获取或设置一个值，该值指示拖放和项重新排序是否专门由 ToolStrip 类进行处理

续前表

属性	属性说明
LayoutStyle	获取或设置一个值，该值指示 ToolStrip 如何对其项进行布局
Overflow	获取或设置是将 ToolStripItem 附加到 ToolStrip，附加到 ToolStripOverflowButton，还是让它在这两者之间浮动
IsDropDown	获取一个值，该值指示单击 ToolStripItem 时，ToolStripItem 是否显示下拉列表中的其他项
OverflowButton	获取 ToolStripItem，它是启用了溢出的 ToolStrip 的“溢出”按钮
Renderer	获取或设置一个 ToolStripRenderer，用于自定义 ToolStrip 的外观和行为（外观）
RenderMode	获取或设置要应用于 ToolStrip 的绘制样式
RendererChanged	当 Renderer 属性更改时引发

2. StatusStrip 控件

StatusStrip 控件的作用是向窗体中添加状态栏，状态栏一般由文本提示信息组成，它一般由 ToolStripStatusLabel 对象组成，每个这样的对象都可以显示文本、图标或者同时显示文本和图像。常用的也有可以用图形显示进程完成状态的 ToolStripProgressBar。StatusStrip 控件的伴生类见表 4—9。

表 4—9　StatusStrip 控件的伴生类

伴生类名称	伴生类说明
ToolStripStatusLabel	表示 StatusStrip 控件中的一个面板
ToolStripDropDownButton	显示用户可以从中选择单个项的关联 ToolStripDropDown
ToolStripSplitButton	表示作为标准按钮和下拉菜单的两部分控件
ToolStripProgressBar	显示进程的完成状态

4.3.3 对话框

前面已经介绍了 MessageBox 消息框，其实 Visual Studio 2008 还提供了一些对话框，像比较熟悉的“打开”和“保存”对话框、“字体”对话框、“颜色”对话框等。

1. OpenFileDialog 组件

OpenFileDialog 组件是一个预先配置的对话框，与 Windows 操作系统所公开的“打开”对话框相同。将 OpenFileDialog 组件添加到窗体后，会在 Windows 窗体设计器的底部栏中出现，可通过 ShowDialog 方法在运行时显示该对话框。“打开”对话框的外观如图 4—15 所示。

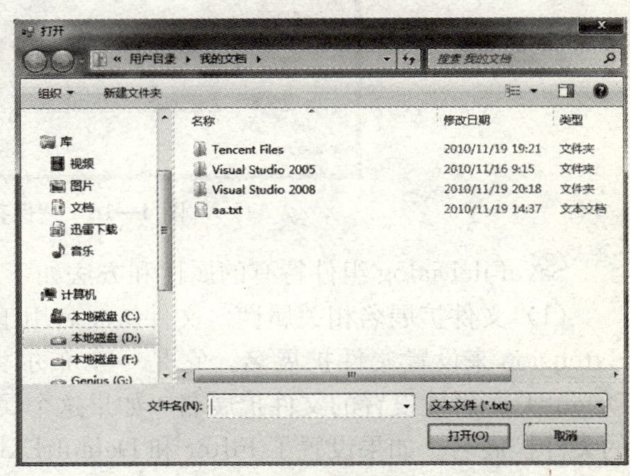

图 4—15　“打开”对话框外观

OpenFileDialog 组件的常用属性和事件见表 4—10。

表 4—10　　OpenFileDialog 组件的常用属性和事件

属性	属性说明
InitialDirectory	对话框的初始目录
Filter	在对话框中显示的文件筛选器
FilterIndex	在对话框中选择的文件筛选器的索引，如果选第一项就设为 1
RestoreDirectory	控制对话框在关闭之前是否恢复当前目录
FileName	第一个在对话框中显示的文件或最后一个选取的文件
Title	将显示在对话框标题栏中的字符
AddExtension	是否自动添加默认扩展名
CheckPathExists	在对话框返回之前，检查指定路径是否存在
DefaultExt	默认扩展名
DereferenceLinks	在从对话框返回前是否取消引用快捷方式
ShowHelp	启用“帮助”按钮
ValiDateNames	控制对话框检查文件名中是否含有无效的字符或序列
事件	**事件说明**
FileOk	当用户单击“打开”或“保存”按钮时要处理的事件
HelpRequest	当用户单击“帮助”按钮时要处理的事件

2. SaveFileDialog 组件

SaveFileDialog 组件用来保存文件，其用法与 OpenFileDialog 组件类似，它们具有很多相同的属性。“保存”对话框外观如图 4—16 所示。

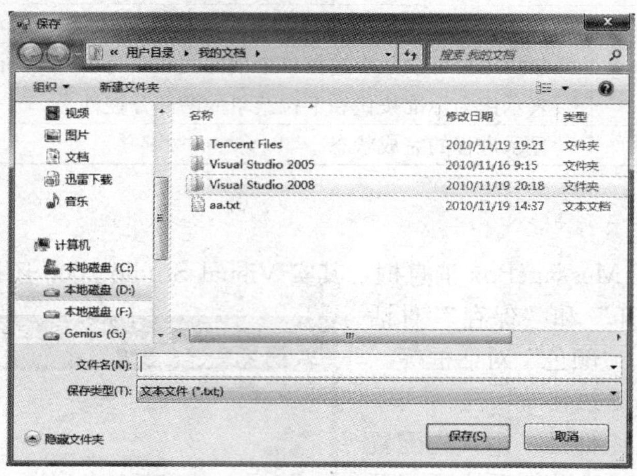

图 4—16　“保存”对话框

SaveFileDialog 组件特有的属性和方法如下：

（1）文件扩展名相关属性。文件扩展名用于把文件和应用程序关联起来，用属性 AddExtension 来设置文件扩展名，它是一个布尔类型。如果用户没有输入扩展名，就使用 DefaultExt 属性设置的文件扩展名。如果这个属性为空，就使用当前选择的 Filter 中定义的文件扩展名。如果设置了 Filter 和 DefaultExt，则不论是什么，都使用 DefaultExt。

（2）保存结果。用户可以使用 SaveFileDialog 组件浏览文件系统并选择要保存的文件。该对话框返回用户在对话框中选定的文件的路径和名称。必须编写代码才能真正地将文件写入磁盘，还可以使用 SaveFileDialog 组件的 SaveFile 方法保存文件，此方法提供了一个可以写入文件的 Stream 对象。

3. FontDialog 组件

FontDialog 组件提示用户从本地计算机上安装的字体中选择一种字体，用户可以根据需要选择字体和显示方式。“字体”对话框如图 4—17 所示。

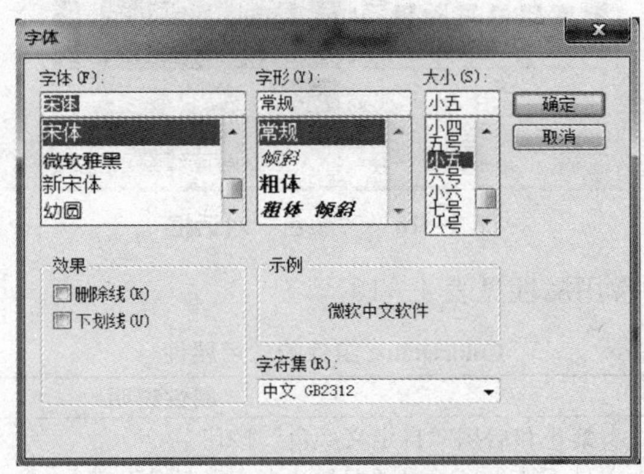

图 4—17　“字体”对话框

FontDialog 组件的常用属性和事件见表 4—11。

表 4—11　FontDialog 组件的常用属性和事件

属性	属性说明
ShowColor	控制是否显示颜色选项
AllowScriptChange	是否显示字体的字符集
Font	在对话框显示的字体，包括字体、样式、大小、脚本和效果等
AllowVerticalFonts	是否可选择垂直字体
Color	在对话框中设置选定字体的颜色
FontMustExist	当字体不存在时是否显示错误
MaxSize	可选择的最大字号
MinSize	可选择的最小字号
ScriptsOnly	显示排除 OEM 和 Symbol 字体
ShowApply	是否显示“应用”按钮
ShowEffects	是否显示下划线、删除线、字体颜色选项
ShowHelp	是否显示“帮助”按钮
事件	**事件说明**
Apply	当单击“应用”按钮时要处理的事件
HelpRequest	当单击“帮助”按钮时要处理的事件

4. ColorDialog 组件

“颜色”对话框是显示可用的颜色以及允许用户自定义颜色的控件，包含两个部分：一是显示基本颜色，二是允许用户自定义颜色。对话框选中的颜色在 Color 属性中返回。

“颜色”对话框如图 4—18 所示。

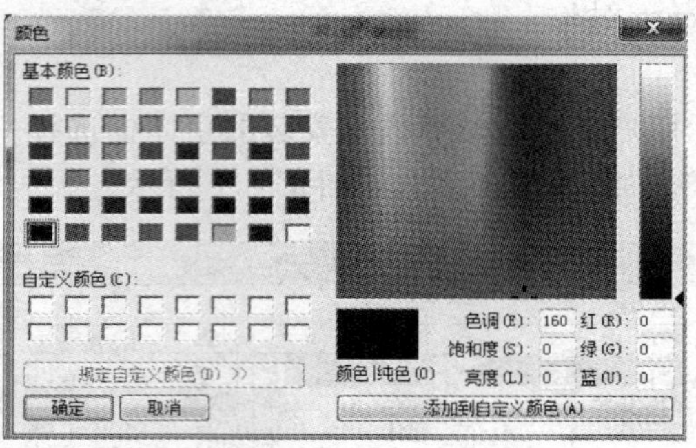

图 4—18 “颜色”对话框

ColorDialog 组件的常用属性见表 4—12。

表 4—12 ColorDialog 组件的常用属性

属性	属性说明
AllowFullOpen	禁止和启用“自定义颜色”按钮
FullOpen	是否最先显示对话框的“自定义颜色”部分
ShowHelp	是否显示“帮助”按钮
Color	在对话框中显示的颜色
AnyColor	显示可选择任何颜色
CustomColors	是否显示自定义颜色
SolidColorOnly	是否只能选择纯色

5. PageSetupDialog 和 PrintDialog 等其他组件

“页面设置”（PageSetupDialog）和“打印”（PrintDialog）以及“打印预览”（PrintPreviewDialog）对话框提供在 Windows 编程中常要用到的打印等功能，其使用方法和以上对话框类似，这里只列举 PageSetupDialog 组件和 PrintDialog 组件的常用属性（见表 4—13 和表 4—14）。

表 4—13 PageSetupDialog 组件的常用属性

属性	属性说明
AllowMargins	设置是否可以对边距的编辑
AllowOrientation	是否可以使用“方向”单选框
AllowPaper	设置是否可以对纸张大小的编辑
AllowPrinter	设置是否可以使用“打印机”按钮
Document	获取打印机设置的 PrintDocument
MinMargins	允许用户选择的最小边距

表 4—14 PrintDialog 组件的常用属性

属性	属性说明
AllowSelection	禁止或使用“选定内容”单选框
AllowSomePages	禁止或使用“页”单选按钮

续前表

属性	属性说明
Document	从中获取打印机设置的 PrintDocument
PrintToFile	“打印到文件”复选框是否选中
ShowHelp	控制是否显示“帮助”按钮
ShowNetWork	控制是否显示“网络”按钮

4.3.4 RichTextBox 控件

RichTextBox 控件是文本操作类控件的一种，能进行高级文本输入和编辑。它允许用户输入和编辑文本的同时提供了比普通的 TextBox 控件更高级的格式特征。

与常用的 TextBox 一样，RichTextBox 控件派生于 TextBoxBase。所以，它与 TextBox 共享许多功能，但自身又有许多特殊的功能。TextBox 常用于从用户处获取短文本字符串，而 RichTextBox 用于显示和输入格式化的文本（例如黑体、下划线和斜体）。它使用标准的格式化文本，称为 Rich Text Format（RTF，富文本格式）。RichTextBox 控件的常用属性和方法见表 4—15。

表 4—15　RichTextBox 控件的常用属性和方法

属性	属性说明
CanRedo	如果上一个被撤销的操作可以使用 Redo 重复，这个属性就是 true
CanUndo	如果可以在 RichTextBox 上撤销上一个操作，这个属性就是 true，注意：CanUndo 在 TextBoxBase 中定义，所以也可以用于 TextBox 控件
RedoActionName	包含通过 Redo 方法执行的操作名称
DetectUrls	设置为 true，可以使控件检测 URL，并格式化它们（在浏览器中是带有下划线的部分）
Rtf	对应于 Text 属性，但包含 RTF 格式的文本
SelectedRtf	可以获取或设置控件中被选中的 RTF 格式文本。如果把这些文本复制到另一个应用程序中，例如 Word，该文本会保留所有的格式化信息
SelectedText	与 SelectedRtf 一样，可以使用这个属性获取或设置被选中的文本。但与该属性的 RTF 版本不同，所有的格式化信息都会丢失
SelectionAlignment	表示选中文本的对齐方式，可以是 Center，Left 或 Right
SelectionBullet	可以确定选中的文本是否格式化为项目符号的格式，或使用它插入或删除项目符号
BulletIndent	可以指定项目符号的缩进像素值
SelectionColor	可以修改选中文本的颜色
SelectionFont	可以修改选中文本的字体
SelectionLength	可以设置或获取选中文本的长度
SelectionType	包含了选中文本的信息。它可以确定是选择了一个或多个 OLE 对象，还是仅选择了文本
ShowSelectionMargin	设置为 true，在 RichTextBox 的左边就会出现一个页边距，这将使用户更易于选择文本
UndoActionName	如果用户选择撤销某个动作，该属性将获取该动作的名称
SelectionProtected	设置为 true，可以指定不修改文本的某些部分

续前表

方法	方法说明
AppendText	将字符串追加到文本控件的内容
Copy	将文本控件的当前选定内容复制到 Clipboard
Cut	从文本编辑控件中删除当前选定内容，并将其复制到 Clipboard
Paste	将剪切板的内容粘贴到文本编辑控件中的当前选定内容上
Redo	撤销最新的撤销命令，换句话说就是重做撤销堆栈上的最新撤销单元
LineDown	将控件的内容向下滚动一行
PageDown	将控件的内容向下滚动一页
ScrollToEnd	将编辑控件的视图滚动到内容的末尾
SelectAll	选择文本编辑控件的全部内容
Undo	撤销最新的撤销命令，换句话说就是撤销位于撤销堆栈上的最新撤销单元

4.3.5 程序的调试技巧

在前面介绍的几个例子中，在程序的最后都使用到了“F5”键来启动调试，有时程序能够顺利运行，有时又不能正常运行。如果不能正常运行，就会看到如图 4—19 所示的提示。

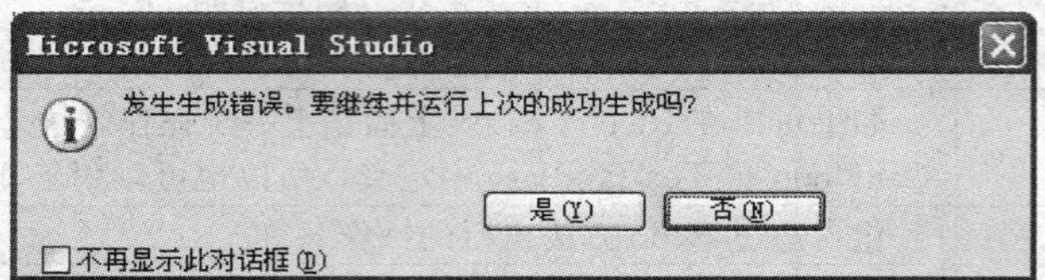

图 4—19 错误提示

单击“是”按钮，直接调用上次成功的生成；单击“否”按钮，跳出运行，错误列表中将显示的错误信息。

有些时候通过错误列表能够看到一些信息，但是如果想进一步了解在程序运行中发生了什么问题，需要了解更多关于调试的技巧。

1. 使用断点

断点是一个信号，它通知调试器应在某点上中断应用程序并暂停执行。发生中断时，称程序和调试器处于中断模式。进入中断模式并不会终止或结束程序的执行，所有元素(例如函数、变量和对象）都保留在内存中，可以在任何时候继续执行。

设置和取消断点的方法如下：

(1) 单击某代码行左边的灰色区域设置断点，再次单击则取消断点。

(2) 右击某代码行，在弹出的菜单中选择“断点→插入断点”或者“断点→删除断点”。

(3) 鼠标指向某代码行，按“F9”键进行设置或取消断点。

设置有断点的行代码显示为红色，当鼠标移动到红色圆点位置时，提示该断点代码行的位置信息。运行程序时，运行到设置断点的代码行，程序中断，代码行显示为黄色，红色圆点上会有一个箭头，如图 4—20 所示。

116 richTextBox1.ResetText();

(a) 设置断点

116 richTextBox1.ResetText();

(b) 运行到断点处

图 4—20 断点设置

2. 开始执行程序

通过在“调试”菜单中选择“启动调试”、“逐语句”或“逐过程”（快捷键分别为“F5”，“F10”，“F11”），来执行程序并调试，也可以通过右击可执行代码中的某行，然后从快捷菜单中选择“运行到光标处”。

如果选择“启动调试”，则应用程序启动并一直运行到断点，可以在任何时刻中断执行，以检查值、修改变量或检查程序状态。

如果选择了“逐语句”或“逐过程”，应用程序启动并执行，然后在第一行中断。

如果选择“运行到光标处”，则应用程序启动并一直运行到断点或光标位置。如果光标在断点前，则程序运行到光标处；如果光标在断点后，则运行到断点。可以在代码窗体中设置光标的位置。某些情况下，不出现中断，这意味着执行始终未到达设置光标处的代码。

3. 终止程序

当应用程序执行到达一个断点或发生异常，调试器就会中断程序的执行，也可以通过在“调试”菜单下选择“全部中断”手动中断执行。这时调试器将停止所有在调试器下运行的程序的执行，但程序并不退出，而且可以随时恢复执行。调试器和应用程序此时处于中断模式。

(1) 停止执行。停止调试意味着终止当前正在调试的程序并结束调试会话。与中断执行不同，中断执行意味着暂停正在调试的进程的执行，但调试会话仍处于活动状态。

可以通过选择菜单中的“调试→停止调试”或单击“调试”工具栏中的按钮“”来结束运行和调试，也可以退出正在调试的应用程序，调试将自动停止。

(2) 单步执行。单步执行是最常见的调试过程之一，即每次执行一行代码。“调试”菜单中提供了 3 个逐句执行代码的命令，即“逐语句”、“逐过程”和“跳出”。

“逐语句”和“逐过程”的差异仅在于它们处理函数调用的方式。这两个命令都指示调试器执行下一行的代码。如果某一行包含函数调用，“逐语句”仅执行调用本身，然后在函数内的第一个代码行处停止；而“逐过程”执行整个函数，然后在函数外的第一行处停止。如果要查看函数调用的内容，则使用“逐语句”；如果要避免单步执行函数，则使用“逐过程”。

当位于函数调用的内部并想返回到调用函数时，可以使用“跳出”。“跳出”将一直执行代码，直到函数返回，然后在调用函数中的返回点处中断。

(3) 运行到指定位置。如果在调试过程中想执行到代码中的某一点然后中断，可以在要中断的位置设置断点。断点位置可以在代码窗体或“反汇编”窗体中设置。

如果想在代码窗体中运行到光标处，可以在代码窗体中右击某行，并从快捷菜单中选择“运行到光标处”，执行将在光标所在行中断。

如果想在“反汇编”窗体中运行到光标处，可以在“反汇编”窗体中右击某行，并从快捷菜单中选择“运行到光标处”。如果“反汇编”窗体没有显示，那么从“调试”菜单中选择“窗口→反汇编”（见图4—21）。“反汇编”窗体（见图4—22）只能在中断模式下才能进行查看。

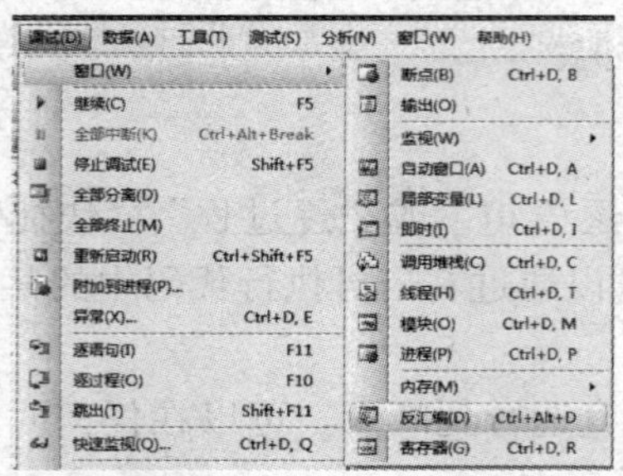

图4—21 打开“反汇编”

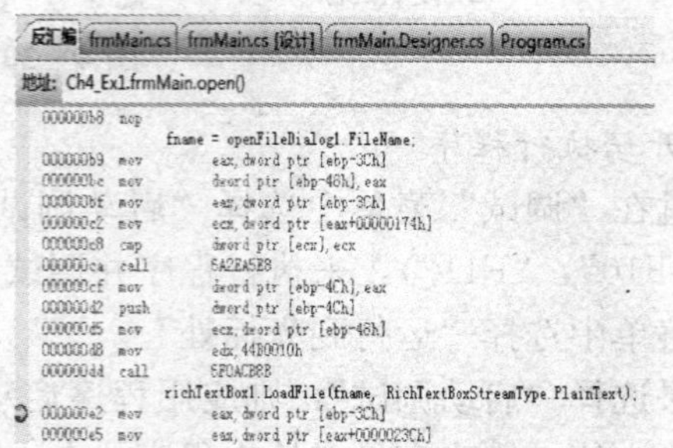

图4—22 “反汇编”窗体

拓展实训4

1. 实训目的

增强“简单记事本”的功能。

2. 任务描述

(1) 进一步增加程序的人性化操作，为程序添加右键快捷菜单，并完成其代码编写。

(2) 完成查找和替换功能的代码编写。

3. 要点提示

(1) 添加右键快捷菜单，完成编码。

① 添加右键快捷菜单。要完成右键快捷菜单的关联和使用，需要添加ContextMenuStrip控件，在工具箱中找到控件“ContextMenuStrip”，将其拖放到程序主窗体中，这时窗体底部会出现名为contextMenuStrip1的对象，并在窗体顶部显示另一个菜单栏（这仅是快捷菜单的临时位置，运行时会根据鼠标右键来决定其实际显示位置）。然后根据其结构采用和前文创建MenuStrip类似的方法创建子菜单。

② 将右键快捷菜单与RichTextBox关联。单击richTextBox1控件，在其“属性”窗体中将“ContextMenuStrip”属性更改为右键快捷菜单的名字“contextMenuStrip1”，如图4—23所示。

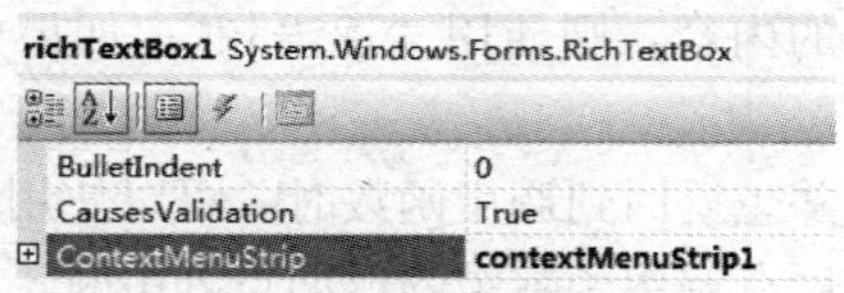

图4—23

③ 完成右键快捷菜单代码编写。可以参照前文菜单功能代码直接添加Click事件并填充相应代码；也可以直接调用菜单的菜单项的PerformClick方法；还可以直接调用MenuItemSelectAll的Click事件。例如“全选”的三种代码如下：

- 双击“全选”菜单，然后在其Click事件中填写以下代码：

```
richTextBox1.SelectAll();
```

● 双击“全选”菜单，调用“全选”主菜单的 PerformClick 方法：

```
MenuItemSelectAll.PerformClick();          //相当于单击"MenuItemSelectAll"菜单项
```

● 双击“全选”菜单，调用“全选”主菜单的 Click 事件：

```
MenuItemSelectAll_Click(sender,e);
```

（2）实现查找和替换功能。对比 MS Word 中的查找和替换功能，实现本项目的相应功能。

课后练习 4

1. 任务描述

各种各样的具有“语法高亮”功能的文本编辑器，是大多数用户喜爱的小工具。比如“Notepad2”文本编辑器（见图 4—24），提供多种编程语言的语法高亮方案，而且还有显示行号、代码折叠、显示括号匹配、自动关闭 HTML/XML 标记等功能。

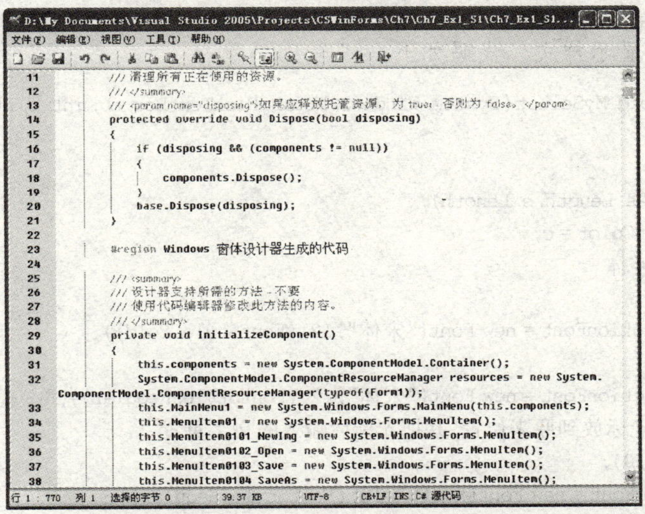

图 4—24 高亮语法编辑器参考效果图（Notepad2）

现在要对前面的“简单记事本”进行升级改造，让其具有“语法高亮”功能。

2. 要点提示

先根据相应的程序语言建立要高亮度显示的关键字库。为 RichTextBox 控件添加 KeyDown 事件，当该事件发生时，向前查找到在关键字库中包含的关键字，然后设置其颜色和表现形式。

（1）建立语法字库。代码如下：

```
public static List<string>AllClass()
{
    List<string>list = new List<string>();
    list.Add("function");
    list.Add("return");
```

```
        list.Add("class");
        list.Add("new");
        list.Add("extends");
        list.Add("var");
        return list;
    }
```

（2）查找关键字函数。代码如下：

```
    public static string GetLastWord(string str, int i)
    {
        string x = str;
        Regex reg = new Regex(@"\s+[a-z]+\s*",RegexOptions.RightToLeft);
        x = reg.Match(x).Value;
        Regex reg2 = new Regex(@"\s");
        x = reg2.Replace(x,"");
        return x;
    }
```

（3）设定高亮显示样式。代码如下：

```
    public static void MySelect(System.Windows.Forms.RichTextBox tb, int i, string s, Color c, bool
font)
    {
        tb.Select(i-s.Length, s.Length);
        tb.SelectionColor = c;
        //是否改变字体
        if(font)
            tb.SelectionFont = new Font("宋体",12,(FontStyle.Bold));
        else
            tb.SelectionFont = new Font("宋体",12,(FontStyle.Regular));
        //以下是把光标放到原来位置,并把光标后输入的文字重置
        tb.Select(i,0);
        tb.SelectionFont = new Font("宋体",12,(FontStyle.Regular));
        tb.SelectionColor = Color.Black;
    }
```

（4）KeyDown事件代码。代码如下：

```
    private void rich_KeyDown(object sender,KeyEventArgs e)
    {
        RichTextBox rich = (RichTextBox)sender;
        string s = GetLastWord(rich.Text,rich.SelectionStart);

          if(AllClass().IndexOf(s)> -1)
          {
            MySelect(rich,rich.SelectionStart,s,Color.Blue,true);
          }
    }
```

第三部分　系统访问技术

第5章　资源管理器应用程序设计

技能目标

- 了解 Environment 类、Directory 类、File 类的常用属性和方法
- 了解容器控件的应用
- 掌握“资源管理器”功能的实现方法
- 掌握 TreeView 控件、ListView 控件和 SplitContainer 控件的使用
- 熟练掌握对程序异常处理的方法

教学情景导入

Windows 系统提供的资源管理工具——资源管理器，用于管理本机的文件夹和文件，可以用它查看本台计算机的所有资源，特别是它提供的树形的文件系统结构，能够更清楚、更直观地认识电脑的文件和文件夹，这是“我的电脑”所没有的。在“资源管理器”中还可以对文件进行各种操作，如打开、复制、移动等。Windows 系统自带的资源管理器如图 5—1 所示。

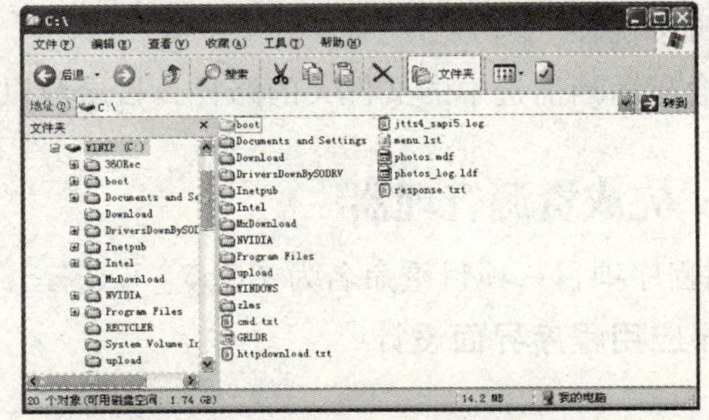

图 5—1　Windows“资源管理器”窗体

Windows系统的资源管理器也是窗体，组成部分与一般窗体大同小异，比较特别的是它包括文件夹窗体和文件夹内容窗体。左边的文件夹窗体以树形目录的形式显示文件夹，右边的文件夹内容窗体是左边窗体中所打开的文件夹中的内容。用户可以方便快捷地查看层次化的信息，所以被广泛应用于网页中的框架结构、商品类别管理、图书类别管理等场合。

5.1 情景描述：制作资源管理器

下面我们要做一个资源管理器，基本功能与“Windows资源管理器”相近，再通过对其进行修改，实现对各种各样资源的管理。为了实现这些功能将应用TreeView、ListView和SplitContainer等控件，以及File、Directory类。

资源管理器程序的界面如图5—2所示。

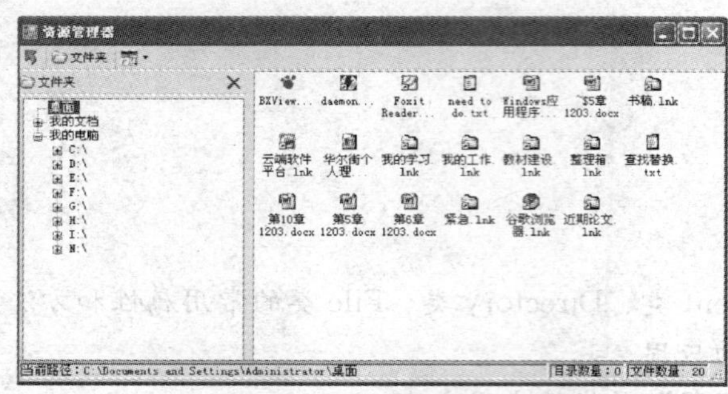

图5—2 资源管理器程序的界面

资源管理器程序主要有以下几个功能：

(1) 获取并显示程序运行时主机的系统文件层次结构。

(2) 能展开和折叠显示文件信息。

(3) 显示当前选择文件路径和文件以及文件夹信息。

资源管理器程序的操作主要有以下几个步骤：

(1) 程序运行初始情况如图5—2所示，左侧树形结构获取主机文件系统信息，并按“桌面”、“我的文档”以及计算机一级盘符显示；右侧显示文件的详细内容。

(2) 单击左侧树形结构的“+”可显示其下层文件的详细结构，“—”则对已展开信息折叠，以方便查看文件夹的结构层次。

(3) 单击工具栏中按钮“▦·”可以选择右侧显示的文件夹类型，有“缩略图”、“列表”、“图标”三种方式可供选择。

(4) 在程序状态栏会显示当前选中的文件夹的路径、目录数以及所包含的文件数。

5.2 实战引导：完成资源管理器

新建Windows应用程序项目，项目重命名为“Ch5 _ Ex1”。

5.2.1 资源管理器应用程序界面设计

1. 窗体属性设置

先修改窗体的属性，具体窗体设置见表5—1。

表 5—1 窗体属性设置

属性	属性值	说明
(Name)	frmMain	窗体类名
Text	资源管理器	标题栏文字

2. 添加和设置工具栏

系统自带的“资源管理器”的“浏览”窗体包括标题栏、菜单栏、工具栏、左窗体、右窗体和状态栏等几部分。下面仅介绍工具栏的添加，读者可以自行完成菜单栏的添加。

从工具箱添加 1 个 ToolStrip 控件，自动命名为 toolStrip1，添加工具栏后的效果图如图 5—3 所示。

图 5—3 添加工具栏后的效果图

按表 5—2 设置工具栏 toolStrip1 各对象及其属性。

表 5—2 toolStrip1 各对象及其属性设置

对象	(Name)	Text	DisplayStyle	说明
ToolStripButton	tsbUp	回上一级	Image	返回上一级
ToolStripButton	tsbShowTree	文件夹	ImageAndText	文件夹方式显示
ToolStripSplitButton	tsbView	查看方式	Image	提供查看方式的选择
ToolStripMenuItem	tsbMiniature	缩略图	Text	以缩略图方式显示
	tsbIcon	图标	Text	以图标方式显示
	tsbList	列表	Text	以列表方式显示

3. 添加和设置 SplitContainer 控件

添加 1 个 SplitContainer 控件，其自动命名为 splitContainer1，splitContainer1 的布局效果如图 5—4 所示。

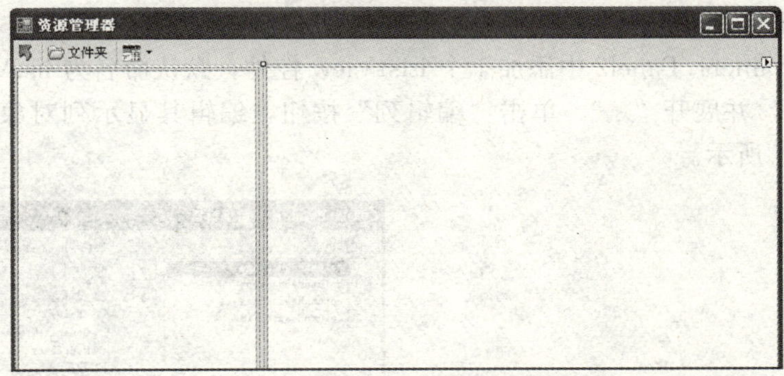

图 5—4 splitContainer1 的布局效果

按表 5—3 设置 splitContainer1 的属性值。

表 5—3 splitContainer1 的属性值

属性	属性值	说明
SplitterDistance	220	设置拆分器与左边缘或上边缘的像素距离
SplitterWidth	6	设置拆分器的粗细

续前表

属性	属性值	说明
Panel1	splitContainer1. Panel1	设置控件中的左面板
Panel2	splitContainer1. Panel2	设置控件中的右面板

4. 添加和设置 ToolStrip 控件

添加一个 ToolStrip 控件到 splitContainer1. Panel1 的位置中，自动命名为 toolStrip2，设置其 Dock 属性为 Top，添加 toolStrip2 后的效果如图 5—5 所示。

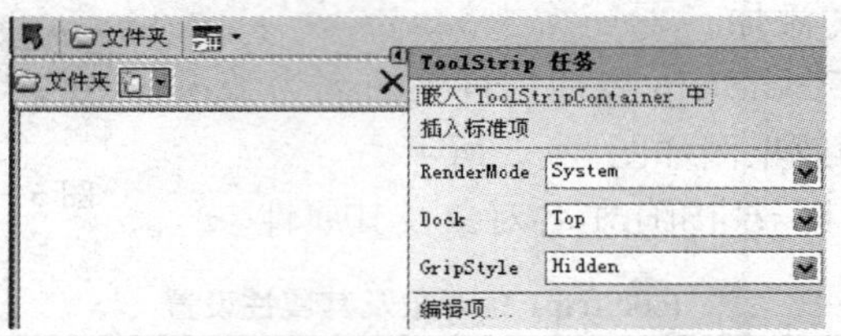

图 5—5　添加 toolStrip2 后的效果

按表 5—4 设置 toolStrip2 的对象属性值。

表 5—4　toolStrip2 的对象属性值

对象	(Name)	Text	DisplayStyle	Alignment
ToolStripLabel	tslFile	文件夹	ImageAndText	
ToolStripButton	tsbDelete	删除	Image	Right

5. 添加和设置 TreeView 控件

在 splitContainer1. Panel1 中添加 1 个 TreeView 控件，默认命名为 treeView1，设置其 Dock 属性为 fill，TreeView 添加后的效果如图 5—6 所示。

6. 添加和设置 ListView 控件

在 splitContainer1. Panel2 中添加 1 个 ListView 控件，默认命名为 listView1，设置其 Dock 属性为 fill，并展开“▸”，单击“编辑列”按钮，编辑其显示列对象，ListView 列编辑器如图 5—7 所示。

图 5—6　TreeView 添加示意图

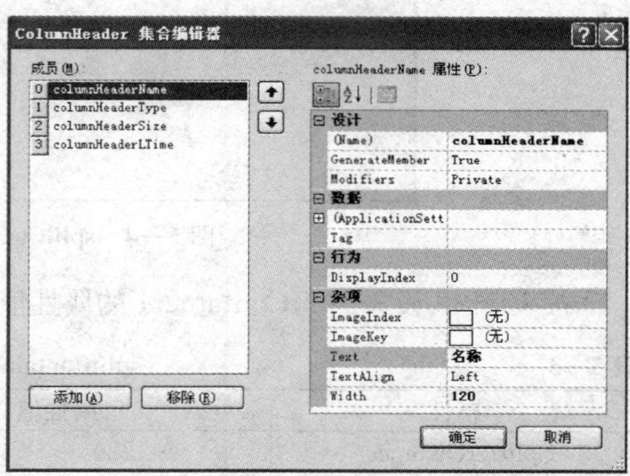

图 5—7　ListView 列编辑器

按表 5—5 设置 listView1 的对象属性值。

表 5—5 listView1 的对象属性值

对象	(Name)	Text	Width
ColumnHeader	columnHeaderName	名称	120
ColumnHeader	columnHeaderType	类型	80
ColumnHeader	columnHeaderSize	大小	100
ColumnHeader	columnHeaderLTime	修改时间	150

7. 添加和设置 ImageList 控件

添加 3 个 ImageList 控件，分别用于存放程序运行时树形结构和列表中显示的大小图标，添加了 ImageList 控件后的示意图如图 5—8 所示。

图 5—8 添加 ImageList 控件后的示意图

8. 添加状态栏

从工具箱拖动 1 个 StatusStrip 控件到窗体上，默认命名为 statusStrip1，再为其添加 3 个 toolStripStatusLabel 对象，分别命名为：tspslblPath、tspslblNodes、tspslblFile，用于显示文件夹路径、目录数量和文件夹数量，效果如图 5—9 所示。

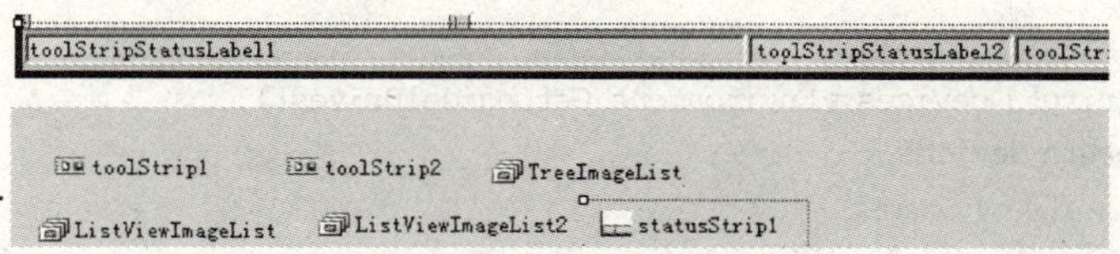

图 5—9 状态栏示意图

至此，完成了对程序的界面设计，读者可以回顾一下整个过程。

5.2.2 资源管理器功能实现与编码

1. 引用命名空间 System. IO

System. IO 命名空间包含允许读写文件和数据流的类型，以及提供基本文件和目录支持的类型。

对于文件，人们常会想到目录路径、磁盘存储和目录名等方面。相反，流提供一种向后备存储写入字节和从后备存储读取字节的方式，后备存储可以是各种各样的存储媒介。正如除磁盘外存在多种后备存储一样，除文件流之外也存在多种流，例如网络流、内存流和磁带流等。引用命名空间需要在 frmMain. cs 代码开头加入以下代码：

```
using System. IO;
```

2. 添加自定义类

使用一个类来实现本机驱动器和目录的获取。右击项目文件名，选择“添加→类”，如图 5—10 所示，打开“添加新项”对话框。

在“添加新项”对话框中选择“类”，并为添加的类重命名为“DirectoryManager”，如图 5—11 所示。

图 5—10 打开“添加新项”对话框

图 5—11 添加新类并命名

在 DirectoryManager 类中，定义两个方法，分别为获取本机驱动器 getDevices() 方法（主要使用 Environment 类获取驱动器信息）和获取目录 getDirectorys() 方法（主要使用 Directory 类获取目录信息）。有关这两个类的详细介绍，请参考后面核心技能的内容。代码如下：

```
class DirectoryManager
{
    public static string[] getDevices()
    {
        try
        {
            string[] devices = Environment.GetLogicalDrives();
            return devices;
        }
        catch(Exception ex)
        {
            throw ex;
        }
    }
    public static string[] getDirectorys(string target)
    {
        try
        {
            string[] directorys = Directory.GetDirectories(target);
            return directorys;
        }
        catch(Exception ex)
        {
            throw ex;
        }
}
```

3. 自定义方法

为了实现程序代码的模块化，在 frmMain 类中定义方法来完成大部分的操作，在控件事件中，直接调用这些方法就可以了。这里的方法都使用了异常处理，体现良好的用户感受。

（1）获取系统文件信息。例如文件的存储路径，在状态栏显示时，直接调用该方法即可。代码如下：

```
public static FileInfo[ ] getFiles(string target)
{
    try
    {
        DirectoryInfo dir = new DirectoryInfo(target);
        FileInfo[ ] file = dir.GetFiles();
        return file;
    }
    catch(Exception ex)
    {
        return null;
        throw ex;
    }
}
```

（2）装载系统图标。使用系统设置的图标来显示在 listView1 中的各个文件类型，图标的位置在 system32 目录下的 shell32. dll 中，取出图片后通过 ImageList 控件在存储图片。代码如下：

```
public void getSysIco()
{
    Icon ic0 = myExtractIcon(" % SystemRoot % \\system32\\shell32. dll",15);
    TreeImageList. Images. Add(ic0);
    Icon ic1 = myExtractIcon(" % SystemRoot % \\system32\\shell32. dll",5);
    TreeImageList. Images. Add(ic1);
    Icon ic2 = myExtractIcon(" % SystemRoot % \\system32\\shell32. dll",7);
    TreeImageList. Images. Add(ic2);
    Icon ic3 = myExtractIcon(" % SystemRoot % \\system32\\shell32. dll",11);
    TreeImageList. Images. Add(ic3);
    Icon ic4 = myExtractIcon(" % SystemRoot % \\system32\\shell32. dll",3);
    TreeImageList. Images. Add(ic4);
    Icon ic5 = myExtractIcon(" % SystemRoot % \\system32\\shell32. dll",4);
    TreeImageList. Images. Add(ic5);
    Icon ic6 = myExtractIcon(" % SystemRoot % \\system32\\shell32. dll",101);
    TreeImageList. Images. Add(ic6);
    Icon ic7 = myExtractIcon(" % SystemRoot % \\system32\\shell32. dll",34);
    TreeImageList. Images. Add(ic7);
}
```

（3）生成目录树。使用 TreeNode 类型的对象作为参数，完成目录树的生成。代码如下：

```
public void iniDriectory(TreeNode e)
```

```
{
    e.Nodes.Clear();
    listView1.Items.Clear();
    try
    {
        string[] directorys = DirectoryManager.getDirectorys(e.Tag.ToString());
        this.tspslblNodes.Text = "目录数量:" + directorys.Length;
        foreach(string var in directorys)
        {
            //ListView中不含全路径
            int index = var.LastIndexOf('\\') + 1;
            string dir = var.Substring(index);
            TreeNode a = new TreeNode(dir,4,5);
            a.Nodes.Add(new TreeNode(""));
            e.Nodes.Add(a);
            a.Tag = var;
        }
        iniList(e);
        listView1.Sort();
    }
    catch(Exception ex)
    {
        throw ex;
    }
}
```

（4）生成列表。先生成目录列表，再生成文件列表。代码如下：

```
public void iniView(TreeNode e)
{
    //先生成目录列表,再生成文件列表
    try
    {
        FileInfo[] files = getFiles(e.Tag.ToString());
        this.tspslblFile.Text = "文件数量:" + files.Length;
        foreach(FileInfo var in files)
        {
            listView1.Items.Add(var.Name);
        }
        listView1.Sort();
    }
    catch(Exception ex)
    {
        throw ex;
        tspslblNodes.Text = "目录数量:0";
        tspslblFile.Text = "文件数量:0";
    }
}
```

```
public void iniList(TreeNode tn)
{
    this.ListViewImageList2.Images.Clear();
    this.ListViewImageList.Images.Clear();
    ListViewImageList2.ImageSize = new Size(32,32);
    listView1.LargeImageList = ListViewImageList;
    listView1.SmallImageList = ListViewImageList;
    Icon ic0 = myExtractIcon("%SystemRoot%\\system32\\shell32.dll",3);
    ListViewImageList.Images.Add(ic0);
    ListViewImageList2.Images.Add(ic0);
    listView1.Clear();
    //设置列表框的表头
    listView1.Columns.Add("文件名",160,HorizontalAlignment.Left);
    listView1.Columns.Add("文件类型",80,HorizontalAlignment.Left);
    listView1.Columns.Add("创建时间",120,HorizontalAlignment.Left);
    listView1.Columns.Add("访问时间",200,HorizontalAlignment.Left);
    listView1.Columns.Add("文件大小",120,HorizontalAlignment.Left);
    string strPath = tn.Tag.ToString();
    //获得当前目录下的所有文件
    DirectoryInfo curDir = new DirectoryInfo(strPath);//创建目录对象.

    FileIn. [] dirFiles;
    try
    {
        dirFiles = curDir.GetFiles();
    }
    catch { return;}

    string[] arrSubItem = new string[5];
    //文件的创建时间和访问时间.
    int iCount = 0;int iconIndex = 1;//用 1,而不用 0 是要让过 0 号图标.
    foreach(FileInfo fileInfo in dirFiles)
    {
        string strFileName = fileInfo.Name;
        arrSubItem[0] = strFileName;
        arrSubItem[1] = fileInfo.Extension;
        arrSubItem[2] = fileInfo.CreationTime.ToString();
        arrSubItem[3] = fileInfo.LastAccessTime.ToString();
        arrSubItem[4] = fileInfo.Length + " 字节";
        //得到每个文件的图标
        string str = fileInfo.FullName;
        try
        {
            SetIcon(ListViewImageList,str,false);
            SetIcon(ListViewImageList2,str,true);
        }
```

```
        catch(Exception ex)
        { MessageBox.Show(ex.Message,"错误提示",0,MessageBoxIcon.Error);}
        //插入列表项
        ListViewItem LiItem = new ListViewItem(arrSubItem,iconIndex);
        LiItem.Tag = fileInfo.FullName;
        listView1.Items.Insert(iCount,LiItem);
        iCount ++ ;
        iconIndex ++ ;
    }
    this.tspslblFile.Text = "文件数量:" + iCount.ToString();
    //以下是向列表框中插入目录,不是文件.获得当前目录下的各个子目录.
    int iItem = 0;
    DirectoryInfo Dir = new DirectoryInfo(strPath);
    foreach(DirectoryInfo di in Dir.GetDirectories())
    {
        ListViewItem LiItem = new ListViewItem(di.Name,0);
        LiItem.Tag = di.FullName;
        listView1.Items.Insert(iItem,LiItem);
        iItem ++ ;
    }
}
```

（5）生成驱动器树。在 treeView1 中生成驱动器树的方法。代码如下：

```
public void iniTree()
{
    string desktop = Environment.GetFolderPath(Environment.SpecialFolder.Desktop);
    TreeNode desk = new TreeNode("桌面",7,7);
    desk.Nodes.Add(new TreeNode(""));
    desk.Tag = desktop;
    treeView1.Nodes.Add(desk);
    string document = Environment.GetFolderPath(Environment.SpecialFolder.MyDocuments);
    TreeNode docu = new TreeNode("我的文档");
    docu.Nodes.Add(new TreeNode(""));
    docu.Tag = document;
    treeView1.Nodes.Add(docu);
    TreeNode root = new TreeNode("我的电脑",0,0);
    root.Tag = "我的电脑";
    TreeNode a = null;
    TreeNode tmp = null;
    treeView1.Nodes.Add(root);
    try
    {
        string[] devices = DirectoryManager.getDevices();
        foreach(string var in devices)
        {
            a = new TreeNode(var,2,2);
            tmp = new TreeNode();
```

```
                a. Nodes. Add(tmp);
                a. Tag = var;
                root. Nodes. Add(a);
            }
            root. Expand();
        }
        catch(Exception ex)
        {
            throw ex;
        }
    }
```

（6）设置图标。引用外部 .dll 文件，实现图片设置，本例中主要引用 Shell32. dll。代码如下：

```
    [DllImport("Shell32. dll")]
    public static extern int ExtractIcon(IntPtr h, string strx, int ii);
    [DllImport("Shell32. dll")]
    public static extern int SHGetFileInfo(string pszPath, uint dwFileAttributes, ref SHFILEINFO ps-
fi, uint cbFileInfo, uint uFlags);
    public struct SHFILEINFO
    {
        public IntPtr hIcon;
        public int iIcon;
        public uint dwAttributes;
        public char szDisplayName;
        public char szTypeName;
    }
    protected virtual Icon myExtractIcon(string FileName, int iIndex)
    {
        try
        {
            IntPtr hIcon = (IntPtr)ExtractIcon(this. Handle, FileName, iIndex);
            if(! hIcon. Equals(null))
            {
                Icon icon = Icon. FromHandle(hIcon);
                return icon;
            }
        }
        catch(Exception ex)
        { MessageBox. Show(ex. Message, "错误提示", 0, MessageBoxIcon. Error);}
        return null;
    }
        protected virtual void SetIcon(ImageList imageList, string FileName, bool tf)
    {
        SHFILEINFO fi = new SHFILEINFO();
        if(tf == true)
        {
```

```
            int iTotal = (int)SHGetFileInfo(FileName,0,ref fi,100,16640);
            try
            {
                if(iTotal >0)
                {
                    Icon ic = Icon.FromHandle(fi.hIcon);
                    imageList.Images.Add(ic);
                    return ic;
                }
            }
            catch(Exception ex)
            {
                MessageBox.Show(ex.Message,"错误提示",0,MessageBoxIcon.Error);
            }
        }
        else
        {
            int iTotal = (int)SHGetFileInfo(FileName,0,ref fi,100,257);
            try
            {
                if(iTotal >0)
                {
                    Icon ic = Icon.FromHandle(fi.hIcon);
                    imageList.Images.Add(ic);
                }
            }
            catch(Exception ex)
            { MessageBox.Show(ex.Message,"错误提示",0,MessageBoxIcon.Error);}
        }
        return null;
    }
```

4. 相关控件事件

(1) 窗体 Load 事件。调用前面定义的方法即可，代码如下：

```
private void frmMain_Load(object sender,EventArgs e)
{
    iniTree();
    getSysIco();
    treeView1.ImageList = this.TreeImageList;
}
```

(2) treeView1 的 AfterExpand 事件。在展开树结点后发生的事件，代码如下：

```
private void treeView1_AfterExpand(object sender,TreeViewEventArgs e)
{
    if("我的电脑" != e.Node.Text)
    {
        iniDriectory(e.Node);
```

```
    }
}
```

（3）treeView1 的 AfterSelect 事件。在选定树结点后发生的事件，代码如下：

```
private void treeView1_AfterSelect(object sender,TreeViewEventArgs e)
{
    if("我的电脑" ! = e. Node. Text)
    {
        tspslblPath. Text = "当前路径:" + e. Node. Tag. ToString();
        iniDriectory(e. Node);
    }
}
```

5.3　核心技能

5.3.1　视图类控件

1. ListView 控件

ListView（列表视图）控件（TreeView）用列表的形式显示一组数据，每项数据都是一个 ListItem 类型的对象，称之为项，同时每个项还可能会有多个描述的子项。

ListView 控件可以把包含在控件中的数据显示为列和行（像网格那样），具有数据显示直观、操作方便的特点，使用率极高。一般使用 ListView 控件来显示分类查询及其详细信息。ListView 控件的常用属性和事件见表 5—6。

表 5—6　**ListView 控件的常用属性和事件**

属性	属性说明
View	有 4 个值可设定：0：无图标（默认）；1：小图标视图显示；2：列表；3：报表
AllowColumnReorder	用户是否可以重新排列“详细信息”视图中各列的顺序
AutoArrange	如果把这个属性设置为 true，选项会自动根据 Alignment 属性排序。如果用户把一个选项拖放到列表视图的中央，且 Alignment 是 Left，则选项会自动左对齐。只有在 View 属性是 LargeIcon 或 SmallIcon 时，这个属性才有意义
CheckBoxes	如果把这个属性设置为 true，列表视图中的每个选项会在其左边显示一个复选框。只有在 View 属性是 Details 或 List 时，这个属性才有意义
Columns	列表视图可以包含列。通过这个属性可以访问列集合，通过该集合，可以增加或删除列
事件	**事件说明**
AfterLabelEdit	在用户已编辑项文本时发生
BeforeLabelEdit	在用户将要编辑项文本时发生
ColumnClick	单击列标头时发生
ItemActivate	在激活一个选项时发生

2. TreeView 控件

TreeView 控件可按树形结构来显示分层数据，例如目录或文件目录，即显示标记项的分层集合，每个标记项用一个 TreeNode（结点）来表示。TreeView 控件的常用属性、方法和事件见表 5—7。

表 5—7　TreeView 控件的常用属性、方法和事件

属性	属性说明
Nodes	TreeView 控件的结点集合
SelectedNode	当前选定的树结点
ImageIndex	获取或设置默认的图像列表的索引值
SelectedImageIndex	结点选定时显示的图像列表的索引值
Scrollable	获取或设置一个值，用以指示树视图控件是否在需要时显示滚动条
TopNode	获取树视图控件中第一个完全可见的树结点
方法	**方法说明**
Add	在 Treeview 控件的 Nodes 集合中添加一个 Node 对象
GetVisibleCount	返回固定在 TreeView 控件的内部区域的 Node 对象的个数
事件	**事件说明**
NodeClick	在一个 Node 对象被单击时发生
AfterCheck	在选中树结点复选框后发生
AfterCollapse	在折叠树结点后发生
AfterExpand	在展开树结点后发生
AfterLabelEdit	在编辑树结点标签文本后发生
AfterSelect	在选定树结点后发生
BeforeCheck	在选中树结点复选框前发生

5.3.2　SplitContainer 控件

SplitContainer 控件（SplitContainer）是由两个 Panel 面板和一个 Split 拆分条组成的复合体，两个 Panel 之间的拆分条可以拖动。使用它可以创建复合的用户界面（一个面板的选择决定了另一个面板显示的对象）。拥有两个面板可以聚合不同区域中的信息，并且用户可以轻松地使用拆分条（也称为拆分器）调整面板的大小。同时还可以嵌套使用多个 SplitContainer 对象，完成复杂程序界面的模块化组织和管理。SplitContainer 控件的常用属性和事件见表 5—8。

表 5—8　SplitContainer 控件的常用属性和事件

属性	属性说明
FixedPanel	确定调整 SplitContainer 控件大小后，哪个面板将保持原来的大小
IsSplitterFixed	确定是否可以使用键盘或鼠标来移动拆分器
Orientation	确定拆分器是垂直放置还是水平放置
SplitterDistance	确定从左边缘或上边缘到可移动拆分条的距离（以像素为单位）
SplitterIncrement	确定用户可以移动拆分器的最短距离（以像素为单位）
SplitterWidth	确定拆分器的厚度（以像素为单位）
事件	**事件说明**
SplitterMoving	拆分器移动时发生
SplitterMoved	拆分器移动后发生

5.3.3 系统环境相关类

1. Environment 类

Environment 类除了提供当前环境和操作系统平台相关的信息外，还提供了获取本地逻辑驱动器和特殊文件夹的方法。Environment 类的常用属性和方法见表 5—9。

表 5—9 **Environment 类的常用属性和方法**

属性	属性说明
CurrentDirectory	获取或设置当前工作目录的完全限定路径
OSVersion	获取包含当前平台标识符和版本号的 OperatingSystem 对象
NewLine	获取为此环境定义的换行字符串
TickCount	获取系统启动后经过的毫秒数
Version	获取一个 Version 对象，该对象描述公共语言运行时的主版本、次版本、内部版本和修订号
ExitCode	获取或设置进程的退出代码
方法	**方法说明**
GetFolderPath	获取指向由指定枚举标识的系统特殊文件夹的路径
GetLogicalDrives	获取系统中存在的逻辑驱动器，返回包含当前计算机中的逻辑驱动器名称的字符串数组

2. Directory 类

一般将 Directory 类用于典型操作，如复制、移动、重命名、创建和删除目录，也可将 Directory 类用于获取和设置与目录的创建、访问及写入操作相关的 DateTime 信息。Directory 类是静态类，其方法全部是静态方法，所以在使用其方法时直接通过类名称调用即可。Directory 类的常用方法见表 5—10。

表 5—10 **Directory 类的常用方法**

方法	方法说明
GetCreationTime	获取目录的创建日期和时间
GetCurrentDirectory	获取应用程序的当前工作目录
GetDirectories	已重载，获取指定目录中子目录的名称
GetDirectoryRoot	返回指定路径的卷信息、根信息或两者同时返回
GetFiles	已重载，返回指定目录中的文件的名称
GetFileSystemEntries	已重载，返回指定目录中所有文件和子目录的名称
GetLastAccessTime	返回上次访问指定文件或目录的日期和时间
GetLogicalDrives	检索此计算机上格式为“〈驱动器号〉：\”的逻辑驱动器的名称
GetParent	检索指定路径的父目录，包括绝对路径和相对路径
Move	将文件或目录及其内容移到新位置
SetCurrentDirectory	将应用程序的当前工作目录设置为指定的目录
SetLastAccessTime	设置上次访问指定文件或目录的日期和时间

3. File 类

Directory 类用于操纵文件夹，File 类用于操纵文件，它提供用于创建、复制、删除、移动和打开文件的静态方法，并协助创建 FileStream 对象。File 类不能直接读写文件，需要使用FileStream类或其派生类。File类的常用方法见表5—11。

表5—11　　File类的常用方法

方法	方法说明
AppendText	返回追加到现存文件的StreamWriter，不存在则新建
Copy	把文件复制到新文件中
Create	创建文件返回关联的FileStream
CreateText	创建文件返回关联的StreamWriter
Delete	删除指定文件
GetCreationTime	返回表示文件创建时间的DateTime对象
GetLastAccessTime	返回表示文件最后访问时间的DateTime对象
Move	移动文件
Open	返回与指定文件关联的FileStream
OpenText	返回与指定文件关联的StreamReader

拓展实训5

1. 实训目的

完善“资源管理器”的功能，实现返回上一级结点按钮，删除结点按钮，以及实现三种显示方式。

2. 任务描述

(1) 返回上一级结点。用户在浏览文件夹时，能方便自如地返回上一级文件夹，同时，当文件返回至第一级结点时，能给予提示。

(2) 删除选中结点。用户能删除选中的结点。

(3) 查看和显示方式。在右侧窗体中能根据用户需要选择文件内容的三种显示方式。

3. 要点提示

(1) 返回上一级结点。在“tsbUp”的双击事件中添加以下代码：

```
TreeNode node = treeView1. SelectedNode;
TreeNode ParentNode = node. Parent;
if(ParentNode ! = null)
{
    this. treeView1. SelectedNode = ParentNode;
}
else
{
    MessageBox. Show("当前已经是第一级结点!");
}
```

(2) 删除选中结点。在“tsbDelete”双击事件中添加以下代码：

```
treeView1. SelectedNode. Remove();
```

(3) 查看和显示方式。分别在“tsbMiniature”、“tsbIcon”以及“tsbList”的双击事件中添加以下代码：

```
listView1.View = View.LargeIcon;          //缩略图
listView1.View = View.SmallIcon;          //图标
listView1.View = View.Details;            //列表
```

课后练习 5

1. 任务描述

图书馆的书籍成千上万，当我们进入电子图书系统时，总希望能根据分类快捷地找到所需的书籍。因此一个可用性高的电子图书系统能根据数据库中的书籍分类分别展示图书，现在要求为某学校设计和开发一个电子图书馆，用于用户分类收藏自己喜好的图书信息，设计界面可参考图 5—12。

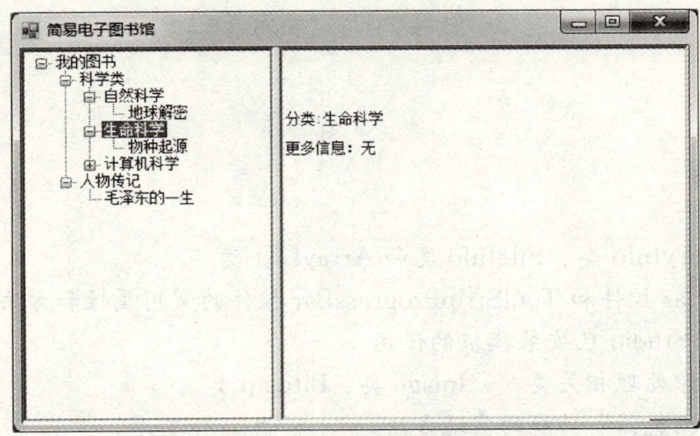

图 5—12　“电子图书馆”参考界面

2. 要点提示

(1) 设计程序的界面时，请综合使用所学菜单、工具栏和分隔条以及视图类控件。

(2) 图书信息可结合后面章节中的数据库相关知识，链接图书数据，以实现系统信息的动态更新。当然也可以先自己假设部分图书分类和书籍信息。

第四部分　图形图像处理

第 6 章　图片浏览器程序设计

技能目标

- 了解 DirectoryInfo 类、FileInfo 类和 ArrayList 类
- 了解 TrackBar 控件和 ToolStripProgressBar 控件的常用属性和方法
- 掌握 Visual Studio 已安装模板的使用
- 掌握图形图像处理相关类——Image 类、Bitmap 类
- 掌握“图片浏览器”功能的实现方法
- 熟练掌握 PictureBox 控件和 ImageList 组件的常用属性和方法
- 熟练掌握 Visual Studio 2008 添加新项和已有项的方法

教学情景导入

由于科技的发展和生活节奏的加快，现代人往往更喜欢用图片记录和传达信息，对图片的查看、管理和修改的软件也得到了广泛的应用。Google 出品的 Picasa 较为有名，基本上各大软件公司都会推出自己的图片浏览和绘制工具。在这一章和下一章，我们将介绍有关图形图像处理的知识。

Windows 图片查看器界面如图 6—1 所示。

图 6—1　Windows 图片查看器界面

6.1　情景描述：制作图片浏览器

下面我们也来开发一个简单的图片浏览器，用 C# 开发类似的程序主要会用到 PictureBox 控件，在特效的实现上，比如对比度等的调整时，

会用到 TrackBar 等控件，以及 Image 类、Bitmap 类等。

开发的图片浏览器程序的界面可参考图 6—2。

图 6—2 图片浏览器应用程序界面

图片浏览器应用程序主要有以下几个功能：

(1) 单击或自动播放浏览图片。

(2) 查看时能旋转照片。

(3) 能调整窗体大小缩放图片显示。

(4) 实现图片的亮度、大小和对比度的设置。

(5) 实现图片的一些特效：浮雕和底片效果。

图片浏览器应用程序在运行时，主要有以下操作：

(1) 程序初始运行时，状态栏显示“欢迎使用本图片浏览器!”。用户打开其他图片时，状态栏显示打开图片的存储位置。

(2) 用户可以通过菜单和工具栏打开图片、对图片进行简单的编辑，设置图片的显示方式。

(3) 用户在浏览图片时，可用鼠标依次播放，或通过自动浏览以幻灯方式查看图片。同时，能直接拖动程序窗体缩放图片显示大小。

(4) 用户在浏览时，还可以旋转图片。

6.2 实战引导：完成图片浏览器

首先新建 Windows 应用程序项目，重命名为 Ch6 _ Ex1，将 Form1 重命名为 frm-Main，并参照图 6—2 设置窗体的属性。

6.2.1 为项目添加资源文件

为美观程序，本程序的菜单、工具栏等会用到直观的图标文件。为方便管理，向项目中增加“资源文件”，以存储程序中所使用的图标、图片资源，其大致步骤如下：

(1) 为项目添加新建项，如图 6—3 所示。

(2) 在“添加新项”对话框中选择新建项类型为“资源文件”，如图 6—4 所示。

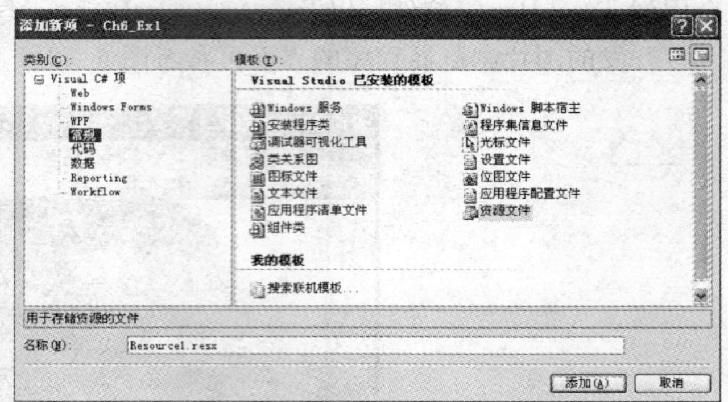

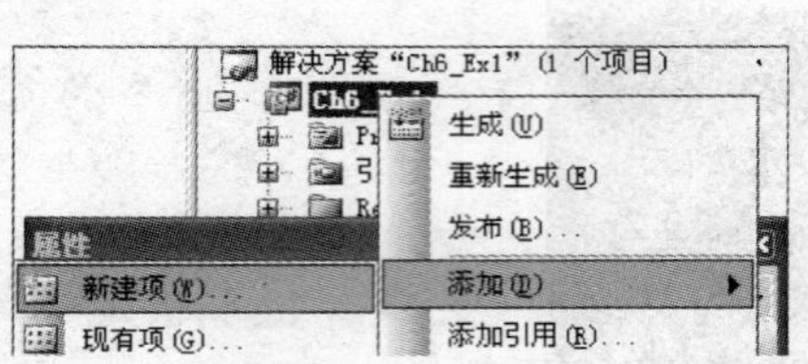

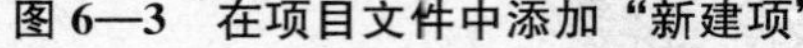

图6—3　在项目文件中添加“新建项”

图6—4　选择新建项类型

(3) 双击“Resource1. resx”，在出现的界面中选择“添加资源→添加现有文件”，如图6—5所示。这时弹出“选择”对话框，根据需要选择在事先搜集好的文件。

(4) 添加后项目文件中的Resources文件夹里面出现了选择文件，如图6—6所示。

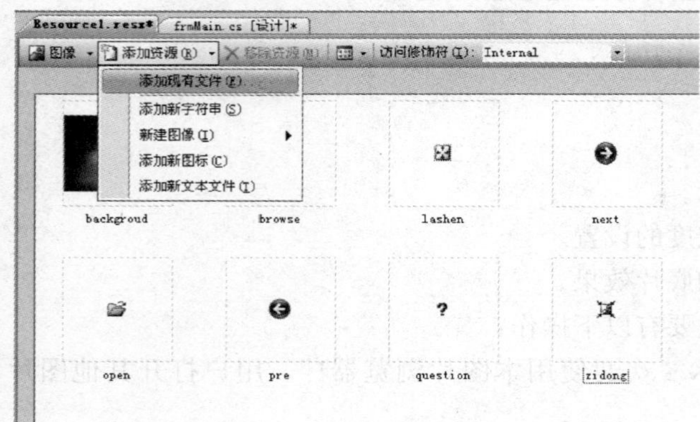

图6—5　选择所需资源文件

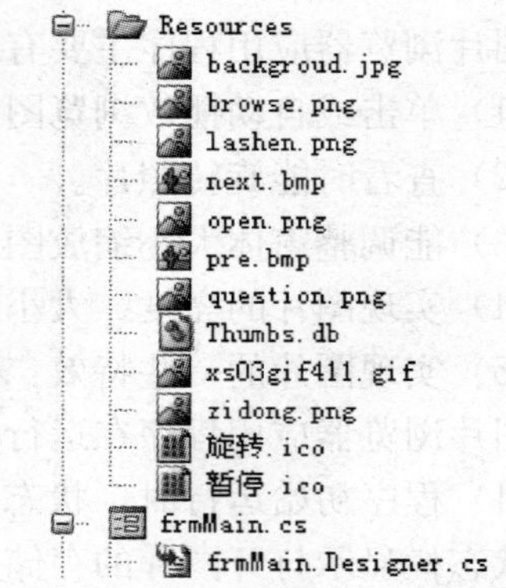

图6—6　添加资源文件后的项目文件夹

6.2.2　图片浏览器应用程序界面设置

1. 菜单、工具栏和状态栏设置

(1) 菜单设置。为窗体添加菜单栏，可以从工具箱直接拖动MenuStrip到窗体上，默认命名为menuStrip1，各子菜单内容如图6—7所示。

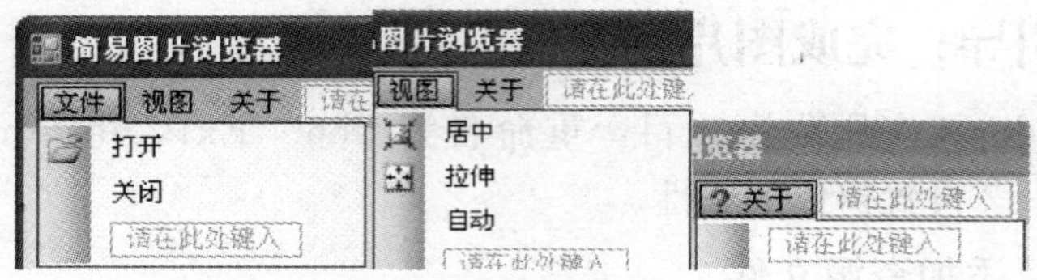

图6—7　程序菜单

各子菜单属性设置见表6—1。

表 6—1　　各子菜单属性设置

子菜单	对象	(Name)	Text	说明
文件	ToolStripMenuItem	menuItemOpen	打开	根据提示打开文件
	ToolStripMenuItem	menuItemClose	关闭	关闭程序
视图	ToolStripMenuItem	menuItemCenter	居中	使图片居中显示
	ToolStripMenuItem	menuItemStretch	拉伸	使图片拉伸显示
	ToolStripMenuItem	menuItemAutoSize	自动	以原来尺寸显示
关于	ToolStripMenuItem	(默认命名)	关于	打开“关于”窗体

要为其中的菜单项设置图标时可以右击菜单项，选择“设置图像”，打开“选择资源”对话框，选择“项目资源文件”，单击下拉列表框中的“Resource1. resx”，选取合适图标，单击“确定”按钮即可，如图 6—8 所示。

(2) 工具栏设置。添加工具栏到窗体上，方法和添加菜单栏相同，使用默认命名，工具栏效果如图 6—9 所示，其中图标设置参照上述图片设置方法。

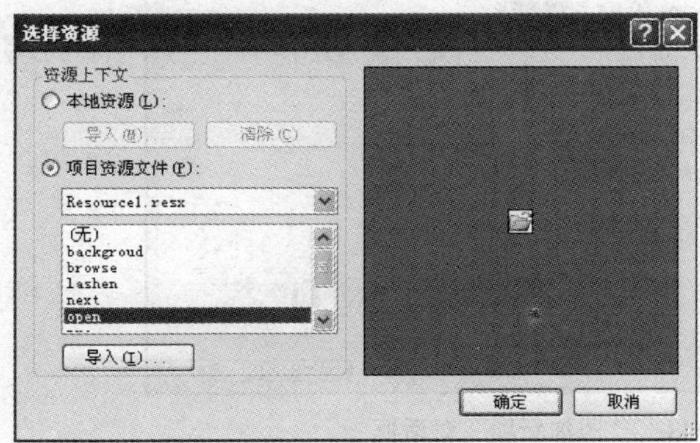

图 6—8　设置菜单图标

图 6—9　工具栏效果图

工具栏各对象属性设置见表 6—2。

表 6—2　　工具栏各对象属性设置

对象	(Name)	Text	DisplayStyle	说明
ToolStripButton	tStripBtnPre	上一张	Image	显示前一张图片
ToolStripButton	tStripBtnNext	下一张	Image	显示后一张图片
ToolStripButton	tStripBtnBrowse	浏览	Image	自动浏览图片
ToolStripButton	tStripBtnPause	暂停	Image	暂停自动浏览
ToolStripButton	tStripBtnCircle	旋转	Image	旋转显示图片

(3) 状态栏设置。添加一个状态栏到窗体上，使用默认命名，状态栏效果如图 6—10 所示。

图 6—10　状态栏效果图

状态栏对象属性设置见表6—3。

表6—3　　状态栏对象属性设置

对象	(Name)	Text	说明
ToolStripStatusLabel	StatsLblImgInfor	欢迎使用简单图片浏览器!	打开图片时，显示图片的物理地址

2. "关于"窗体设计和组件添加

(1)"关于"窗体设计。"关于"窗体主要是添加几个标签说明版本、开发语言等相关信息，可以自己添加一个窗体得到，也可以使用开发环境中已经预制的模板，这里介绍一下后者。

在"添加新项"对话框中，选择"Windows Forms"中的"'关于'框"模板，将窗体名称修改为frmAbout.cs，如图6—11所示。

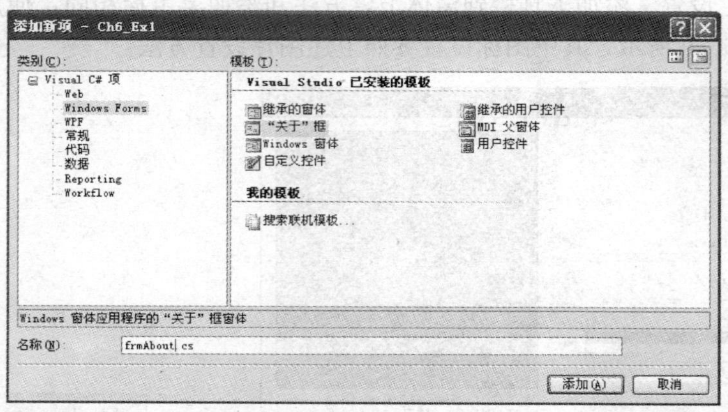

图6—11　"添加新项"对话框

单击"添加"按钮后，其界面效果如图6—12所示。

在不对该窗体做任何编码的情况下，运行的效果如图6—13所示，其显示的信息是自动获取的程序的相关属性。也可以添加自己的定制信息，这部分留给读者自己去完成。

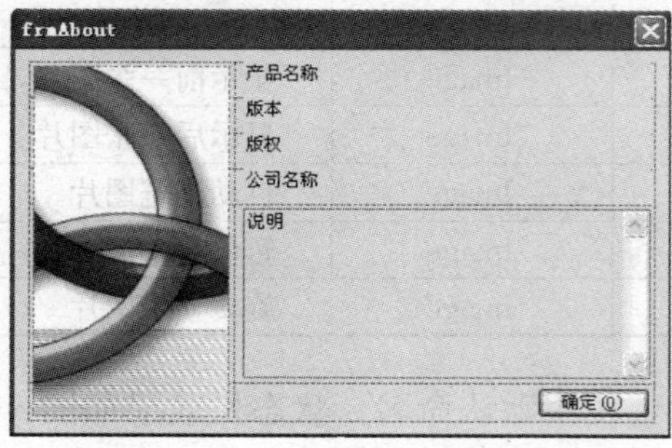

图6—12　"关于"窗体界面

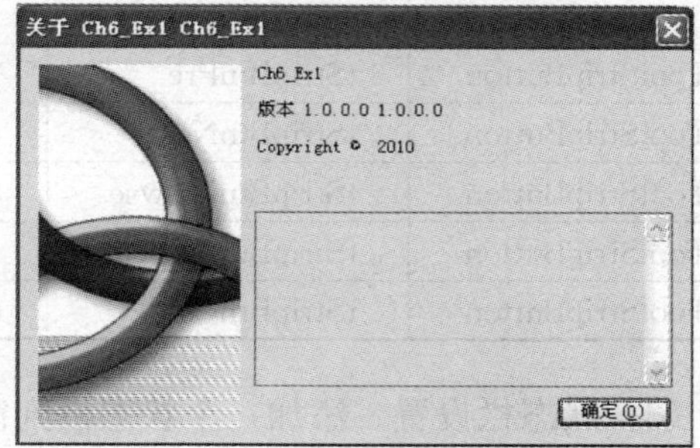

图6—13　"帮助"窗体运行界面

(2)为主窗体添加其他组件。向主窗体中添加1个PictureBox控件用于显示图片，设置其Dock属性为Fill，添加1个Timer控件用于控制自动浏览速度；添加1个OpenFileDialog用于提示用户打开图片文件，以上控件均使用默认命名。

6.2.3 图片浏览器应用程序功能实现与编码

1. 定义窗体级变量

System. Collections 命名空间包含接口和类，这些接口和类定义各种对象（如列表、队列、位数组、哈希表和字典）的集合，在这个例子中要使用的是其中的 ArrayList 类。System. IO 命名空间中要使用的类是 DirectoryInfo 类和 FileInfo 类。这三个类的介绍，请参考本章核心技能的相关内容。

定义窗体级变量的代码如下：

```
//定义全局变量
public static string entireFilePath;                    //文件路径变量
private ArrayList FileInDir = new ArrayList();          //文件路径数组列表变量
int index = -1;                                         //文件索引变量
```

2. 定义方法

考虑模块化和代码复用，主要的操作方法都在窗体中单独定义实现。

（1）定义“openImage”方法。使用“打开”对话框打开图片，存储当前图片路径，将图片放入到 FileInDir 集合，并获取当前图片在文件夹中的 index 值。代码如下：

```
//打开图片方法
private void openImage()
{
    //打开文件对话框的使用
    openFileDialog1. Filter = "JPG 图像( *. jpg) | *. jpg|BMP 位图( *. bmp) | *. bmp|GIF 图像
( *. gif) | *. gif |所有文件( *. * ) | *. * ";;
    openFileDialog1. AddExtension = true;
    openFileDialog1. CheckFileExists = true;
    openFileDialog1. CheckPathExists = true;
    if(openFileDialog1. ShowDialog() = = DialogResult. OK)
    {
        pictureBox1. Load(openFileDialog1. FileName);
        StatsLblImgInfor. Text = openFileDialog1. FileName;
    }
    entireFilePath = openFileDialog1. FileName. ToString();

    //获取当前图片文件夹路径
     string filePath = openFileDialog1. FileName. Substring ( 0, openFileDialog1. FileName.
LastIndexOf("\\"));

    //打开目录,并将目录中所有 . jpg. bmp. gif 类型的图片放入 FileInDir 集合
    DirectoryInfo dir = new DirectoryInfo(filePath);
    FileInfo[ ] fileInfo = dir. GetFiles();
    FileInDir. Clear();
    foreach(FileInfo fi in fileInfo)
    {
        if(fi. Extension = = ". JPG" || fi. Extension = = ". jpg" || fi. Extension = = ". bmp"||
fi. Extension = = ". BMP" || fi. Extension = = ". gif" || fi. Extension = = ". GIF")
```

```
            {
                FileInDir.Add(fi.FullName.ToString());
            }
        }

        //获取当前图片在FileInDir集合中的index值
        for(index = 0;index< FileInDir.Count;index++)
        {
            if(FileInDir[index].ToString() = = entireFilePath)
            {
                break;
            }
        }
    }
```

（2）定义"viewImage"方法。查看图片的方法，参数为布尔类型，当值为 false 时，向前一张；当值为 true 时，向后一张。代码如下：

```
    //查看图片方法
    private void viewImage(bool mark)
    {
        //如果图片框中当前有显示图片时才可进行该方法
        if(this.pictureBox1.Image ! = null)
        {
            //如是mark值false,则向前显示
            if(!mark)
            {
                if(index = = 0)
                {
                    MessageBox.Show("这是第一张了");
                }
                else
                {
                    this.pictureBox1.Image = Image.FromFile(FileInDir[--index].ToString());

                }
            }
            //如果为true,则向后显示
            else
            {
                if(index = = FileInDir.Count - 1)
                {
                    MessageBox.Show("这是最后一张");
                }
                else
                {
                    this.pictureBox1.Image = Image.FromFile(FileInDir[++index].ToString());
                }
```

```
            }
            entireFilePath = FileInDir[index].ToString();
            this.StatsLblImgInfor.Text = FileInDir[index].ToString();
        }
        else
        {
            MessageBox.Show("请先打开图片");
        }
    }
```

3. 菜单功能代码

(1)“文件”菜单代码。“打开”和“退出”按钮代码比较简单，调用我们自定义的方法就可以了。代码如下：

```
//菜单中"打开"按钮
private void menuItemOpen_Click(object sender,EventArgs e)
{
    openImage();
}

//菜单中"退出"按钮
private void menuItemClose_Click(object sender,EventArgs e)
{
    Application.Exit();
}
```

(2)“视图”菜单代码。主要是利用 PictureBox 控件属性进行设置，在 PictureBox-SizeMode 类中，对相关属性有定义。代码如下：

```
//"居中"按钮,使用 PictureBox 控件属性设置,下同
private void MenuItemCenter_Click(object sender,EventArgs e)
{
    pictureBox1.SizeMode = PictureBoxSizeMode.CenterImage;
}

//"拉伸"按钮
private void MenuItemStretch_Click(object sender,EventArgs e)
{
    pictureBox1.SizeMode = PictureBoxSizeMode.StretchImage;
}

//"自动"按钮
private void MenuItemAutoSize_Click(object sender,EventArgs e)
{
    pictureBox1.SizeMode = PictureBoxSizeMode.AutoSize;
}
```

(3)“关于”菜单代码。代码如下：

```
//打开"关于"窗体
private void 关于ToolStripMenuItem_Click(object sender,EventArgs e)
{
    frmAbout f = new frmAbout();
    f.Show();
}
```

4. 工具栏功能代码

(1)“上一张”按钮代码。调用前面定义的viewImage方法，参数为false。代码如下：

```
//工具栏上"上一张"按钮
private void tStripBtnPre_Click(object sender,EventArgs e)
{
    viewImage(false);
}
```

(2)“下一张”按钮代码。调用前面定义的viewImage方法，参数为true。代码如下：

```
    //"下一张"按钮
private void tStripBtnNext_Click(object sender,EventArgs e)
{
    viewImage(true);
}
```

(3)“旋转”按钮代码。使用Image类中的RotateFlip方法实现旋转。代码如下：

```
//"旋转"按钮
private void tStripBtnCircle_Click(object sender,EventArgs e)
{
    if(this.pictureBox1.Image != null)
    {
        Image myImage = pictureBox1.Image;
        //旋转图片90度
        myImage.RotateFlip(RotateFlipType.Rotate90FlipXY);
        pictureBox1.Image = myImage;
    }
}
```

5. 调试、编译程序

(1) 单击“生成”菜单，在下拉菜单中单击“生成Ch6_Ex1”，完成程序编译。

(2) 若程序没有正确执行，出现错误，应当先修改错误再完成编译。

至此，完成了全部菜单栏和工具栏上的功能实现，还有部分工具栏的按钮功能，将在拓展实训中完成。

6.3 核心技能

6.3.1 Image类和Bitmap类

Image类和Bitmap类是命名空间System.Drawing中关于图像处理的两个重要类。

Image类是一个生成图像的密封的数据生成器类，同时它也是Bitmap类和Metafile类的抽象基类。

Bitmap类用来封装GDI+位图，此位图由图形图像及其属性的像素数据组成。Bitmap类是用于处理由像素数据定义的图像的对象。而图元文件包含描述一系列图形操作的记录，这些操作可以被记录（构造）和被回放（显示）。

Image类和Bitmap类的属性和方法很相似，Bitmap类的绝大部分成员都是继承Image类，故在此仅列举Image类的常用属性和方法，见表6—4。

表6—4　Image类的常用属性和方法

属性	属性说明
Height	获取此 Image 的高度（以像素为单位）
PixelFormat	获取此 Image 的像素格式
Size	获取此图像的以像素为单位的宽度和高度
Width	获取此 Image 的宽度（以像素为单位）
方法	**方法说明**
GetBounds	以指定的单位获取图像的界限
GetPixel	获取此 Bitmap 中指定像素的颜色
Save	已重载，将此图像以指定的格式保存到指定的流中
IsCanonicalPixelFormat	返回一个值，该值指示该像素格式是否为每个像素 32 位
FromFile	从指定的文件创建 Image
GetPixelFormatSize	返回指定像素格式的颜色深度（每个像素的位数）
RotateFlip	旋转、翻转或者同时旋转和翻转 Image

6.3.2　ArrayList类、DirectoryInfo类和FileInfo类

1. ArrayList类

ArrayList类是在System.Collections命名空间中定义的类，也称为数组列表，是使用大小可按需动态增加的数组实现IList接口。ArrayList类与Array类很相似，但是它是数组类的复杂版本，提供在大多数Collections类中提供但不在Array类中提供的一些功能。两者的区别主要有以下几点：

（1）Array类位于System命名空间中，而ArrayList类位于System.Collections命名空间中。

（2）Array类的容量是固定的，而ArrayList类的容量是根据需要自动扩展的。如果更改了Arraylist.Capacity属性的值，则自动进行内存重新分配额元素复制。

（3）ArrayList类提供添加、插入或移除某一范围元素的方法。在Array类中，只能一次获取或设置一个元素的值。

（4）ArrayList类提供将只读和固定大小包装返回到集合的方法，而Array类则不提供。

（5）可以设置Array类的下限，但Arraylist类的下限始终为零。

（6）Array类可以具有多个维度，而Arraylist类始终是一维的。

2. DirectoryInfo类和FileInfo类

DirectoryInfo类公开用于创建、移动和枚举目录和子目录的实例方法。

FileInfo类提供创建、复制、删除、移动和打开文件的实例方法，并且帮助创建FileStream对象。

说明：在上述的各种类中，都可以通过查阅MSND来获取更多的介绍，善于使用MSDN是自主学习的一个方法。例如，想要获取更多有关DirectoryInfo类的信息，可以在"帮助→索引"中输入DirectoryInfo，将会看到的内容如图6—14所示。通过查看其中的信息，甚至可以得到一些有用的源代码，如图6—15所示。DirectoryInfo类的MoveTo方法中，就提供了相关的源代码，按照说明，可以直接调试这段代码，了解MoveTo方法的功能。

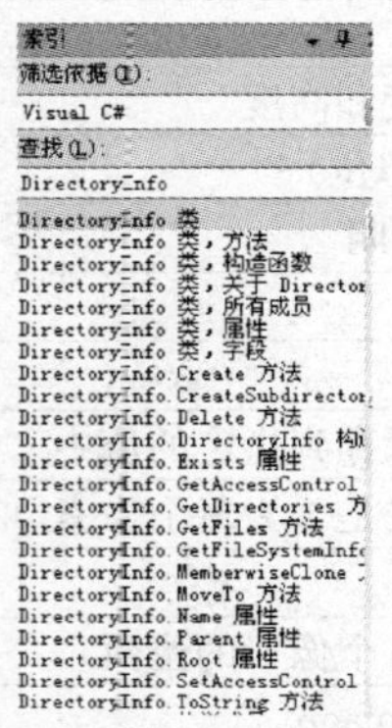

图6—14　"索引"窗体查找

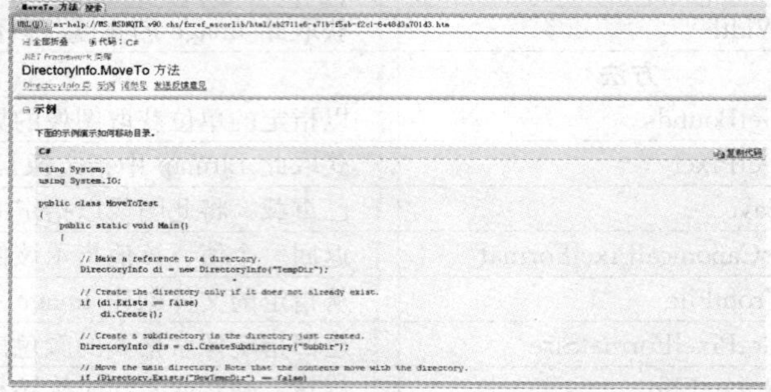

图6—15　"MoveTo方法"实现示例代码

6.3.3　PictureBox控件和ImageList组件

1. PictureBox控件

PictureBox控件用于显示图像或GIF动画。表6—5为PictureBox控件的常用属性和事件。

表6—5　**PictureBox控件的常用属性和事件**

属性		属性说明
Image		在PictureBox中显示的图片，可以有.bmp、.jpg、.ico、.wmf、.png等
SizeMode	AutoSize	自动调节PictureBox控件的大小，使其等于所包含图片的大小
	CenterImage	将控件和图片中心对齐显示，若图片比控件大，则图片居于控件中心，外边缘被剪裁掉；反之，则图片居中显示
	Normal	图片位于控件左上角，超出部分被裁减掉
	StretchImage	图片自动缩放以适应控件大小
	Zoom	控件中图片按比例缩放以适应控件大小，占满控件的长度或高度
事件		**事件说明**
SizeModeChanged		SizeMode属性值修改时发生的事件
TextChanged		Text属性值修改时发生的事件
Click		单击图片时发生的事件

所显示的图片由 Image 属性确定，该属性可在运行时或设计时设置。另外，也可以通过设置 ImageLocation 属性，然后使用 Load 方法同步加载图像，或使用 LoadAsync 方法进行异步加载，来指定图像。SizeMode 属性控制使图像和控件彼此适合的方式。

在代码中加载图片，主要是为其 Image 属性赋值，常用的方法有以下几种：

（1）使用 Image 类的静态方法 FromFile。代码如下：

```
pictureBox1.Image = Image.FromFile("文件路径");
```

（2）创建 Bitmap 对象进行赋值。代码如下：

```
pictureBox1.Image = new Bitmap("文件路径");
```

（3）使用 PictureBox 的 Load 方法。代码如下：

```
pictureBox1.Load(文件名);
```

2. ImageList 组件

在第 5 章已经使用过了这个组件，ImageList 组件通常由其他控件使用，如 ListView、TreeView 或 ToolBar。它可以将位图、图标添加到 ImageList 中，并且其他控件能够在需要时使用这些图像。ImageList 组件的常用属性见表 6—6。

表 6—6　ImageList 组件的常用属性

属性	属性说明
ColorDepth	获取图像列表的颜色深度
Images	获取此图像列表的 ImageList.ImageCollection
ImageSize	获取或设置图像列表中的图像大小

Images 属性是 ImageList 组件最重要的属性之一，使用 Images 属性的 Add 方法可以以编程方式添加图像，使用 Remove 方法移除单个图像，使用 Clear 方法清除图像列表中的所有图像，使用 RemoveByKey 方法可以按图像的键移除单个图像。

如果要给一个按钮 button1 设置图片，使用 imagelist 实现，代码如下：

```
button1.Image = imageList1.Images["index"];
```

6.3.4　其他控件

1. TrackBar 控件

TrackBar 控件（TrackBar），主要用于在大量信息中进行浏览，或以可视的形式调整数字设置。TrackBar 控件有两部分：滚动块（又称为滑块）和刻度线。滚动块是可以调整的部分，其位置与 Value 属性相对应。刻度线是按规则间隔分隔的可视化指示符。TrackBar 控件按指定的增量移动并且可以水平或垂直排列。使用 TrackBar 控件的一个例子是设置光标闪烁频率或鼠标速度。TrackBar 控件的常用属性见表 6—7。

表 6—7　TrackBar 控件的常用属性

属性	属性说明
Value	刻度线的值
TickFrequency	刻度间隔

续前表

属性	属性说明
Minimum	刻度线上能表示的最小值
Maximum	刻度线上能表示的最大值
SmallChange	滚动块响应按下向左键或向右键时移动的位置数
LargeChange	滚动块响应按下“Page Up”或“Page Down”键，或者响应鼠标在跟踪条上的滚动块任一边单击时所移动的位置数

2. ToolStripProgressBar 控件

ToolStripProgressBar 控件替换了 ProgressBar 控件并添加了功能，但是也可选择保留 ProgressBar 控件以备向后兼容和将来使用。ToolStripProgressBar 控件是 StatusStrip 组件中显示 Windows 进度的控件。

ToolStripProgressBar 控件通常在应用程序执行诸如复制文件或打印文件等任务时使用。如果没有视觉提示，应用程序的用户可能会认为应用程序不响应。使用 ToolStripProgressBar 通知用户，应用程序正在执行一个大型任务并且该应用程序仍在响应。

Maximum 和 Minimum 属性定义了两个值的范围用以表现任务的进度。Minimum 属性通常设置为零，Maximum 属性通常设置为指示任务完成的值。例如，若要正确显示复制一组文件时的进度，Maximum 属性应设置成要复制的文件的总数。Value 属性表示应用程序在完成操作过程中的进度。由于控件中显示的栏是块的集合，所以由 ToolStripProgressBar 显示的值只是约等于 Value 属性的当前值。根据 ToolStripProgressBar 的大小，Value 属性确定何时显示下一个块。ToolStripProgressBar 控件的常用属性和方法见表 6—8。

表 6—8　ToolStripProgressBar 控件的常用属性和方法

属性	属性说明
Value	刻度线的值
Minimum	刻度线上能表示的最小值
Maximum	刻度线上能表示的最大值
Step	获取或设置调用 PerformStep 方法时 ToolStripProgressBar 的当前值的增加量
方法	**方法说明**
PerformStep	按照 Step 属性的数量增加进度栏的当前位置
Increment	按指定的数量增加进度栏的当前位置

ProgressBar 控件（ProgressBar）用来动态显示一个过程的完成进度，以给用户程序运行状态的直观感受。它能以三种样式中的一种指示较长操作的进度：从左向右分步递增的分段块；从左向右填充的连续栏；以字幕方式在 ProgressBar 中滚动的块。ProgressBar 控件的常用属性和 TrackBar 控件很类似。

拓展实训 6

1. 实训目的

将“图片浏览器”程序功能进行扩展，完成自动播放、停止播放功能。

2. 任务描述

（1）为“浏览”按钮添加事件，实现自动播放。

(2) 为“暂停”按钮添加事件，实现停止播放。

(3) 实现鼠标翻动到下一页。

3. 要点提示

(1) 为“浏览”按钮添加事件，实现自动播放。

① 设置 Timer 控件来控制自动播放，具体的播放速度可以通过 Timer 控件的 Interval 属性来控制，代码如下：

```
//控制自动播放
private void timer1_Tick(object sender,EventArgs e)
{
    if(index = = -1)
    {
        index = 0;
    }
    this.pictureBox1.Image = Image.FromFile(FileInDir[index++].ToString());
    pictureBox1.SizeMode = System.Windows.Forms.PictureBoxSizeMode.Zoom;
    this.StatsLblImgInfor.Text = FileInDir[index - 1].ToString();

    if(index >FileInDir.Count - 1)
    {
        index = 0;
    }
}
```

② “浏览”按钮的功能是如果有图片则启动定时器，代码如下：

```
//"浏览"按钮
private void tStripBtnBrower_Click(object sender,EventArgs e)
{
    if(this.pictureBox1.Image = = null)
    {
        MessageBox.Show("请先打开一张图片!");
    }
    else
    {
        timer1.Enabled = true;
    }
}
```

(2) 为“暂停”按钮添加事件，实现停止播放。

“暂停”按钮的功能是使定时器停止，代码如下：

```
//"暂停"按钮
private void tStripBtnPause_Click(object sender,EventArgs e)
{
    timer1.Enabled = false;
}
```

（3）实现鼠标翻动到下一页（读者可以思考，如果要翻到上一页，应该怎么完成）。代码如下：

```
//实现鼠标翻到下一张图片
private void pictureBox1_MouseDown(object sender, MouseEventArgs e)
{
    viewImage(true);
}
```

课后练习6

1. 任务描述

通过前面的学习，我们已经能做一个可以浏览、查看图片的简单程序了，但是大家都知道在日常生活中，会常常需要对图片进行裁剪、添加特效，调整亮度、色度等操作。那么接下来就可以试着完善这些功能，其中“图片特效”窗体可以参照图6—16，“图片调节”窗体可以参照图6—17。

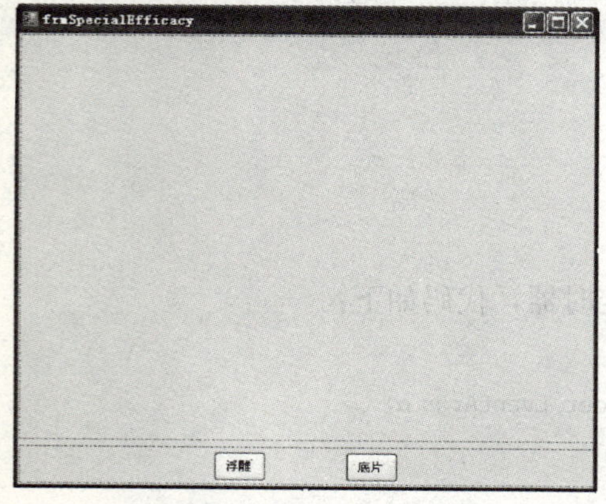

图6—16 “图片特效”窗体

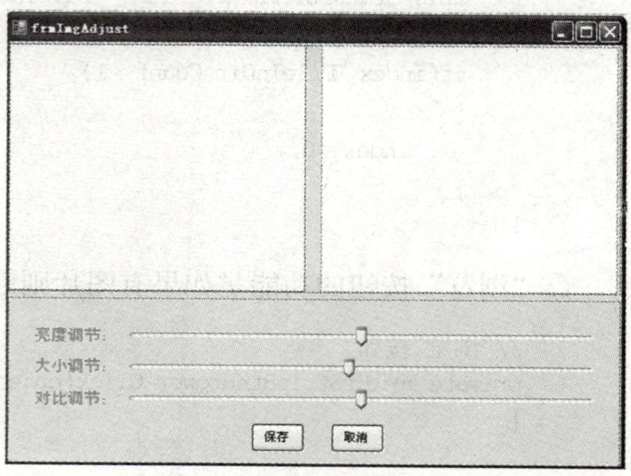

图6—17 “图片调节”窗体

2. 要点提示

（1）在主窗体中，添加“图片特效”和“图片调节”按钮，定义事件，完成操作。

（2）“图片特效”窗体需要向其中添加2个面板、3个按钮控件，并设置其各自属性。

（3）“图片调节”窗体需要向其中添加3个标签、2个面板、2个图片框、3个TrackBar以及1个保存文件对话框控件。

（4）功能代码实现可以结合Bitmap类和Image类相关知识，大家积极思考，合理利用网络资源试着解决实现。

说明：在源代码中已经给出了两个类的定义，可以通过添加现有项，完成方法的调用就可以了。

第7章　简单画图板程序设计

技能目标

- 了解GDI＋的基本原理
- 掌握Pen类、Brush类的用法
- 掌握Graphics类的用法，能使用Graphics绘制各种基本图形
- 掌握简单画图板程序功能的实现方法
- 能结合鼠标事件，控制图形的绘制
- 熟练掌握如何执行绘制形状、绘制文本或显示图像等任务

教学情景导入

图形图像处理是软件技术当中的重要内容。Windows操作系统的图形界面就是建立在图形绘制基础之上的。如今，涉及图像浏览和处理的软件非常多，功能非常强大，应用也非常广泛。常用的图像制作与处理软件有Photoshop、Fireworks、金山画笔、Windows自带的画图等；常用的图片浏览软件有ACDSee、Windows图片查看器、Microsoft Office Picture Manager等；常用的抓图软件有HyperSnap、HyperCam等。Windows自带的"画图"软件，如图7—1所示。这些软件的共同特点是围绕"图像、图片"工作，它们都离不开GDI。

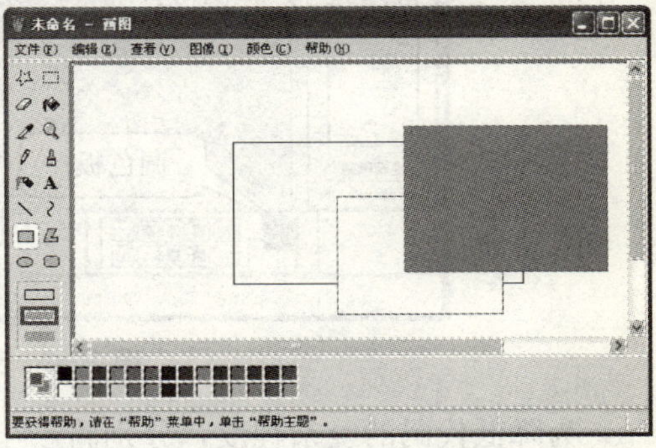

图7—1　Windows自带的"画图"软件

GDI的全称为Graphics Device Inferface，即图形设备接口，是Windows操作系统的图形引擎。GDI＋是GDI的高级版本。GDI＋是建立在对象模型的基础之上的，并作为Microsoft. NET Framework的一部分，使用GDI＋只需要创建一个图形对象，然后直接调用该对象的方法即可进行绘制。它具有良好的性能，支持二维图形、文字排版和图像技术。

7.1 情景描述：制作简单画图板

在本章中，我们将制作一个“简单画图板”。“简单画图板”是一个仿制Windows操作系统自带的“画图”软件的绘图程序，能够绘制直线、曲线、矩形、椭圆等形状，并能对图像做一些简单的处理。

本章主要介绍GDI+编程基础知识，包含有关Graphics、Pen、Brush和Color等对象的信息，并说明如何执行绘制形状、绘制文本或显示图像等任务。

7.1.1 明确程序功能

“简单画图板”的功能要比Windows操作系统自带的“画图”软件简单，主要要求能绘制任意曲线、直线、矩形、实心矩形、带有轮廓线的矩形、椭圆、实心椭圆、带有轮廓线的椭圆等，并可将绘制的图像保存为BMP图片，也可打开图片进行编辑。

7.1.2 窗体设计与控件的布局

本例的布局也仿照Windows操作系统的“画图”软件，主要分为菜单、工具箱、绘图设置、调色板、状态栏、工作区等几个区域，如图7—2所示。

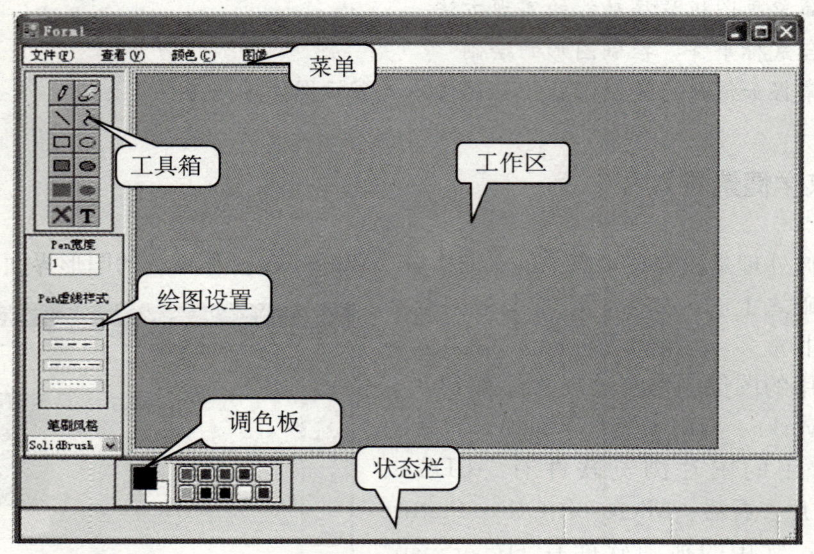

图7—2 界面设计与控件布局

为降低代码的复杂程度，分别将“工具箱”、“绘图设置”和“调色板”做成自定义控件。

“工具箱”自定义控件公开ToolType属性，用以指示当前选中的工具是什么。“绘图设置”自定义控件公开Pen宽度、Pen虚线样式和笔刷风格3个数据。“调色板”自定义控件公开前景色和背景色2个数据。

“工作区”实际上是一个PictureBox控件，使用Graphics对象在PictureBox. Image属性指定的图片上进行绘图。这样可方便地保存绘图文件，也可方便地打开图形图像文件进行编辑。

7.1.3　编写控件的事件处理代码的思想

本例中的各种图形绘制的工作是利用 PictureBox 控件的 MouseDown、MouseMove、MouseUp、MouseEnter 和 MouseLeave 等事件处理程序。

在处理这些事件的时候要注意，有些绘图动作由多次鼠标单击、移动来完成的。如绘制贝塞尔样条，第一次鼠标按下、移动、松开绘制贝塞尔样条的起点和终点，第二次鼠标按下、移动、松开调整贝塞尔样条的第一个控制点位置，第三次鼠标按下、移动、松开调整第二个控制点位置。

在菜单事件中主要实现一些其他的功能使得程序更加完整，比如打开文件、保存文件等。

7.2　实战引导：完成简单画图应用程序

本例相对比较复杂，预计分成四个阶段来完成。第一阶段，先完成程序窗体的框架布局；第二阶段，实现自定义控件的制作；第三阶段，实现菜单项中打开文件、新建文件和保存文件等基本功能以及工具箱上几个基本工具的功能；第四阶段，实现工具箱上未实现的功能，以及在菜单中增加其他功能（见拓展实训 7）。

创建解决方案和项目，项目类型为“Windows 应用”，名称为“Ch7 _ Ex1”。

7.2.1　界面总体设计

1. 菜单

参照图 7—3 设计菜单，暂且只设计“文件”菜单下的菜单项，其他菜单的菜单项以后再逐步添加。

2. 状态栏

向“Form1. cs［设计］”中添加状态栏，再给状态栏添加 3 个 ToolStripStatusLabel 对象，分别用来显示提示信息、鼠标坐标、矩形的长和宽，如图 7—4 所示。

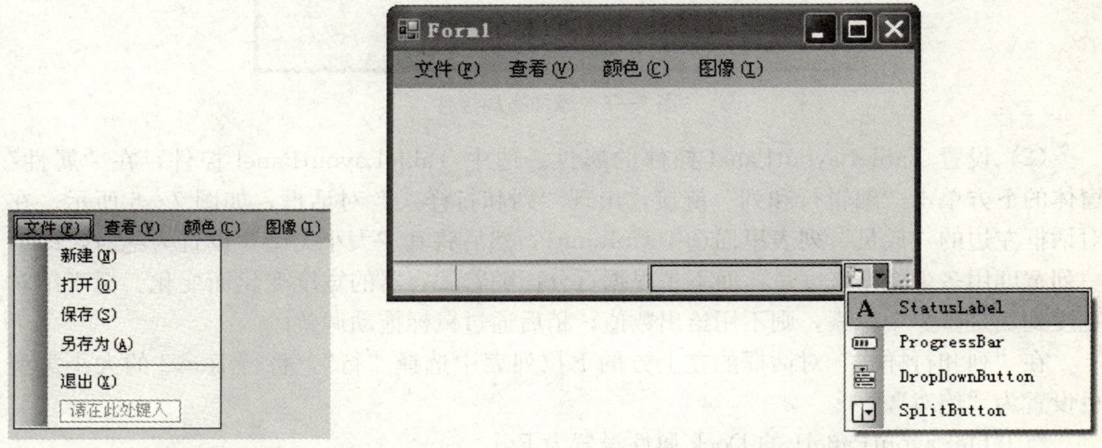

图 7—3　设计菜单　　图 7—4　添加状态栏

按表 7—1 设置 3 个 ToolStripStatusLabel 对象的属性。

表 7—1　　设置状态栏中的 ToolStripStatusLabel 对象的属性

对象名	属性名	设置值
toolStripStatusLabel1	(Name)	statusLabel1
	BorderSides	Right
	Spring	True
	TextAlign	MiddleLeft
toolStripStatusLabel2	(Name)	statusLabel2
	Size	120，17
	BorderSides	Right
	AutoSize	False
toolStripStatusLabel3	（不作更改，各项属性保持默认设置）	

3. 总体布局

（1）放置布局控件。添加菜单后，向窗体中放置 1 个 TableLayoutPanel 控件（默认是两行两列）。如图 7—5 所示，添加 panel1、panel2、panel3 到表格布局面板相应的单元格中，并在 panel3 中放入 1 个 PictureBox 控件。

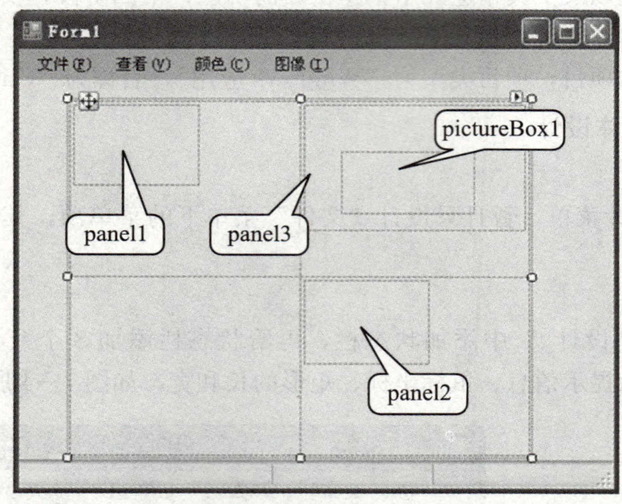

图 7—5　添加布局控件

（2）设置 TableLayoutPanel 控件的属性。选中 TableLayoutPanel 控件，在“属性”窗体的下方单击“编辑行和列”链接，出现“列和行样式”对话框，如图 7—6 所示。在对话框左边的“成员”列表里面选中 Column1，然后将其“大小类型”设置为绝对，即第一列宽度用多少像素来度量，而不是根据百分比随着父容器的宽度变化而变化。至于绝对宽度到底是多少个像素，则不用给出数值，稍后通过鼠标拖动调整。

在“列和行样式”对话框的左上方的下拉列表中选择“行”，将行 Row2 的大小类型也设置为“绝对”。

将 tableLayoutPanel1 的 Dock 属性设置为 Fill。

（3）设置 panel1、panel2、panel3 以及 pictureBox1 控件的属性。首先，按照表 7—2 设置上述控件的属性。

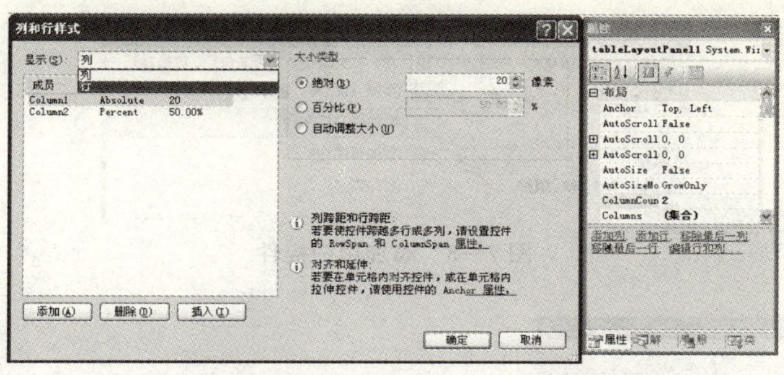

图 7—6 设置 TableLayoutPanel 控件属性

表 7—2 panel1、panel2、panel3 和 pictureBox1 控件的属性

对象名	属性名	设置值
panel1	RowSpan	2
	Dock	Fill
	BoardStyle	Fixed3D
panel2	Dock	Fill
panel3	Dock	Fill
	AutoScroll	True
pictureBox1	Location	1，1
	Size	480，360

然后，用鼠标拖动布局表格边线，调整界面布局，如图 7—7 所示。

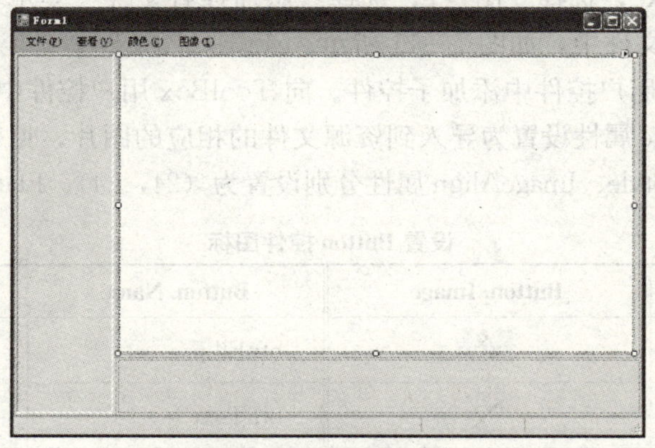

图 7—7 窗体总体布局

7.2.2 创建自定义控件

1. 创建“工具箱”自定义用户控件

(1) 向项目中添加自定义用户控件。添加自定义用户控件的方法如图 7—8 和图 7—9 所示。从“项目”菜单中选择“添加用户控件”或者右击“解决方案资源管理器”中项目结点，从菜单中选择“添加”，再选择“用户控件”。将新添加的用户控件命名为“ToolBox. cs”，如图 7—10 所示。

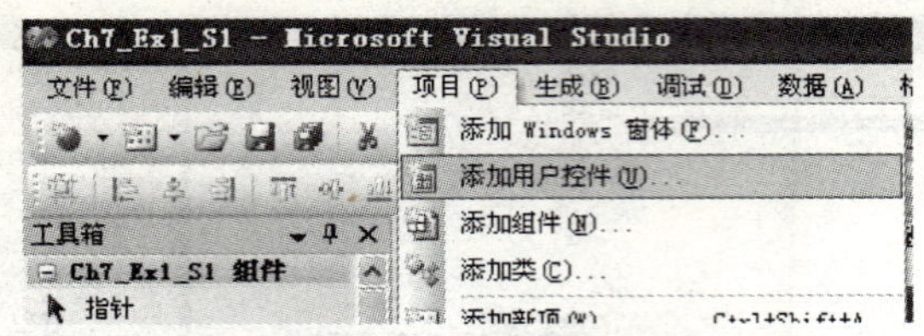

图 7—8　添加用户控件

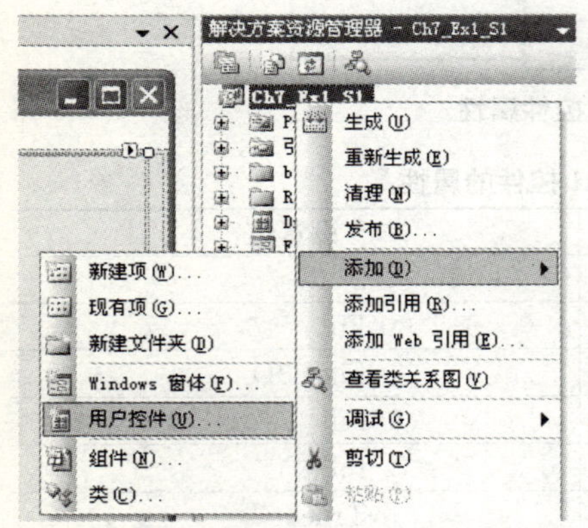

图 7—9　在“解决方法资源管理器”中添加用户控件

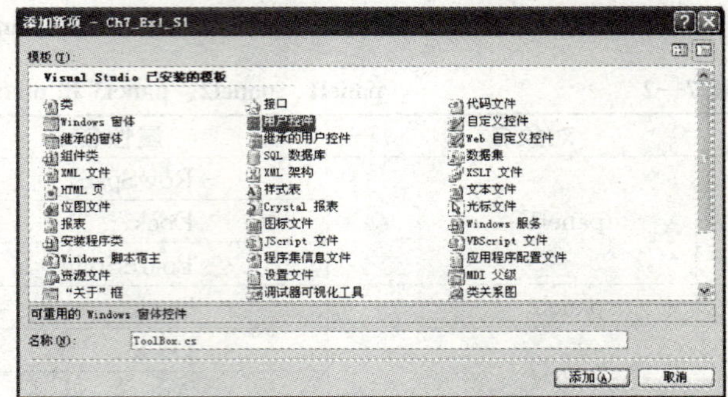

图 7—10　将添加的用户控件命名为“ToolBox. cs”

(2) 导入图片资源文件。展开“解决方案资源管理器”中的“Properties”文件夹，双击“Resources. resx”，选择“图像”，选择“添加现有文件”菜单项，将事先准备好的图片导入到全局资源文件中，如图 7—11 所示。

(3) 向 ToolBox 用户控件中添加子控件。向 ToolBox 用户控件中添加 12 个 Button 控件，将 Button 的 Image 属性设置为导入到资源文件的相应的图片，见表 7—3。将所有 Button 控件的 Size、FlatStyle、ImageAlign 属性分别设置为 (24，24)、Flat、MiddleCenter。

表 7—3　设置 Button 控件图标

Button. Name	Button. Image	Button. Name	Button. Image
btnPencil		btnEllipse	
btnLine		btnText	
btnBezier		btnClear	
btnRectangleFill		btnErazer	
btnRectangle		btnRectangleSolid	
btnEllipseFill		btnEllipseSolid	

完成好以上设置后，使用排列工具对其排版，最后效果如图 7—12 所示。

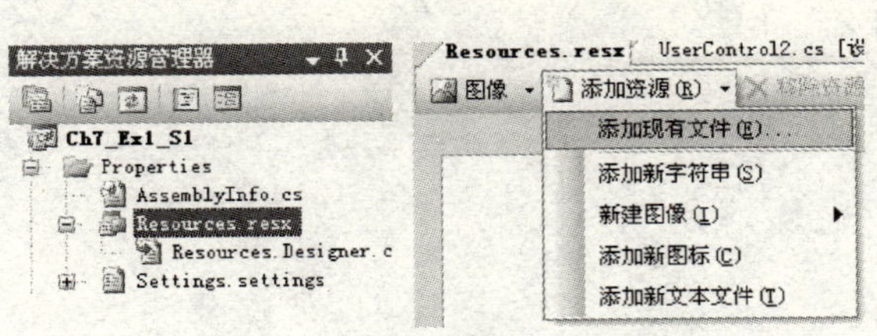

图 7—11　添加图片到资源文件中

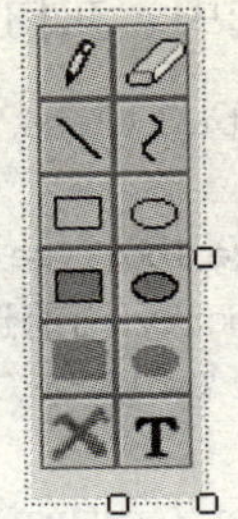

图 7—12　“ToolBox”用户控件

（4）编码。在“ToolBox.cs”中添加一个枚举类型“ToolType”。该类型用来表示工具箱上的哪个工具按钮被选中。代码如下：

```
using System;
using System.Collections.Generic;
using System.ComponentModel;
using System.Drawing;
using System.Data;
using System.Text;
using System.Windows.Forms;

namespace Ch7_Ex1
{
    public partial class ToolBox:UserControl
    {
    //ToolBox 的类定义
    }
    //工具类型枚举 ToolType 定义
    public enum ToolType
    {
        None,
        Pencil,
        Line,
        Erazer,
        Clear,
        Ellipse,
        EllipseSolid,
        EllipseFill,
        Rectangle,
        RectangleSolid,
        RectangleFill,
        Bezier,
        Text
    }
}
```

为“ToolBox”创建“CurrentToolType”属性，该属性指示在 ToolBox 控件中哪个

工具按钮被选中，在构造函数里将ToolType.Pencil设置为默认值。代码如下：

```
public partial class ToolBox:UserControl
{
    private ToolType currentToolType;
    //Property:当前选中的工具
    public ToolType CurrentToolType
    {
        get { return currentToolType;}
        set { currentToolType = value;}
    }
    //构造函数
      public ToolBox()
      {
        InitializeComponent();
        //将铅笔工具设置为默认工具
        CurrentToolType = ToolType.Pencil;
      }
}
```

添加事件处理，并将所有表示绘图工具的Button控件的Click事件设置为“DoSelectTool”。代码如下：

```
public partial class ToolBox:UserControl
{
    //其他类成员
    //
    //所有绘图工具按钮的Click事件处理函数
    private void DoSelectTool(object sender,EventArgs e)
    {
        if(sender is Button)
        {
            //从工具按钮中提取去掉前缀的字串,如从"btnPencil"得到
            //字串"Pencil"
            string tooName = ((Button)sender).Name;
            tooName = tooName.Substring(3);
            //将工具名称字符串转换为相应的枚举值
            CurrentToolType = (ToolType)Enum.Parse(typeof(ToolType),tooName);
        }
        //触发自定义控件ToolBox的Click事件,即将各Button控件的Click事件转化
        //为ToolBox控件的Click事件,以便在主窗体中监听ToolBox中Button子控件
        //的Click事件
        this.OnClick(e);
    }
}
```

编译完成之后，在Visual Studio 2008的工具箱上就可以看到自定义的ToolBox用户控件了。

2. 创建“绘图设置”自定义用户控件

绘图设置控件 DrawSettings（见图 7—13）的作用是通过图形化的界面，设置绘图时所用的 Pen 宽度、Pen 虚线样式以及笔刷风格等参数。创建该控件的基本步骤及思路与 ToolBox 基本一致。

图 7—13　DrawSettings 用户控件

DrawSettings 用户控件对外公开 PenWidth、DashStyle、BrushTypeName 三个属性。用一个 TextBox 加 TrackBar 来设置 PenWidth 属性，用一组放置在 Panel 中的按钮来设置 DashStyle 属性，用一个 ComboBox 来设置 BrushTypeName 属性。具体创建步骤可参照前面所学内容完成。这里仅给出 DrawSettins. cs 文件中的代码，DrawSettins. Designer. cs 文件中的代码由 Visual Studio 自动生成，这里不再列出。

DrawSettins. cs 文件中的代码如下：

```
using System;
using System.Collections.Generic;
using System.ComponentModel;
using System.Drawing;
using System.Data;
using System.Text;
using System.Windows.Forms;
using System.Drawing.Drawing2D;
namespace Ch7_Ex1
{
    public partial class DrawSettins:UserControl
    {           //PenWith 属性------------------------------------
        private int penWidth;
        public int PenWidth
        {
            get { return penWidth;}
            set { penWidth = value;}
        }
        //DashStyle 属性------------------------------------
        private DashStyle penDashStyle;
        public DashStyle PenDashStyle
        {
            get { return penDashStyle;}
            set { penDashStyle = value;}
        }
        //BrushTypeName 属性------------------------------------
        private String brushTypeName;
        public String BrushTypeName
        {
            get { return brushTypeName;}
            set { brushTypeName = value;}
```

```
        }
        //构造函数-------------------------------------------------
        public DrawSettins()
        {
            InitializeComponent();
        }

//-----------------------------------------------------------------------
        //宽度滑块滚动事件
        private void trackBarWidth_Scroll(object sender,EventArgs e)
        {
            txtWidth.Text = trackBarWidth.Value.ToString();
            this.PenWidth = trackBarWidth.Value;
        }
//文本框 文本改变事件
        private void txtWidth_TextChanged(object sender,EventArgs e)
        {
            try
            {
                int width = Convert.ToInt32(txtWidth.Text);
                if(width< 1)
                {
                    //保证宽度不小于 1
                    trackBarWidth.Value = 1;
                    txtWidth.Text = "1";
                }
                else if(width >20)
                {                                    //保证宽度不大于 20
                    trackBarWidth.Value = 20;
                    txtWidth.Text = "20";
                }
            }
            catch(Exception ex)
            {
                trackBarWidth.Value = 1;
                txtWidth.Text = "1";
            }
            finally
            {
                this.PenWidth = trackBarWidth.Value;
            }
        }
        //以下两个事件用于处理宽度滑块的隐藏和显示
        private void txtWidth_Click(object sender,EventArgs e)
        {
            if(trackBarWidth.Visible = = true)
            {
```

```
            trackBarWidth.Visible = false;
        }
        else
        {
            trackBarWidth.Visible = true;
        }
    }
    private void trackBarWidth_MouseUp(object sender,MouseEventArgs e)
    {
        trackBarWidth.Visible = false;
    }
    //选择 Pen 的虚线样式
    private void btnSolidLine_Click(object sender,EventArgs e)
    {
        PenDashStyle = DashStyle.Solid;
    }
    private void btnDash_Click(object sender,EventArgs e)
    {
        PenDashStyle = DashStyle.Dash;
    }
    private void btnDashDot_Click(object sender,EventArgs e)
    {
        PenDashStyle = DashStyle.DashDot;
    }
    private void btnDotLine_Click(object sender,EventArgs e)
    {
        PenDashStyle = DashStyle.Dot;
    }
    //选择笔刷类型
    private void cboBrushType_SelectedIndexChanged(object sender,EventArgs e)
    {
        this.BrushTypeName = cboBrushType.SelectedItem.ToString();
    }

    private void DrawSettins_Load(object sender,EventArgs e)
{                    ,  //在 DrawSettings 控件的 Load 事件初始化三个公开属性的值
        brushTypeName = "SolidBrush";
        PenWidth = 1;
        PenDashStyle = DashStyle.Solid;
    }
  }
}
```

3. 创建“调色板”自定义用户控件

调色板 Pallette 自定义用户控件（见图 7—14）和 ToolBox 自定义用户控件相似，由多个 Button 控件构成，对外公开 BackgroundColor、ForegroundColor 两个属性，用于设置绘图时所用的前景色（线条颜色）和背景色（填充颜色）。在 Pallatte 自定义用户控件

的右边的小色块上左键单击设置前景色；右键单击设置背景色；双击则打开“颜色”对话框，设置该色块的颜色。

设计思路与前面的相似，下面给出 Pallette.cs 文件的参考源代码：

```
using System;
using System.Collections.Generic;
using System.ComponentModel;
using System.Drawing;
using System.Data;
using System.Text;
using System.Windows.Forms;

namespace Ch7_Ex1
{
    public partial class Pallette:UserControl
    {
        //背景色属性------------------------------------------
        public Color BackgroundColor
        {
            get { return this.btnBackground.BackColor;}
            set { this.btnBackground.BackColor = value;}
        }
        //前景色属性------------------------------------------
        public Color ForegroundColor
        {
            get { return this.btnForeground.BackColor;}
            set { this.btnForeground.BackColor = value;}
        }
        //==================================================
        public Pallette()
        {
            InitializeComponent();
        }
        //通过鼠标左击和右击色块分别选择前景色和背景色
        //双击色块打开颜色对话框为色块指定颜色
        //将所有色块的 MouseDown 事件属性都设置为 DoSelectColor
        private void DoSelectColor(object sender,MouseEventArgs e)
        {
            if(e.Button = = MouseButtons.Left){
                //左键单击设置前景色
                this.ForegroundColor = ((Button)sender).BackColor;
            }
            else if(e.Button = = MouseButtons.Right)
            {
                //右键单击设置背景色
                this.BackgroundColor = ((Button)sender).BackColor;
            }
```

```
                //若是双击,设置当前色块的颜色
                if(e.Clicks = = 2)
                { //打开"颜色"对话框
                    if(colorDialog1.ShowDialog() = = DialogResult.OK)
                    {
                        ((Button)sender).BackColor = colorDialog1.Color;
                    }
                }
            }
        }
    }
```

编译后，三个自定义用户控件就会出现在 Visual Studio 2008 的工具箱里。将它们拖放到 Form1 窗体内，再进行调整，“简单画图板”的主界面就基本完成了，如图 7—15 所示。

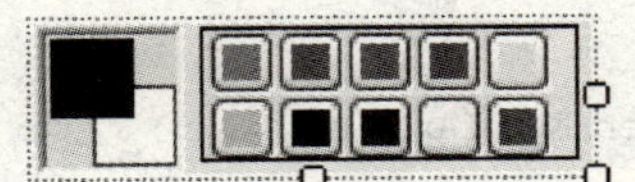

图 7—14　Pallette 自定义用户控件

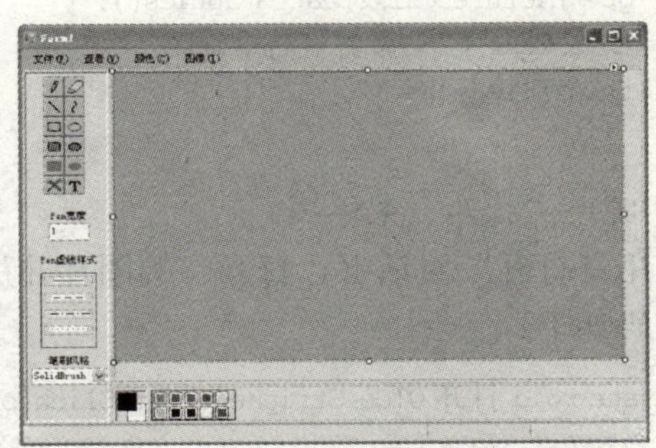

图 7—15　“简单画图板”主界面

7.2.3　实现“文件”菜单功能

在“文件”菜单里面有新建、打开、保存等基本命令，这些命令的实现是其他功能的基础。在实现菜单功能前先做一些必要的处理。向 Form1 窗体中添加窗体级变量，代码如下：

```
public partial class Form1:Form
{
    //---------窗体级变量-------------------------
    private Graphics g;                //主要绘图对象
    private Graphics gp;               //辅助绘图对象
    private string filePath;           //保存文件的默认路径
    private Bitmap bmp;                //pictureBox1.Image,当前操作的图片

//其他代码
}
```

1. 实现“新建”菜单项

“新建”菜单项的功能主要是实现初始化，如设置初始画布大小、画布清空、创建绘图和辅助绘图对象等。代码如下：

```
private void 新建NToolStripMenuItem_Click(object sender,EventArgs e)
{
    if(g != null)
    {
        g.Dispose();
        bmp.Dispose();
    }
    //新建600×400的bmp图像
    bmp = new Bitmap(600,400);
    pictureBox1.Image = bmp;
    //创建绘图对象
    g = Graphics.FromImage(bmp);
    //将当前图片背景以白色填充清除
    g.Clear(Color.White);
    //创建辅助绘图对象
    gp = pictureBox1.CreateGraphics();
    this.Text = "未命名 - 简单画图";
    this.filePath = "";
}
```

2. 实现“打开”菜单项

使用“打开”对话框，打开一幅图片并加载到画布上，创建绘图对象，设置状态栏信息。代码如下：

```
private void 打开OToolStripMenuItem_Click(object sender,EventArgs e)
{
  //在设计视图下,向Form1中拖放一个OpenFileDialog组件
    //配置OpenFileDialog
    openFileDialog1.InitialDirectory = filePath != "" ? filePath: Environment.GetFolderPath
(Environment.SpecialFolder.MyPictures);
    openFileDialog1.Filter = "位图文件(*.bmp)|*.bmp|所有文件(*.*)|*.*";
    openFileDialog1.FilterIndex = 0;              //指定默认的过滤器
    openFileDialog1.Title = "打开图片";
    openFileDialog1.FileName = "";

    if(openFileDialog1.ShowDialog() == DialogResult.OK)
    {               //将所打开的图片文件名作为保存时的默认文件名
        this.filePath = openFileDialog1.FileName;
        Form.ActiveForm.Text = openFileDialog1.FileName;
        if(g != null)
        {
            g.Dispose();
            bmp.Dispose();
        }
        try
        {
            bmp = new Bitmap(openFileDialog1.FileName);
            g = Graphics.FromImage(bmp);
```

```
            pictureBox1.Image = bmp;
            pictureBox1.SizeMode = PictureBoxSizeMode.AutoSize;
        }
        catch(Exception ex)
        {
            MessageBox.Show(ex.Message);
        }
      //在状态栏显示相关信息
        long imgSize = new System.IO.FileInfo(this.filePath).Length /1024;
        toolStripStatusLabel1.Text = "文件的路径:" + this.filePath;
        toolStripStatusLabel2.Text = "类型:" + filePath.Substring(filePath.IndexOf("."));
        toolStripStatusLabel3.Text = "大小:" + imgSize.ToString() + "KB";
    }
}
```

3. 实现"另存为"菜单项

使用"保存"对话框保存图片，设置状态栏信息。代码如下：

```
private void 另存为AToolStripMenuItem_Click(object sender,EventArgs e)
{
  //在设计视图下,向 Form1 中拖放一个 SaveFileDialog 组件
    //配置 SaveFileDialog
    saveFileDialog1.Title = "另存为";
    saveFileDialog1.Filter = "位图文件(*.bmp)|*.bmp|所有文件(*.*)|*.*";
    saveFileDialog1.FilterIndex = 0;                //指定默认的过滤器
    saveFileDialog1.AddExtension = true;
    saveFileDialog1.OverwritePrompt = true;
    saveFileDialog1.InitialDirectory = filePath != "" ? filePath: Environment.GetFolderPath
(Environment.SpecialFolder.MyPictures);

    if(saveFileDialog1.ShowDialog() == DialogResult.OK)
    {
        this.filePath = saveFileDialog1.FileName;
        pictureBox1.Image.Save(this.filePath,ImageFormat.Bmp);
        this.Text = Path.GetFileNameWithoutExtension(this.filePath);
    }
    //在状态栏显示信息
    toolStripStatusLabel1.Text = "文件保存至" + this.filePath;
}
```

4. 实现"保存"菜单项

如果已经保存过文件，文件名不为空，直接保存即可，否则调用"另存为"的相应事件。代码如下：

```
private void 保存SToolStripMenuItem_Click(object sender,EventArgs e)
{
    if(this.filePath.Length == 0)
    {
```

```
            另存为AToolStripMenuItem.PerformClick();
        }
        else
        {
            bmp.Save(this.filePath, ImageFormat.Bmp);
        }
    }
```

5. 实现"退出"菜单项

直接退出程序。这里的处理较简单，可以加上一些是否保存的判断功能，具体可以参考第4章记事本的"退出"菜单项功能。代码如下：

```
private void 退出XToolStripMenuItem_Click(object sender, EventArgs e)
{
    Application.Exit();
}
```

6. 在Form1的Load事件中作初始化

初始化窗体，包括使画布得到焦点等信息。代码如下：

```
private void Form1_Load(object sender, EventArgs e)
{
    pictureBox1.Focus();
    toolStripStatusLabel1.Text = "欢迎使用【简单画图板】!";
    //触发"新建"菜单命令,在打开画图板时新建一幅图片
    新建NToolStripMenuItem.PerformClick();
}
```

7.2.4 实现绘图工具的功能

1. 实现铅笔工具和直线工具以及橡皮擦功能

在实现绘图功能之前，先在Form1类代码里面添加一些窗体级变量以及一个辅助性的方法UpdateDrawSettings。该方法用来获取DrawSettings控件以及Pallette控件中的设置，然后配置当前绘图所使用的CurrentPen和CurrentBrush。代码如下：

```
//---------绘图所需共享---------
private Point Start;                //鼠标左键按下时坐标
private Point End;                  //鼠标左键弹起时坐标

private Brush _brush;               //笔刷
private Pen _pen;
public Pen CurrentPen
{
    get { return _pen; }
    set { _pen = value; }
}
public Brush CurrentBrush
{
    get { return _brush; }
```

```
        set { _brush = value; }
    }

    private void UpdateDrawSettings()
    {                                   //更新 CurrentPen
        CurrentPen = new System.Drawing.Pen(pallette1.ForegroundColor,drawSettins1.PenWidth);
        CurrentPen.DashStyle = drawSettins1.PenDashStyle;

        //更新 CurrentBrush
        switch(drawSettins1.BrushTypeName)
        {
            case "HatchBrush":
                CurrentBrush = new HatchBrush(HatchStyle.Cross,pallette1.BackgroundColor,palle-
tte1.ForegroundColor);
                break;
            case "TextureBrush":
                CurrentBrush = new TextureBrush(new Bitmap(Application.StartupPath + "\\image01.
bmp"));
                break;
            default:
                CurrentBrush = new SolidBrush(pallette1.BackgroundColor);
                break;
        }
    }
```

使用 pictureBox1 的鼠标事件进行绘图处理，实现铅笔工具、橡皮工具和直线工具（主要是通过 MouseDown、MouseMove 和 MouseUp 事件来识别当前鼠标的状态，并做出相应的动作）。

开始绘制，pictureBox1 的 MouseDown 事件处理，代码如下：

```
    private void pictureBox1_MouseDown(object sender,MouseEventArgs e)
    {                                   //在图片框中按鼠标按钮时保存单击位置的坐标
        Start = new Point(e.X,e.Y);
    End = new Point(e.X,e.Y);

        //在鼠标按下时设置 CurrentPen 和 CurrentBrush
        UpdateDrawSettings();
    }
```

绘制进行中，pictureBox1 的 MouseMove 事件处理，代码如下：

```
    private void pictureBox1_MouseMove(object sender,MouseEventArgs e)
    {           //状态栏显示鼠标位置
        toolStripStatusLabel2.Text = e.X.ToString() + "," + e.Y.ToString();

      if(e.Button ! = MouseButtons.Left)return;

        //刷新图片框,使之重绘
```

```
        pictureBox1.Refresh();

    Rectangle rect;
        //记录鼠标当前位置
    End = new Point(e.X,e.Y);

        //判断当前选择的绘图工具类型
        switch(toolBox1.CurrentToolType)
        {
            case ToolType.Pencil:                //绘制任意曲线
                //使用绘图对象g直接在pictureBox1.Image上,即bmp图像上绘制
                g.DrawLine(CurrentPen,Start,End);
                break;
            case ToolType.Erazer:                //橡皮擦擦除已绘制的图形
                rect = new Rectangle(End.X-drawSettins1.PenWidth /2,End.Y-drawSettins1.PenWidth /
2,drawSettins1.PenWidth,drawSettins1.PenWidth);
                //擦除,用白色填充矩形区域
                Brush br = new SolidBrush(Color.White);
                g.FillRectangle(br,rect);

                //绘制一个跟随鼠标的矩形,表示擦除范围
                Brush tmp = new SolidBrush(Color.Black);
                gp.FillRectangle(tmp,rect);
                break;
            case ToolType.Line://绘制各种形式的直线
                //使用临时绘图对象gp绘制,松开鼠标时再将最终的线条绘制到图片上.
                gp.DrawLine(CurrentPen,Start,End);
                break;
        }
    }
```

结束绘制，pictureBox1的MouseUp事件处理，代码如下：

```
    private void pictureBox1_MouseUp(object sender,MouseEventArgs e)
    {
        if(e.Button ! = MouseButtons.Left)return;

        switch(toolBox1.CurrentToolType)
        {
            case ToolType.Line://绘制各种形式的直线
              //使用g绘图对象绘制,将最终的线条绘制到图片上.
                g.DrawLine(CurrentPen,Start,End);
                break;
        }

        pictureBox1.Refresh();
    }
```

在以上代码中使用了两个Graphics对象——g和gp。g和pictureBox1.Image相关，

而 gp 和 pictureBox1 本身相关。可以把 Graphics 对象比作画师，DrawLine、FillRectangle 等方法是画师作画的动作。画师作画需要画布，pictureBox1. Image 是画师 g 的画布，而 pictureBox1 控件本身是画师 gp 的画布。

在绘制直线的时候，鼠标按下时确定了直线的起点，直线的终点在松开鼠标时才能确定。在鼠标移动过程中希望看见一条从起点到鼠标当前位置的指示性线条，这样就可以直观地看到想要绘制的直线的形态。这就要求在鼠标移动过程中，不断擦除起点位置到上一次鼠标位置的线条，然后绘制从起点位置到目前鼠标位置的线条。辅助绘图对象 gp 就是起这个作用。在鼠标移动过程中，通过调用 pictureBox1. Refresh()方法，擦除 gp 对象以前在 pictureBox1 上的作图痕迹，然后重新绘制一条从起点位置到鼠标当前位置的直线。当鼠标左键弹起时，清除掉 gp 对象绘制的"草稿"，再由 g 对象在 pictureBox1. Image 上绘制从起点到鼠标左键弹起位置的直线。

gp 对象在 pictureBox1 上绘制的图形会随着 Refresh 方法的调用或者窗体的拖动、大小改变动操作而消失，除非在 pictureBox1 的 Paint 事件中，使用 PaintEventArgs 事件参数所传入的绘图对象来绘制图形。这样在屏幕上重绘 pictureBox1 的外观时，PaintEvent Args 事件参数的 Graphics 对象就会将绘图动作重新再做一遍，从而保证图形不消失。

2. 实现矩形、实心矩形和带轮廓线的矩形的绘制

在实现其他绘图工具的功能时，主要考虑在鼠标的 MouseMove 事件中是使用 g 对象在 pictureBox1. Image 上绘图，还是使用 gp 在 pictureBox1 上绘图。下面给出的是有关矩形的各种样式的实现的部分代码，该部分代码和前面的铅笔、橡皮和直线工具的代码都是属于 pictureBox1 _ MouseMove 事件的代码，只是属于不同 case 选项。

绘制进行中，pictureBox1 的 MouseMove 事件处理，代码如下：

```
private void pictureBox1_MouseMove(object sender,MouseEventArgs e)
{
  //其他代码省略,主要代码就是在 switch 结构中增加 case 子句,根据不同的绘图要求做不同的处理
    switch(toolBox1.CurrentToolType)
    {
        //其他的 case 子句在此省略
        case ToolType.Rectangle:          //临时绘制矩形轮廓
            gp.DrawRectangle(CurrentPen,Start.X,Start.Y,End.X-Start.X,End.Y-Start.Y);
            break;
        case ToolType.RectangleFill:          //临时绘制带轮廓的实心矩形
            CurrentPen.Alignment = PenAlignment.Outset;
            gp.DrawRectangle(CurrentPen,Start.X,Start.Y,End.X-Start.X,End.Y-Start.Y);
            gp.FillRectangle(CurrentBrush,Start.X,Start.Y,End.X-Start.X,End.Y-Start.Y);
            break;
        case ToolType.RectangleSolid:          //临时绘制不带轮廓的实心矩形
            gp.FillRectangle(CurrentBrush,Start.X,Start.Y,End.X-Start.X,End.Y-Start.Y);
        break;
    }
}
```

结束绘制，pictureBox1的MouseUp事件处理，代码如下：

```
private void pictureBox1_MouseUp(object sender,MouseEventArgs e)
{
    if(e.Button != MouseButtons.Left)return;

    switch(toolBox1.CurrentToolType)
    {
        //其他的case子句在此省略
        case ToolType.Rectangle:            //最终绘制矩形轮廓
            g.DrawRectangle(CurrentPen,Start.X,Start.Y,End.X-Start.X,End.Y-Start.Y);
            break;
        case ToolType.RectangleFill:        //最终绘制带轮廓的实心矩形
            //CurrentPen.Alignment = PenAlignment.Outset;
            g.DrawRectangle(CurrentPen,new Rectangle(Start.X,Start.Y,e.X-
            Start.X,e.Y-Start.Y));
            g.FillRectangle(CurrentBrush,new Rectangle(Start.X,Start.Y,e.X-
            Start.X,e.Y-Start.Y));
            //CurrentPen.Alignment = PenAlignment.Center;
            break;
        case ToolType.RectangleSolid:       //最终绘制不带轮廓的实心矩形
            g.FillRectangle(CurrentBrush,Start.X,Start.Y,End.X-Start.X,End.Y-Start.Y);
            break;
    }
    //其他代码
}
```

7.3 核心技能

7.3.1 GDI+概述

GDI+是GDI的高级版本，它是一种构成Windows XP操作系统的子系统的应用程序编程接口（API）。GDI+的托管类接口包含大约60个类、50个枚举和8个结构。Graphics类是GDI+的核心功能，它是实际绘制直线、曲线、图形、图像和文本的类。

许多类与Graphics类一起使用。例如，DrawLine方法接收Pen对象，该对象中存有所要绘制的线条的属性（颜色、宽度、虚线线型等）。FillRectangle方法可以接收指向LinearGradientBrush对象的指针，该对象与Graphics对象配合工作以使用一种渐变色填充矩形。Font和StringFormat对象影响Graphics对象绘制文本的方式。Matrix对象存储并操作Graphics对象的坐标变换，该对象用于旋转、缩放和翻转图像。

GDI+提供了用于组织图形数据的几种结构（例如Rectangle、Point和Size），而且某些类的主要作用是结构化数据类型。例如，BitmapData类是Bitmap类的帮助器，PathData类是GraphicsPath类的帮助器。

GDI+定义了几种枚举，它们是相关常数的集合。例如，LineJoin枚举包含元素Bevel、Miter和Round，它们指定可用于连接两个线条的线型。

一般来说，有 3 种基本类型的绘图界面，分别为 Windows 窗体上的控件、要发送给打印机的页面和内存中的位图、图像。Graphics 类封装了一个 GDI＋绘图界面，因此该类提供了可以在以上 3 种绘图界面上绘图的功能，另外，用户还可以使用该类绘制文本、线条、矩形、曲线、多边形、椭圆、圆弧和贝塞尔样条等。GDI＋名称空间见表 7—4。

表 7—4　GDI＋名称空间

命名空间	说明
System. Drawing	包含与基本绘图功能有关的大多数类、结构、枚举和委托
System. Drawing. Drawing2D	为大多数高级 2D 和矢量绘图操作提供了支持，包括消除锯齿、几何转换和图形路径
System. Drawing. Imaging	帮助处理图像（位图、GIF 文件等）的各种类
System. Drawing. Printing	把打印机或打印预览窗体作为输出设备时使用的类
System. Drawing. Design	一些预定义的对话框、属性表和其他用户界面元素，与在设计期间扩展用户界面相关
System. Drawing. Text	对字体和字体系列执行更高级操作的类

7. 3. 2　Graphics 类

Graphics 类是 GDI＋的核心，Graphics 类提供将对象绘制到显示设备的方法。Graphics 可以与特定设备的上下文相关联，是用于创建图形的对象。它封装了绘制直线、曲线、图形、图像和文本的方法，是 GDI＋实现绘制直线、曲线、图形、图像和文本的类，是 GDI＋操作的基础类。

GDI＋绘制处理的流程如下：

（1）创建 Graphics 对象。

（2）通过 Graphics 对象绘制线条、形状或文本。

创建 GDI＋对象的方法有 3 种：

（1）在窗体或控件的 Paint 事件处理方法中创建，PaintEventArgs 事件参数中包含图形对象的引用，代码如下：

```
private void Form1_Paint(objectsender,PaintEventArgs pe)
{
Graphics g = pe.Graphics;
}
```

（2）调用窗体或控件的 CreateGraphics 方法创建 Graphics 对象，代码如下：

```
Graphics g = this.CreateGraphics();
```

（3）通过从 Image 继承的对象创建 Graphics 对象，代码如下：

```
Bitmap mm = new Bitmap(@"D:\123.bmp");
Graphics g = Graphics.FormImage(mm);
```

创建上述 Graphics 对象后，可以用上述对象来绘制线条、形状或文本。

7. 3. 3　向量图形概述

GDI＋在坐标系中绘制直线、矩形和其他形状，用户可以从各种各样的坐标系统中选择，但默认坐标系统的原点是在左上角，并且 x 轴指向右边，y 轴指向下边。默认坐标系统的度量单位是像素。

1. GDI＋的构造块

计算机监视器是在一个点的矩形数组上创建其显示，这些点被称为图片元素或像素。各台监视器屏幕上显示的像素数量都是不同的，并且用户通常在一定程度上可以配置单独一台监视器上显示的像素数量。屏幕坐标系如图 7—16 所示。

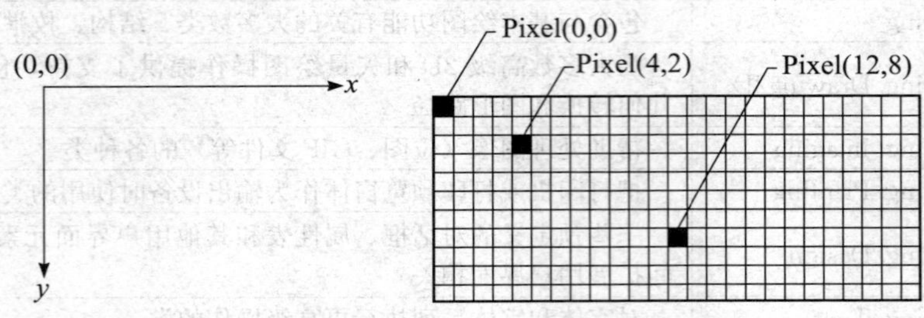

图 7—16　屏幕坐标系

在使用 GDI＋绘制直线、矩形或曲线时，需要提供有关要绘制的项目的某些关键信息。例如，可以通过提供两个点来指定一条直线，还可以通过提供一个点、高度和宽度来指定一个矩形。GDI＋与显示设备驱动程序软件协同工作，以确定必须开启哪些像素来显示直线、矩形或曲线。图 7—17 显示了已打开的用于显示从点（4，2）到点（12，8）的直线的像素。

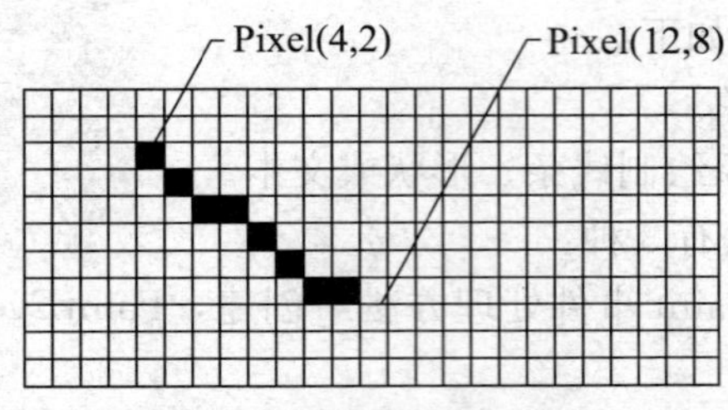

图 7—17　像素点构成的线条

在实践中，人们发现某些基本构造块对于创建二维图片尤其有用。GDI＋支持的常用构造块有：直线、矩形、椭圆、弧线、多边形、基数样条和贝塞尔样条。

2. 使用图形对象进行绘制的方法

GDI＋中的 Graphics 类提供了绘制前面列表中的各项的方法：DrawLine、DrawRectangle、DrawEllipse、DrawPolygon、DrawArc、DrawCurve（针对基数样条）和 DrawBezier。这些方法中的每一种都是重载的，即每种方法都支持几个不同的参数列表。例如，DrawLine 方法的一个变体接收一个 Pen 对象和四个整数，而 DrawLine 方法的另一个变体接收一个 Pen 对象和两个 Point 对象。

绘制直线、矩形和贝塞尔样条的方法具有多个伴随方法，可在一个调用中绘制若干个项：DrawLines、DrawRectangles 和 DrawBeziers。DrawCurve 方法也有一个伴随方法 DrawClosedCurve，该伴随方法能够通过连接曲线的终点和起点的方式来闭合曲线。

Graphics 类的所有绘制方法与 Pen 对象共同工作。若要进行绘制，必须至少创建两个对象：Graphics 对象和 Pen 对象。Pen 对象存储要绘制项的属性，如线宽和颜色。将 Pen 对象作为参数之一传递给绘制方法。例如，下面的示例演示 DrawLine 方法的一个变体接收一个 Pen 对象和四个整数，并绘制一个宽 100、高 50 且左上角位于点（20，10）的矩形：

```
myGraphics.DrawRectangle(myPen,20,10,100,50);
```

7.3.4　绘制图形

1. 笔、直线

若要用 GDI＋绘制直线，需要创建 Graphics 对象和 Pen 对象。Graphics 对象提供进行实际绘制的方法，Pen 对象存储属性，如直线的颜色、宽度和线型。

（1）绘制直线。若要绘制直线，请调用 Graphics 对象的 DrawLine 方法。将 Pen 对象作为参数之一传递给 DrawLine 方法。下面的代码绘制了一条从点（4，2）到点（12，6）的直线：

```
myGraphics.DrawLine(myPen,4,2,12,6);
```

DrawLine 是 Graphics 类的一个重载方法，因此，有许多种提供参数的方式。下面的代码构造两个 Point 对象并将 Point 对象作为参数传递给 DrawLine 方法：

```
Point myStartPoint = new Point(4,2);
Point myEndPoint = new Point(12,6);
myGraphics.DrawLine(myPen,myStartPoint,myEndPoint);
```

（2）构造钢笔。可以在构造 Pen 对象时指定某些属性。例如，有一种 Pen 构造函数允许用户指定颜色和宽度。下面的代码绘制了一条从点（0，0）到点（60，30）、宽度为 2 的蓝线：

```
Pen myPen = new Pen(Color.Blue,2);
myGraphics.DrawLine(myPen,0,0,60,30);
```

（3）虚线和线帽。Pen 对象也公开属性（如 DashStyle），这些属性可用于指定直线的特性。下面的代码绘制了一条从点（100，50）到点（300，80）的虚线：

```
myPen.DashStyle = DashStyle.Dash;
myGraphics.DrawLine(myPen,100,50,300,80);
```

可以使用 Pen 对象的属性为直线设置更多特性。StartCap 属性和 EndCap 属性指定直线端点的外观，端点可以是平的、方形的、圆形的、三角形的或自定义的形状。LineJoin 属性用于指定连接的线相互间是斜接的（连接时形成锐角）、斜切的、圆形的还是截断的。图 7—18 显示了具有不同的线帽和连接类型的直线。

2. 绘制矩形

用 GDI＋绘制矩形与绘制直线类似。若要绘制矩形，需要 Graphics 对象和 Pen 对象。Graphics 对象提供 DrawRectangle 方法，Pen 对象存储属性（例如线宽和颜色）。将 Pen 对象作为参数之一传递给 DrawRectangle 方法。下面的代码绘制了一个矩形，其左上角位于点（100，50），宽度为 80，高度为 40：

```
myGraphics.DrawRectangle(myPen,100,50,80,40);
```

DrawRectangle 是 Graphics 类的一个重载方法，因此，有许多种提供参数的方式。例如，可构造 Rectangle 对象并将 Rectangle 对象作为参数传递给 DrawRectangle 方法，代码如下：

```
Rectangle myRectangle = new Rectangle(100,50,80,40);
myGraphics.DrawRectangle(myPen,myRectangle);
```

Rectangle 对象具有用于处理和收集矩形相关信息的方法和属性。例如，Inflate 和 Offset 方法可更改矩形的大小和位置。IntersectsWith 方法判断矩形是否与另一个给定矩形相交，Contains 方法判断一个给定点是否在该矩形内。

3. 绘制椭圆

若要绘制椭圆，需要有 Graphics 对象和 Pen 对象。Graphics 对象提供 DrawEllipse 方法，Pen 对象存储用于呈现椭圆的线条属性，如宽度和颜色。Pen 对象作为参数之一传递给 DrawEllipse 方法。传递给 DrawEllipse 方法的其余参数指定椭圆的边框。图 7—19 显示了一个椭圆以及它的边框。

下面的代码绘制了一个椭圆，边框的宽度为 80，高度为 40，左上角位于点（100，50）：

```
myGraphics.DrawEllipse(myPen,100,50,80,40);
```

DrawEllipse 是一种 Graphics 类的重载方法，因此可以通过多种方式为它提供参数。例如，可构造 Rectangle 并将 Rectangle 作为参数传递给 DrawEllipse 方法，代码如下：

```
Rectangle myRectangle = new Rectangle(100,50,80,40);
myGraphics.DrawEllipse(myPen,myRectangle);
```

4. 绘制弧线

弧线是椭圆的一部分，若要绘制弧线，可调用 Graphics 类的 DrawArc 方法。除了 DrawArc 需要有起始角和仰角以外，DrawEllipse 方法的参数与 DrawArc 方法的参数相同。下面的代码绘制了一个起始角为 30 度、仰角为 180 度的弧线：

```
myGraphics.DrawArc(myPen,100,50,140,70,30,180);
```

图 7—20 显示了弧线、椭圆和边框。

图 7—18　不同形状的线帽

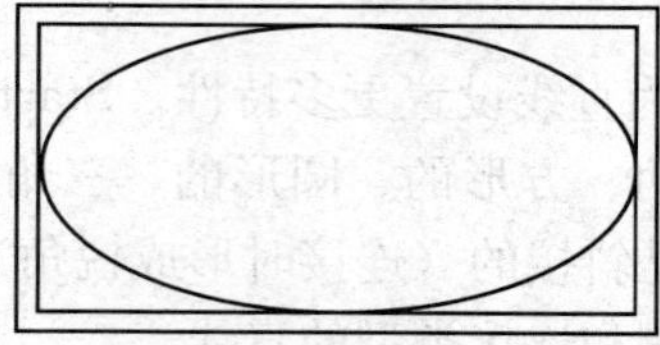

图 7—19　椭圆及其边框

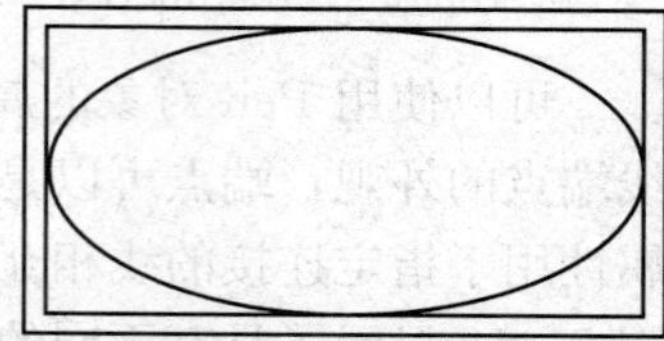

图 7—20　弧线、椭圆和边框

5. 多边形

多边形是有三条或更多直边的闭合图形。例如，三角形是有三条边的多边形，矩形是有四条边的多边形，五边形是有五条边的多边形。

若要绘制多边形，需要 Graphics 对象、Pen 对象和 Point（或 PointF）对象数组。

Graphics 对象提供 DrawPolygon 方法；Pen 对象存储用于呈现多边形的线条属性，例如宽度和颜色；Point 对象数组存储将由直线连接的点。Pen 对象和 Point 对象数组作为参数传递给 DrawPolygon 方法。下面的代码绘制了一个三条边的多边形：

```
Point[] myPointArray =
{ new Point(0,0),new Point(50,30),new Point(30,60)};
    myGraphics.DrawPolygon(myPen,myPointArray);
```

注意：myPointArray 中只有三个点：(0，0)、(50，30) 和 (30，60)，DrawPolygon 方法通过绘制一条从点 (30，60) 回到起点 (0，0) 的直线来自动闭合多边形。

图 7—21 显示了该多边形。

6. 基数样条

基数样条是一连串单独的曲线，这些曲线连接起来形成一条较大的曲线。样条由点的数组和张力参数指定。基数样条平滑地经过数组中的每个点，曲线的陡度上没有尖角和突然的变化。图 7—22 显示了一组点和经过这一组点中每一点的基数样条。

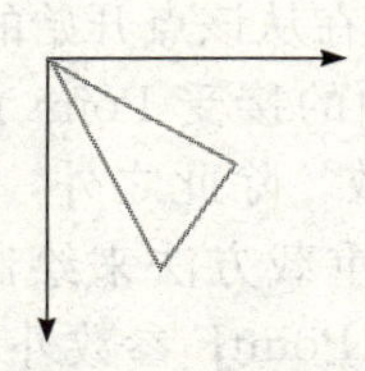

图 7—21　多边形

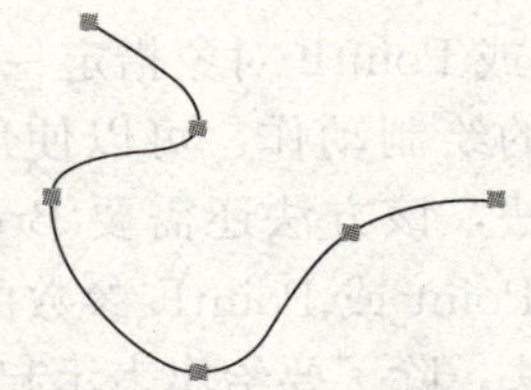

图 7—22　经过 6 个点的基数样条

若要绘制基数样条，需要 Graphics 类的对象、Pen 对象和 Point 对象数组。Graphics 类的对象提供了 DrawCurve 方法以用于绘制样条，而 Pen 对象存储样条的属性（如线宽和颜色），Point 对象数组存储曲线将要经过的点。下面的代码演示如何绘制经过 myPointArray 中的点的基数样条（第三个参数是张力）：

```
myGraphics.DrawCurve(myPen,myPointArray,1.5F);
```

7. 贝塞尔样条

贝塞尔样条是由四个点指定的曲线：两个端点（p1 和 p2）和两个控制点（c1 和 c2）。曲线开始于 p1，结束于 p2；该曲线不经过控制点，但是控制点的作用像磁铁一样，在某些方向上拉拽曲线并影响曲线弯曲的方式。图 7—23 显示一个贝塞尔样条及其端点和控制点。

该曲线始于 p1 并向控制点 c1 移动，该曲线 p1 处的切线是从 p1 到 c1 绘制的线；端点 p2 处的切线为从 c2 到 p2 绘制的线。

若要绘制贝塞尔样条，需要 Graphics 类的对象和 Pen 对象。Graphics 类的对象提供 DrawBezier 方法，而 Pen 对象存储用于呈现曲线的线的属性，如宽度和颜色，将 Pen 对象作为参数之一传递给 DrawBezier 方法。传递给 DrawBezier 方法的其他参数是端点和控制点。下面的代码绘制了一个贝塞尔样条，起点为 (0，0)，控制点为 (40，20) 和 (80，150)，终点为 (100，10)：

```
myGraphics.DrawBezier(myPen,0,0,40,20,80,150,100,10);
```

图 7—24 显示了曲线、控制点和两条切线。

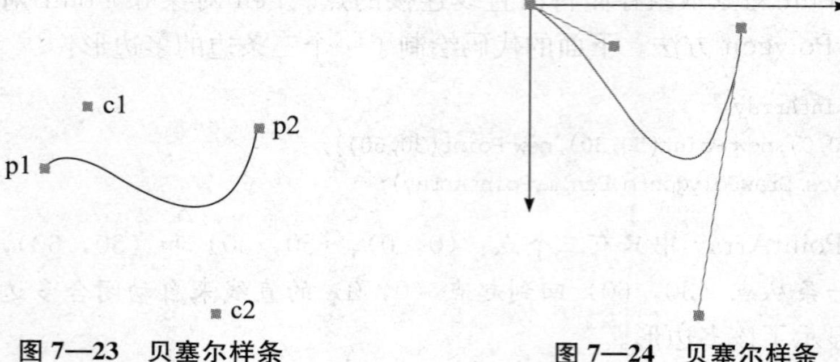

图 7—23 贝塞尔样条　　图 7—24 贝塞尔样条

贝塞尔样条最初是由皮埃尔·贝塞尔为汽车行业设计而提出的。许多类型的计算机辅助设计，都证明了贝塞尔样条十分有用。贝塞尔样条可生成各种各样的形状，也可以用于定义字体的轮廓。

8. *在指定位置绘制文本*

可以使用 Point 或 PointF 对象指定一个起始点，然后在从该点开始的水平方向上绘制文本。要执行具体的绘制动作，可以使用 Graphics 类中的接受 Point 或 PointF 参数的 DrawString 重载方法，该方法还需要 Brush 和 Font 参数。除此之外，还可以使用 TextRenderer 类中接受 Point 或 PointF 参数的 DrawText 的重载方法来绘制字符串。DrawText 方法是静态方法，除了要给出表示起始点的 Point 或 PointF 参数外，它也需要 Color 和 Font 参数。

图 7—25 显示使用 DrawString 重载方法时在指定点上绘制的文本的输出。

图 7—25 绘制文本

(1) 用 GDI＋绘制一行文本。使用 DrawString 方法，使用时传入需要的文本、Point 或 PointF、Font 以及 Brush。

```
private void Form1_Paint(object sender,PaintEventArgs e)
{
    using (Font font1 = new Font("Times New Roman",24,FontStyle.Bold,GraphicsUnit.Pixel))
    {
        PointF pointF1 = new PointF(30,10);
        e.Graphics.DrawString("Hello",font1,Brushes.Blue,pointF1);
    }
}
```

(2) 用 GDI＋绘制一行文本。使用 DrawText 方法，使用时传入所需的文本、Point、Font 以及 Color。

```
using(Font font = new Font("Times New Roman",24,FontStyle.Bold,GraphicsUnit.Pixel))
{
    Point point1 = new Point(30,10);
    TextRenderer.DrawText(e.Graphics,"Hello",font,point1,Color.Blue);
}
```

7.3.5　图形路径

路径是通过组合直线、矩形和简单的曲线而形成的。

在 GDI＋中，GraphicsPath 对象允许将这些构造块序列收集到一个单元中。调用一次 Graphics 类的 DrawPath 方法，就可以绘制出整个序列的直线、矩形、多边形和曲线。图 7—26 显示了通过组合一条直线、一段弧、一个贝塞尔样条和一个基数样条而创建的路径。

GraphicsPath 类提供了下列方法来创建要绘制的项序列：AddLine、AddRectangle、AddEllipse、AddArc、AddPolygon、AddCurve（针对基数样条）和 AddBezier。这些方法中的每一种都是重载的，即每种方法都支持几个不同的参数列表。例如，AddLine 方法的一个变体接收四个整数，AddLine 方法的另一个变体则接收两个 Point 对象。

将直线、矩形和贝塞尔样条添加到路径的方法具有多个伴随方法，这些伴随方法在一次调用中将多个项添加到路径：AddLines、AddRectangles 和 AddBeziers。同样，AddCurve 和 AddArc 方法也有几个将闭合的曲线或扇形添加到路径的伴随方法：AddClosedCurve 和 AddPie。

若要绘制路径，需要 Graphics 对象、Pen 对象和 GraphicsPath 对象。Graphics 对象提供 DrawPath 方法，Pen 对象存储用于呈现路径的线条属性，如宽度和颜色。GraphicsPath 对象存储构成路径的直线和曲线序列。Pen 对象和 GraphicsPath 对象作为参数传递给 DrawPath 方法。下面的代码绘制了由直线、椭圆和贝塞尔样条组成的路径：

```
myGraphicsPath.AddLine(0,0,30,20);
myGraphicsPath.AddEllipse(20,20,20,40);
myGraphicsPath.AddBezier(30,60,70,60,50,30,100,10);
myGraphics.DrawPath(myPen,myGraphicsPath);
```

图 7—27 显示了该路径。

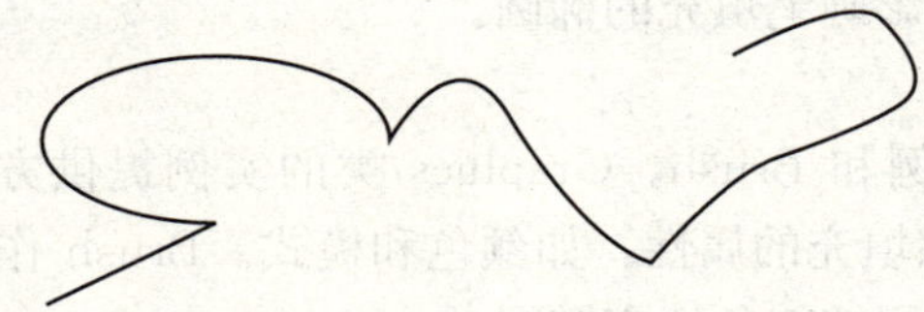

图 7—26　路径

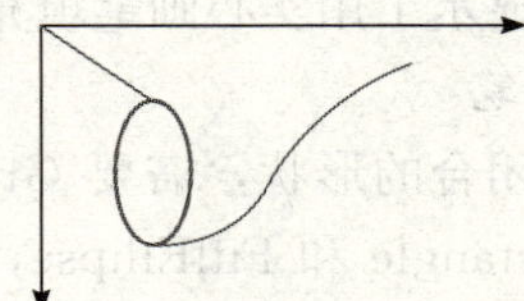

图 7—27　由直线、椭圆和贝塞尔样条构成的路径

除了向路径添加直线、矩形和曲线外，还可以向路径添加路径。这就允许合并现有的路径来形成大型复杂路径。代码如下：

```
myGraphicsPath.AddPath(graphicsPath1,false);
myGraphicsPath.AddPath(graphicsPath2,false);
```

可以把其他两个项目加入路径：字符串和扇形，扇形是椭圆内的一部分。下面的代码用弧形、基数样条、字符串和扇形创建了路径：

```
GraphicsPath myGraphicsPath = new GraphicsPath();

Point[] myPointArray = {
```

```
    new Point(5,30),
    new Point(20,40),
    new Point(50,30)};

        FontFamily myFontFamily = new FontFamily("Times New Roman");
        PointF myPointF = new PointF(50,20);
        StringFormat myStringFormat = new StringFormat();

        myGraphicsPath.AddArc(0,0,30,20,-90,180);
        myGraphicsPath.StartFigure();
        myGraphicsPath.AddCurve(myPointArray);
        myGraphicsPath.AddString("a string in a path", myFontFamily, 0, 24, myPointF, myString-
Format);
        myGraphicsPath.AddPie(230,10,40,40,40,110);
        myGraphics.DrawPath(myPen,myGraphicsPath);
```

图 7—28 显示了该路径。

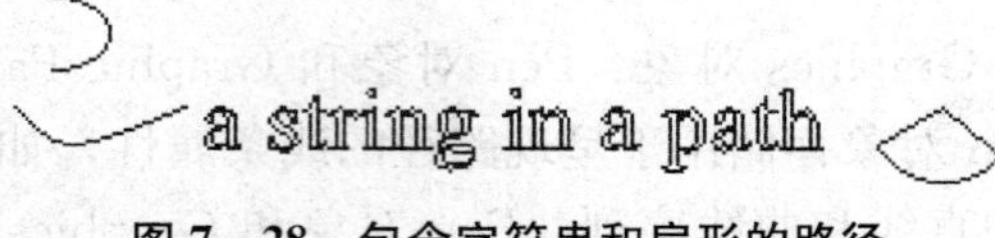

图 7—28　包含字符串和扇形的路径

注意： 不必连接路径，弧形、基数样条、字符串和扇形都是分开的。

7.3.6　画笔和实心形状

闭合的形状（例如矩形或椭圆）由轮廓和内部组成，用画笔绘制出轮廓，并用画笔填充其内部。GDI＋提供了几种填充闭合形状内部的画笔类：SolidBrush、HatchBrush、TextureBrush、LinearGradientBrush 和 PathGradientBrush，这些类都是从 Brush 类继承的。图 7—29 显示了用实心画笔填充的矩形和用阴影画笔填充的椭圆。

1. 实心画笔

若要填充闭合的形状，需要 Graphics 类的实例和 Brush。Graphics 类的实例提供方法，如 FillRectangle 和 FillEllipse，而 Brush 存储填充的属性，如颜色和模式。Brush 作为参数之一传递给填充方法。下面的代码演示如何用纯红色填充椭圆：

```
SolidBrush mySolidBrush = new SolidBrush(Color.Red);
myGraphics.FillEllipse(mySolidBrush,0,0,60,40);
```

2. 阴影画笔

用阴影画笔填充图形时，要指定前景色、背景色和阴影样式。下面的代码演示前景色是阴影的颜色：

```
HatchBrush myHatchBrush =
    new HatchBrush(HatchStyle.Vertical,Color.Blue,Color.Green);
```

GDI＋提供 50 多种阴影样式。在图 7—30 中显示的三种样式是：Horizontal、ForwardDiagonal 和 Cross。

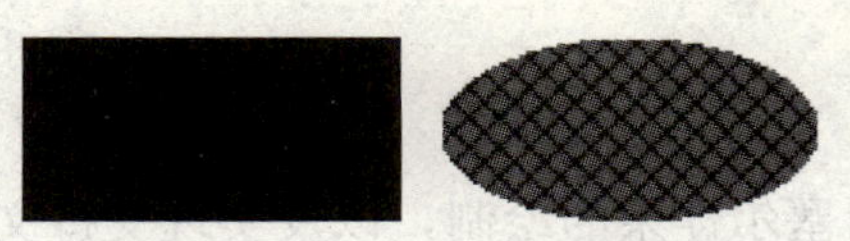

图 7—29　实心画笔和阴影画笔

(a) 水平线　(b) 正向对角线　(c) 十字交叉线

图 7—30　不同的阴影画笔样式

3. 纹理画笔

有了纹理画笔，就可以用位图中存储的图案来填充图形。例如，假定图 7—31 的图片存储在名为 MyTexture. bmp 的磁盘文件中。

下面的代码演示了如何通过重复存储在 MyTexture. bmp 中的图片来填充椭圆（见图 7—32）。

```
Image myImage = Image.FromFile("MyTexture.bmp");
TextureBrush myTextureBrush = new TextureBrush(myImage);
myGraphics.FillEllipse(myTextureBrush,0,0,100,50);
```

4. 渐变画笔

GDI+提供两种渐变画笔：线性和路径。可以使用线性渐变画笔来用颜色（在横向、纵向或斜向移过图形时会逐渐变化的颜色）填充图形。下面的代码演示如何用水平渐变画笔填充一个椭圆，当从椭圆的左边缘向右边缘移动时，画笔颜色会由蓝变为绿。

```
LinearGradientBrush myLinearGradientBrush = new LinearGradientBrush(
    myRectangle,
    Color.Blue,
    Color.Green,
    LinearGradientMode.Horizontal);
myGraphics.FillEllipse(myLinearGradientBrush,myRectangle);
```

图 7—33 显示已填充的椭圆。

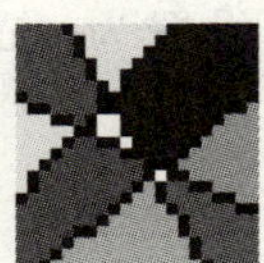

图 7—31　用作纹理的图片

图 7—32　纹理填充

图 7—33　渐变画笔填充

7.3.7　用直线和曲线消除锯齿

若要使用“消除锯齿”功能绘制直线和曲线，首先创建 Graphics 类的实例，并将其 SmoothingMode 属性设置为 AntiAlias 或 HighQuality。然后调用同一 Graphics 类的某个绘制方法。下面的代码演示了消除锯齿，并用 DrawLine 绘制的过程。

```
myGraphics.SmoothingMode = SmoothingMode.AntiAlias
myGraphics.DrawLine(myPen,0,0,12,8)
```

拓展实训7

1. 实训目的

完善简单画图板程序功能，实现椭圆的绘制、贝塞尔样条的绘制，以及实现支持文本输入的功能。

2. 任务描述

（1）椭圆的绘制可参照前面矩形的绘制方法来实现。

（2）在绘制贝塞尔样条时不能只通过一次鼠标按下、移动和弹起来完成，需要三次鼠标按下、移动和弹起：第一次绘制两个端点；第二次及第三次是确定两个控制点的位置。

（3）实现文本工具，创建一个窗体来编辑要绘制的文本。为方便数据的传递，在该窗体中增加两个属性，一个表示输入的文本，另一个表示字体。

3. 要点提示

（1）实现椭圆的绘制。在绘图工具箱上还有“椭圆”工具、“实心椭圆”工具和“带描边的实心椭圆”工具功能没有实现，可参照前面矩形的绘制方法来实现。

（2）实现贝塞尔样条的绘制。贝塞尔样条是由四个点指定的曲线：两个端点（p1 和 p2）和两个控制点（c1 和 c2）。在确定控制点的位置过程中（即 MouseMove 事件中）应该由辅助绘图对象绘制曲线的实时状态。

要实现贝塞尔样条工具，需要采用与前面不同的手段，首先在主窗体中增加一个指示变量 isDrawingBezier 用来指示是否开始进行贝塞尔样条的绘制，然后创建一个 Point 数组来存储与样条相关的四个坐标，再设置一个 DrawCout 来指示绘制的步骤。代码如下：

```
//绘制贝塞尔样条时的坐标序列
private bool isDrawingBezier = false;
private Point[ ] points = new Point[4];
private int DrawCount = 0;
```

在选择绘图工具箱中贝塞尔样条工具时就要将 isDrawingBezier 设置为 true。这个操作放在 Toolbox 控件的 Click 事件中：

```
private void toolBox1_Click(object sender,EventArgs e)
{
    toolStripStatusLabel1.Text = "Tool:" + toolBox1.CurrentToolType.ToString();
    //清除工具功能实现
    if(toolBox1.CurrentToolType = = ToolType.Clear)
    {
        g.Clear(Color.White);
        this.Refresh();
        toolStripStatusLabel1.Text = "Tool:Clearing Image";
    }

    if(toolBox1.CurrentToolType = = ToolType.Bezier)
    {
        isDrawingBezier = true;
    }
```

```
    else
    {
        isDrawingBezier = false;
    }
}
```

在 pictureBox1 的鼠标事件中增加代码：

```
//--开始绘制,pictureBox1 的 MouseDown 事件处理-----
private void pictureBox1_MouseDown(object sender,MouseEventArgs e)
{
//......
//将第一次鼠标按下的位置保存为贝塞尔样条的第一个端点
    if(DrawCount = = 0 && isDrawingBezier)
    {
        points[0].X = e.X;
        points[0].Y = e.Y;
    }
}
```

绘制进行中，pictureBox1 的 MouseMove 事件处理，代码如下：

```
private void pictureBox1_MouseMove(object sender,MouseEventArgs e)
{
    //......
    switch(toolBox1.CurrentToolType)
    {
            //........
        case ToolType.Bezier:
            //若是第一次鼠标移动,则将当前鼠标位置暂时作为贝塞尔样条的第二个端点位置
            if(isDrawingBezier && DrawCount = = 0)
            {
                points[1].X = (points[3].X-points[0].X)/2 + points[0].X;
                points[1].Y = (points[3].Y-points[0].Y)/2 + points[0].Y;

                points[2].X = (points[3].X-points[0].X)/2 + points[0].X;
                points[2].Y = (points[3].Y-points[0].Y)/2 + points[0].Y;

                points[3].X = e.X;
                points[3].Y = e.Y;
            }
            //若是第二次鼠标移动,则将当前鼠标位置暂时作为贝塞尔样条的第一个控制点位置
            if(isDrawingBezier && DrawCount = = 1)
            {
                points[1].X = e.X;
                points[1].Y = e.Y;
            }
            //若是第二次鼠标移动,则将当前鼠标位置暂时作为贝塞尔样条的第二个控制点位置
            if(isDrawingBezier && DrawCount = = 2)
```

```
            {
                points[2].X = e.X;
                points[2].Y = e.Y;
            }
            //使用辅助绘图对象绘制当前曲线形态
            gp.DrawBezier(CurrentPen,points[0],points[1],points[2],points[3]);
            break;
    }
}
```

绘制结束，pictureBox1 的 MouseUp 事件处理，代码如下：

```
private void pictureBox1_MouseUp(object sender,MouseEventArgs e)
{
    if(e.Button != MouseButtons.Left)return;

    switch(toolBox1.CurrentToolType)
    {
        //..............
        case ToolType.Bezier:
            //鼠标弹起时完成一个绘制步骤,DrawCount ++
            if(isDrawingBezier){ DrawCount ++ ;}
            gp.DrawBezier(CurrentPen,points[0],points[1],points[2],points[3]);
            //DrawCount 为 3 意味着已经完成了 3 个步骤,贝塞尔样条已经绘制完成,将最终的曲线
            //绘制到 pictureBox1.Image 上
            if(DrawCount == 3)
            {
                DrawCount = 0;
                g.DrawBezier(CurrentPen,points[0],points[1],points[2],points[3]);
                pictureBox1.Refresh();
            }
            break;
    }
}
```

（3）实现文本工具。实现文本工具功能，能在图片中插入文本。

创建一个窗体（见图 7—34）来编辑要绘制的文本。为方便数据的传递，在该窗体中增加两个属性，一个表示输入的文本，另一个表示字体。

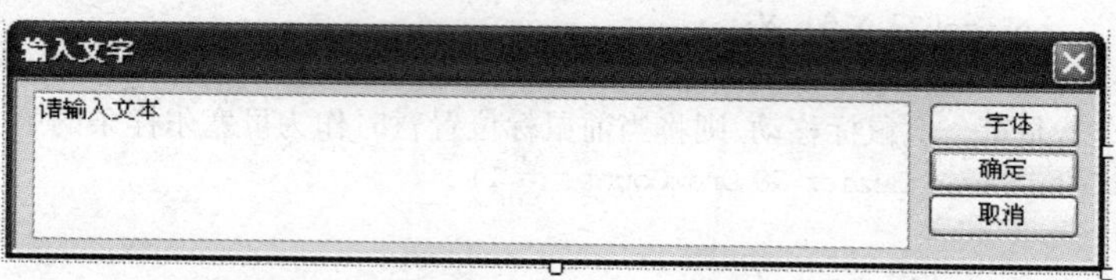

图 7—34　文字编辑窗体

在选中文本工具时弹出该窗体，接收文本和字体数据，在绘图区单击鼠标时使用 DrawString 方法在鼠标单击的位置绘制文本，然后刷新 pictureBox1 控件。

课后练习 7

1. 任务描述

在实际应用中，用图形来表示数据往往更加形象。表 7—5 是列出了产品的销量，图 7—35 是一个折线图，能够形象地反映某产品的每月销量。

在练习中，可以使用十二个 TextBox 控件来接受十二个月份的销量数据，然后再查看图形的变化。

表 7—5　　某产品的销量

月份	一	二	三	四	五	六	七	八	九	十	十一	十二
销量（万元）	285	350	380	390	980	972	660	645	900	880	900	975

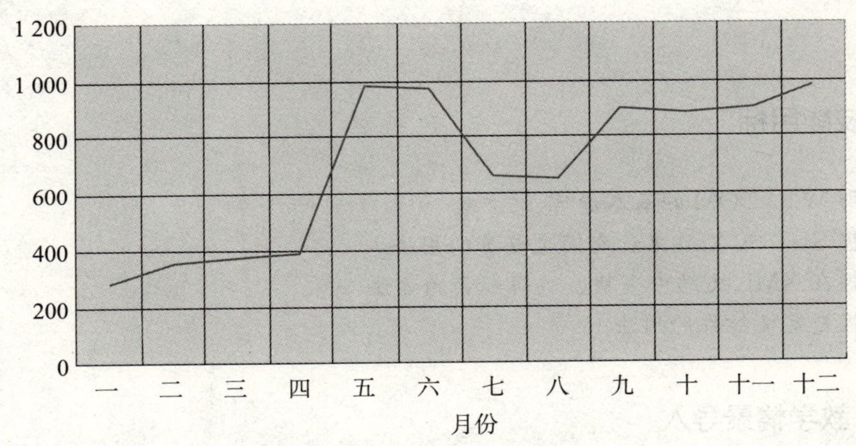

图 7—35　折线图

2. 要点提示

要绘制这个图形，首先要绘制坐标系。不管数据如何变化，坐标系的网格和刻度是不变的。可在窗体中放入一个 PictureBox 控件，再给 PictureBox 控件新建一个 bmp 图像作为其 Image 属性，当然也可直接在窗体上利用窗体的 Paint 事件来进行图形绘制。为精确控制绘制的位置，可先用图形图像处理软件创建一个与绘图区域大小一样的图片，记载下每个字符串、线条的起始坐标、长度等信息。

对于纵坐标，其一个刻度所代表的单位大小应该随着数据中最大值的变化而变化。在图 7—35 中，一个刻度单位代表 200。刻度单位是 unit，数据中的最大值是 max，在图表中共有 6 个刻度，则应该有这样的关系存在：6unit≥max。在绘制纵坐标上的刻度标数时，应该先找出数据中的最大值，再计算出刻度单位，然后再使用 DrawString 方法绘制出刻度值。

当坐标系绘制好以后，要将每个月的销售量数据按比例转换成纵坐标数，得到 12 个点的坐标，可保存到数组中。然后使用路径对象或者直接使用 Graphics 对象的 DrawLine 方法来绘制这 12 个点之间的连线。也可将这个绘制折线图的代码放在输入数据的文本框的 TextChanged 事件中处理，这样，一旦数据发生变化则重新绘制折线图。

第五部分　数据访问

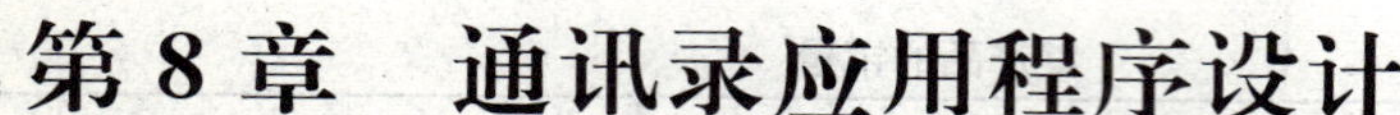

第 8 章　通讯录应用程序设计

技能目标

- 了解 W3C DOM 的基本原理
- 掌握 System. Xml 名称空间主要类的用法
- 掌握在 XML 文档中查找、编辑元素的方法
- 掌握自定义控件的用法

教学情景导入

现在的程序，无论是单机程序还是网络应用程序，大部分都与数据关系密切，从这一章开始就要学习数据访问的相关知识。在众多的存储数据的方式中，XML 因为优良可扩展性、自我描述性、跨平台性等，在数据交换、电子商务、程序配置、数据库、Web 服务等领域取得了广泛应用。

XML（eXtensible Markup Language，可扩展标记语言）是一种从 SGML（Standard Generalized Markup Language，标准通用标记语言）中通过简化和规范而衍生出来的一种元语言（Meta-Language），它提供了一种描述结构化数据的方法。元语言可以创建其他新的标记语言，比如 XHTML、SVG、SMIL、MathML 等。与主要用于控制数据的显示和外观的 HTML 标记不同，XML 标记用于定义数据本身的结构和数据类型。

XML 技术从本质上来看是一种数据的存储和交换技术，它将数据保存在文本文件中，用各种自定义的标记来标识出数据的内容和结构，这样便形成了 XML 文档（扩展名一般为 . xml）。这种文档是文本性质的，在不同的平台上都可以被识别。在读取 XML 文档时，首先依据标记及标记之间的关系来识别文档中数据和数据之间的结构，然后再对识别出来的数据做进一步处理。

在这一章里，我们就使用 XML 作为存储数据的工具，制作一个通讯录应用程序。

8.1　情景描述：制作通讯录应用程序

在现实生活中常常会用手机、电话簿等来记录认识人的联系方式。下面就制作一个通讯录应用程序来管理联系人的信息。这里采用 XML 文档作为数据存储文件，借助 DOM 来实现 XML 文档元素的添加、查找、编辑、删除等操作，从而实现对联系人信息的管理。通讯录应用程序界面如图 8—1 所示。

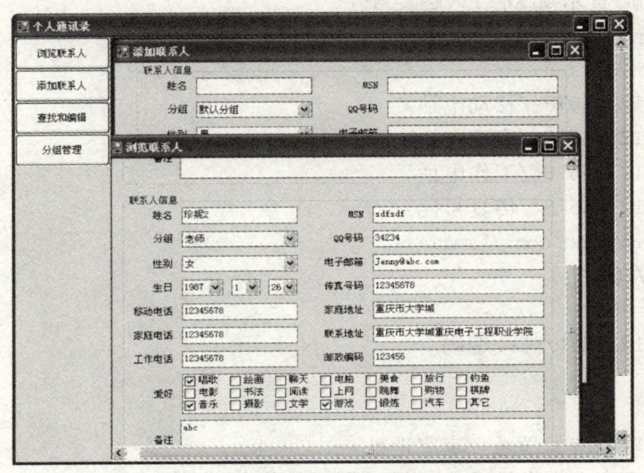

图 8—1　通讯录应用程序界面

通讯录应用程序应该具有以下几个基本功能：

（1）浏览联系人信息。

（2）添加、编辑、删除联系人信息。

（3）查找联系人信息。

（4）对联系人进行分组管理，能够增加、删除分组。

要实现通讯录应用程序，需要完成以下的工作：

（1）设计 XML 文件。在程序里面要存储的数据有哪些，用 XML 表示时采用什么样的结构，是首先要考虑的问题。

（2）设计 XML 文档操作类。单独设计一个类，在该类中封装所有的对 XML 的操作，程序中其他地方要访问 XML 文件都通过这个类来进行。该类是本例的重点内容。

（3）设计界面和自定义控件。本例的界面比较简单，其中最重要的就是用来显示和编辑联系人的自定义控件。一般而言，显示信息的时候采用 Label 控件或者只读模式的其他控件。这里为简单起见，显示联系人信息和编辑联系人信息时采用的是相同的控件。

（4）实现几个按钮的功能。通过几个按钮，实现不同页面的切换。

8.2　实战引导：完成通讯录应用程序

8.2.1　设计 XML 文件结构

1. 联系人信息（address. xml）

“联系人”元素的 id 属性用来区分同名的联系人，在程序中用 System. Guid 类来产生

GUID编号。联系人信息XML文件结构设计如下：

```
〈?xml version="1.0" encoding="GB2312"?〉
〈通讯录〉
  〈联系人 分组="同学" id="0c43f1f8-d376-4c02-8ec1-f5fb143bb46b"〉
    〈姓名〉珍妮1〈/姓名〉
    〈性别〉女〈/性别〉
    〈生日〉1987-04-26〈/生日〉
    〈兴趣爱好〉唱歌~音乐~游戏~〈/兴趣爱好〉
    〈备注〉abc〈/备注〉
    〈联系方式〉
      〈移动电话〉12345678〈/移动电话〉
      〈家庭电话〉12345678〈/家庭电话〉
      〈工作电话〉12345678〈/工作电话〉
      〈传真号码〉12345678〈/传真号码〉
      〈Email〉Jenny@abc.com〈/Email〉
      〈QQ〉34234〈/QQ〉
      〈MSN〉sdfsdf〈/MSN〉
      〈邮政编码〉123456〈/邮政编码〉
    〈/联系方式〉
    〈地址〉
      〈家庭地址〉重庆市大学城〈/家庭地址〉
      〈通信地址〉重庆市大学城重庆电子工程职业学院〈/通信地址〉
    〈/地址〉
  〈/联系人〉
〈/通讯录〉
```

2. 分组XML（group.xml）

分组信息XML文件结构设计如下：

```
〈?xml version="1.0" encoding="gb2312"?〉
〈分组〉
    〈组名〉默认分组〈/组名〉
    〈组名〉家人〈/组名〉
    〈组名〉朋友〈/组名〉
    〈组名〉老师〈/组名〉
    〈组名〉同学〈/组名〉
    〈组名〉同事〈/组名〉
〈/分组〉
```

8.2.2 通讯录应用程序主界面设计

在Visual Studio 2008中创建项目“Ch8_Ex1”，并将自动生成的“Form1.cs”重命名为“MainForm.cs”，将窗体的Text属性设置为“个人通讯录”。

向窗体中放置一个Panel控件，并将其Dock属性设置为Left，用鼠标拖拽调整其宽度至适合大小。向Panel中放入四个Button控件，并依次修改其“(name)”属性为btnBrowse、btnAppend、btnEdit和btnGroupManage，再根据图8—2将它们的Text属性依次设置为“浏览联系人”、“添加联系人”、“查找和编辑”以及“分组管理”。

图 8—2　“个人通讯录”界面

8.2.3　设计 AddressXml 类

在程序实现过程中，会多次涉及对 XML 文件的操作，故这里将对 XML 的操作集中到 AddressXml 类中来，以方便在使用过程中从该类调用相应方法。先设计一些基本方法，若需要其他操作，再增加到类当中来。

向项目中添加类文件，命名为 AddressXml.cs，代码如下：

```
using System;
using System.Collections.Generic;
using System.Text;
using System.Windows.Forms;
using System.Xml;

namespace Ch7_Ex1
{
    class AddressXml
    {           //定义字段
        XmlDocument doc;
        XmlDocument groupDoc;

        string addressXmlPath = "address.xml";
        string groupXmlPath = "group.xml";
        //定义属性,用于获取对当前文档对象的引用
        public XmlDocument Doc
        {
            get { return doc; }
        }

        //构造函数
        public AddressXml()
        {
            doc = new XmlDocument();
            groupDoc = new XmlDocument();
```

```
        try
        {
            doc.Load(addressXmlPath);
            groupDoc.Load(groupXmlPath);
        }
        catch(Exception ex)
        {
            MessageBox.Show(ex.Message);
        }
    }

    //获取所有的联系人元素
    public XmlNodeList GetAllPeopleInfo()
    {
        doc.Load(addressXmlPath);
        return doc.GetElementsByTagName("联系人");
    }

    //获取所有的联系人姓名
    public string[] GetAllNames()
    {
        doc.Load(addressXmlPath);
        XmlNodeList nodelist = doc.GetElementsByTagName("姓名");
        string[] names = new string[nodelist.Count];
        for(int i = 0;i< nodelist.Count;i++)
        {
            names[i] = ((XmlElement)nodelist[i]).InnerText;
        }
        return names;
    }

    //根据姓名查询
    public XmlNodeList GetPersonInfoByName(string name)
    {
        XmlNodeList tmp = doc.SelectNodes("//联系人[姓名 ='" + name + "']");
        return tmp;
    }

    //根据分组查询
    public XmlNodeList GetPersonInfoByGroupName(string groupName)
    {
        XmlNodeList list = doc.SelectNodes("//联系人[@分组 ='" + groupName + "']");
        return list;
    }

    //添加联系人
    public void AddPersonInfo(XmlElement personElement)
```

```
    {
        //给联系人添加一个 GUID 作为唯一编号
        string id = System.Guid.NewGuid().ToString();
        personElement.SetAttribute("id",id);

        doc.DocumentElement.AppendChild(personElement);
        doc.Save(addressXmlPath);
    }
    //根据 id 删除联系人
    public void RemovePersonInfoById(string id)
    {
        XmlNode tmp = doc.SelectSingleNode("//联系人[@id='" + id + "']");
        if(tmp == null)return;
        doc.DocumentElement.RemoveChild(tmp);
        doc.Save(addressXmlPath);
    }

    //更新联系人
    public void UpdatePersonInfo(string id,XmlElement newPersonInfo)
    {
        XmlNode old = doc.SelectSingleNode("//联系人[@id='" + id + "']");
        newPersonInfo.SetAttribute("id",id);
        doc.DocumentElement.ReplaceChild(newPersonInfo,old);
        doc.Save(addressXmlPath);
    }
    //----------------------- 操作 Group.xml -----------------------
    //添加分组
    public void AddGroup(string groupName){ }

    //删除分组
    public void RemoveGroup(string groupName){ }

    //返回分组名称数组
    public string[] GetGroupNames()
    {
        XmlNodeList nodelist = groupDoc.GetElementsByTagName("组名");
        string [] groups = new string [nodelist.Count];

        for(int i = 0;i<nodelist.Count;i++)
        {
            groups[i] = ((XmlElement)nodelist[i]).InnerText;
        }
        return groups;
    }
  }
}
```

8.2.4 设计“联系人信息”控件

“联系人信息”控件用来显示、编辑单个联系人的信息。

向项目中添加UserControl，并重命名为“PersonInfoCtrl.cs”。对照Address.xml文件构成以及图8—3向自定义控件中添加子控件。大部分的子控件都是TextBox控件，但以下几个数据例外：

(1)联系人的“分组”属性用1个ComboBox控件来表示。将ComboBox控件的DropDownStyle属性设置为“DropDownList”。这样ComboBox控件不能接收用户直接输入的数据，只能从其弹出式列表选项中选择。

(2)“生日”元素用3个ComboBox控件来表示。在接收数据时将这3个ComboBox中选中的选项拼装成“1979-01-01”这样的形式；在显示数据时将“生日”元素中“1979-01-01”这样的字符串数据再拆分成年月日并分别设置到这3个ComboBox中。当然，使用DateTimePick控件要较为简单一点。这里之所以这样做是希望大家明白数据的存储形式和数据的显示形式有时是不一样的。

(3)“爱好”元素与“生日”元素相似，在外观上表现为1个CheckBoxList控件。但存储在XML中时是一个用特殊符号隔开的字符串。

(4)“性别”元素也与“分组”属性一样，用1个ComboBox来表示。

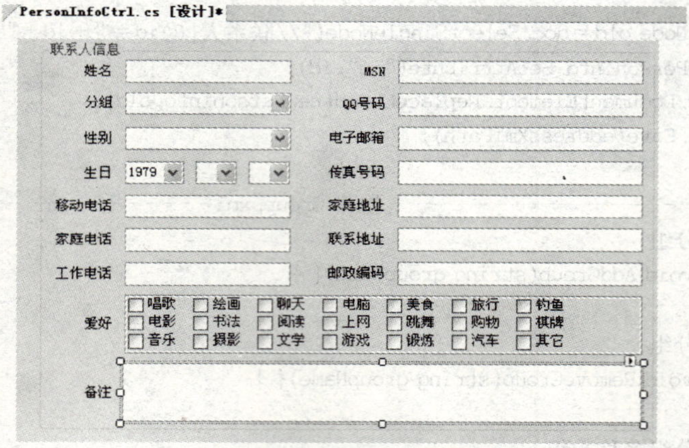

PersonInfoCtrl.cs [设计]*
联系人信息
姓名 MSN
分组 QQ号码
性别 电子邮箱
生日 1979 传真号码
移动电话 家庭地址
家庭电话 联系地址
工作电话 邮政编码
爱好 唱歌 绘画 聊天 电脑 美食 旅行 钓鱼 电影 书法 阅读 上网 跳舞 购物 棋牌 音乐 摄影 文学 游戏 锻炼 汽车 其它
备注

图8—3 设计“联系人信息”控件

下面是“PersonInfoCtrl”用户自定义控件的代码：

```
using System;
using System.Collections.Generic;
using System.ComponentModel;
using System.Drawing;
using System.Data;
using System.Text;
using System.Windows.Forms;

using System.Xml;
```

```
namespace Ch8_Ex1
{
public partial class PersonInfoCtrl:UserControl
{
    public PersonInfoCtrl()
    {
        InitializeComponent();
    }

//"联系人信息"控件与 DOM 树上的"联系人"元素结点对象之间的数据传递
//通过下面定义的 XmlDoc 属性和 PersonInfoElement 属性进行
//即在显示联系人信息时,只需要将文档对象和文档树上要显示的"联系人"元素对象分别传
//递给联系人控件的 XmlDoc 属性和 PersonInfoElement 属性即可.
//反之读取 PersonInfoElement 属性即可得到一个和 XmlDoc 相关联的表示"联系人"的
//XmlElement 对象
//与"PersonInfoCtrl"相关的 DOM 文档对象
    XmlDocument xmlDoc;
    public XmlDocument XmlDoc
    {
        get { return xmlDoc;}
        set { xmlDoc = value;}
}

//保存当前相关的联系人的 id
    protected string currentPersonId;
    public string CurrentPersonId
    {
        get { return currentPersonId;}
        //set { currentPersonId = value;}
    }

//"PersonInfoCtrl"所表示的"联系人"元素对象
XmlElement personInfoElement;
    public XmlElement PersonInfoElement
    {
        get
        {//收集控件中的输入信息,构造一个以 XmlDoc 为上下文的联系人元素
            if(xmlDoc = = null){ return null;}

            XmlElement temp;
            //根据控件输入的数据,依次构造"联系人"元素的属性结点和子元素结点
            personInfoElement = xmlDoc.CreateElement("联系人");
            personInfoElement.SetAttribute("分组",cbxGroup.Text);
            personInfoElement.SetAttribute("id",System.Guid.NewGuid().ToString());

            temp = xmlDoc.CreateElement("姓名");
            temp.InnerText = txtName.Text.Trim();
```

```
personInfoElement.AppendChild(temp);

temp = xmlDoc.CreateElement("性别");
temp.InnerText = cbxSex.Text.Trim();
personInfoElement.AppendChild(temp);

//将年月日 3 个 ComboBox 控件中选中的选项拼装成一个字符串
temp = xmlDoc.CreateElement("生日");
temp.InnerText = (cbxYear.Text = = ""?"1900":cbxYear.Text)
        + "-" + cbxMonth.Text + "-" + cbxDay.Text;
personInfoElement.AppendChild(temp);

//联系方式-----------------------------------------------
XmlElement contactWays = xmlDoc.CreateElement("联系方式");
temp = xmlDoc.CreateElement("移动电话");
temp.InnerText = txtMobile.Text.Trim();
contactWays.AppendChild(temp);

temp = xmlDoc.CreateElement("家庭电话");
temp.InnerText = txtHomePhone.Text.Trim();
contactWays.AppendChild(temp);

temp = xmlDoc.CreateElement("工作电话");
temp.InnerText = txtWorkPhone.Text.Trim();
contactWays.AppendChild(temp);

temp = xmlDoc.CreateElement("传真号码");
temp.InnerText = txtFax.Text.Trim();
contactWays.AppendChild(temp);

temp = xmlDoc.CreateElement("Email");
temp.InnerText = txtEmail.Text.Trim();
contactWays.AppendChild(temp);

temp = xmlDoc.CreateElement("邮政编码");
temp.InnerText = txtPostalcode.Text.Trim();
contactWays.AppendChild(temp);

temp = xmlDoc.CreateElement("QQ");
temp.InnerText = txtQq.Text.Trim();
contactWays.AppendChild(temp);

temp = xmlDoc.CreateElement("MSN");
temp.InnerText = txtMsn.Text.Trim();
contactWays.AppendChild(temp);

//将"联系方式"添加为"联系人"的子元素
```

```
            personInfoElement.AppendChild(contactWays);

            //地址-----------------------------------------------
            XmlElement adresses = xmlDoc.CreateElement("联系方式");
            temp = xmlDoc.CreateElement("家庭地址");
            temp.InnerText = txtHomeAddress.Text.Trim();
            adresses.AppendChild(temp);

            temp = xmlDoc.CreateElement("通信地址");
            temp.InnerText = txtContactAddress.Text.Trim();
            adresses.AppendChild(temp);

            //将"地址"添加为"联系人"的子元素
            personInfoElement.AppendChild(contactWays);

            //爱好-----------------------------------------------
            temp = xmlDoc.CreateElement("兴趣爱好");
            for(int i = 0;i< chklstHobbies.Items.Count;i++)
            {
                if(chklstHobbies.GetItemChecked(i))
                {
                    temp.InnerText += chklstHobbies.Items[i].ToString() + "^";
                }
            }
            personInfoElement.AppendChild(temp);
            //备注-----------------------------------------------
            temp = xmlDoc.CreateElement("备注");
            temp.InnerText = txtDescription.Text.Trim();
            personInfoElement.AppendChild(temp);
            //返回所构造的"联系人"元素对象
            return personInfoElement;
        }

        set
        {
            personInfoElement = value;
            if(personInfoElement == null)
            {
                return;
            }
            this.currentPersonId = personInfoElement.GetAttribute("id");

            XmlElement tmp = null;

            tmp = personInfoElement.SelectSingleNode("姓名")as XmlElement;
            txtName.Text = tmp! = null?tmp.InnerText:"-";
```

```
cbxGroup.Text = personInfoElement.GetAttribute("分组");

tmp = personInfoElement.SelectSingleNode("性别")as XmlElement;
cbxSex.Text = tmp != null ? tmp.InnerText:"-";
//根据"生日"元素设置年月日3个ComboBox
tmp = personInfoElement.SelectSingleNode("生日")as XmlElement;
if(tmp != null)
{
    string[] ymd = tmp.InnerText.Split('-');
    cbxYear.Text = ymd[0];
    cbxMonth.Text = ymd[1];
    cbxDay.Text = ymd[2];
}
if(tmp != null)
{
    string[] hobbies = tmp.InnerText.Split('~');
    int index = -1;
    for(int i = 0;i< hobbies.Length;i++)
    {
        index = chklstHobbies.Items.IndexOf(hobbies[i]);
        if(index >= 0)
        {
            chklstHobbies.SetItemChecked(index,true);
        }
    }
}
tmp = personInfoElement.SelectSingleNode("联系方式/移动电话")as XmlElement;
txtMobile.Text = tmp != null ? tmp.InnerText:"-";
tmp = personInfoElement.SelectSingleNode("联系方式//家庭电话")as XmlElement;
txtHomePhone.Text = tmp != null ? tmp.InnerText:"-";
tmp = personInfoElement.SelectSingleNode("联系方式/工作电话")as XmlElement;
txtWorkPhone.Text = tmp != null ? tmp.InnerText:"-";
tmp = personInfoElement.SelectSingleNode("联系方式/传真号码")as XmlElement;
txtFax.Text = tmp != null ? tmp.InnerText:"-";
tmp = personInfoElement.SelectSingleNode("联系方式/Email")as XmlElement;
txtEmail.Text = tmp != null ? tmp.InnerText:"-";
tmp = personInfoElement.SelectSingleNode("联系方式/QQ")as XmlElement;
txtQq.Text = tmp != null ? tmp.InnerText:"-";
tmp = personInfoElement.SelectSingleNode("联系方式/MSN")as XmlElement;
txtMsn.Text = tmp != null ? tmp.InnerText:"-";
tmp = personInfoElement.SelectSingleNode("联系方式/邮政编码")as XmlElement;
txtPostalcode.Text = tmp != null ? tmp.InnerText:"-";
tmp = personInfoElement.SelectSingleNode("地址/家庭地址")as XmlElement;
txtHomeAddress.Text = tmp != null ? tmp.InnerText:"-";
tmp = personInfoElement.SelectSingleNode("备注")as XmlElement;
txtDescription.Text = tmp != null ? tmp.InnerText:"-";
tmp = personInfoElement.SelectSingleNode("地址/通信地址")as XmlElement;
```

```
            txtContactAddress.Text = tmp != null ? tmp.InnerText:"-";
            //分解"爱好"元素,设置 CheckBoxList 控件
            tmp = personInfoElement.SelectSingleNode("兴趣爱好")as XmlElement;
            if(tmp! = null)
            {
                string[] hobbies = tmp.InnerText.Split('~');
                int index = -1;
                for(int i = 0;i< hobbies.Length;i++)
                {
                    index = chklstHobbies.Items.IndexOf(hobbies[i]);
                    if(index >= 0)
                    {
                        chklstHobbies.SetItemChecked(index,true);
                    }
                }
            }
        }
    }
```

"InfoControl"用户自定义控件 Load 事件代码，完成初始化设置：

```
    private void InfoControl_Load(object sender,EventArgs e)
    {
        cbxSex.SelectedIndex = 0;
        //初始化年月日组合框的列表项
        for(int y = 1960;y<= DateTime.Now.Year;y++)
        {
            cbxYear.Items.Add(y);
        }
        for(int m = 1;m<= 12;m++)
        {
            cbxMonth.Items.Add(m);
        }
        cbxMonth.SelectedIndex = 0;
        for(int d = 1;d<= 31;d++)
        {
            cbxDay.Items.Add(d);
        }
        cbxDay.SelectedIndex = 0;
        //初始化分组组合框的列表项
        AddressXml xmlDoc = new AddressXml();
        cbxGroup.DataSource = xmlDoc.GetGroupNames();
    }
}
}
```

8.2.5　实现"浏览联系人"功能

添加窗体并重命名为"FrmPersonList.cs"，设置其 Text 为"浏览联系人"。在 Frm-

PersonList窗体的Load事件中读取所有的“联系人”结点。代码如下：

```
private void FrmPersonList_Load(object sender,EventArgs e)
{
    AddressXml doc = new AddressXml();
    XmlNodeList list = doc.GetAllPeopleInfo();
    XmlNode node;
    for(int i = list.Count - 1;i >= 0;i--)
    {
        node = list[i];
        PersonInfoCtrl person = new PersonInfoCtrl();
        person.XmlDoc = doc.Doc;
        person.Dock = DockStyle.Top;
        this.Controls.Add(person);
        person.PersonInfoElement = (XmlElement)node;
    }
}
```

对MainForm中的“浏览联系人”按钮的Click事件编程，代码如下：

```
private void btnBrowse_Click(object sender,EventArgs e)
{                       //判断是否已经打开"frmPersonList",若是则将其关闭再重新打开.
    if(Application.OpenForms["frmPersonList"] != null)
    {
        Application.OpenForms["frmPersonList"].Close();
    }
    FrmPersonList frmPersonList = new FrmPersonList();
    //将frmPersonList设置为主窗体的子窗体
    frmPersonList.MdiParent = this;

    frmPersonList.Show();
}
```

8.2.6 实现“添加联系人”功能

添加窗体并重命名为“FrmAddPerson.cs”，向FrmAddPerson窗体中放入一个“联系人信息”自定义控件和一个按钮。“添加联系人”窗体如图8—4所示。

对FrmAddPerson窗体中“添加联系人”按钮编程，代码如下：

```
private void btnAddPerson_Click(object sender,EventArgs e)
{
    AddressXml addressXml = new AddressXml();
    this.personInfoCtrl1.XmlDoc = addressXml.Doc;

addressXml.AddPersonInfo(this.personInfoCtrl1.PersonInfoElement);
    this.btnAddPerson.Enabled = false;
}
```

对MainForm中的“添加联系人”按钮进行编程，代码如下：

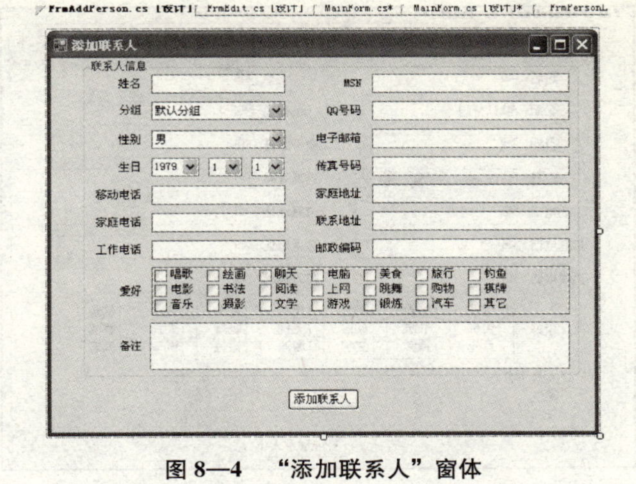

图 8—4　“添加联系人”窗体

```
private void btnAppend_Click(object sender,EventArgs e)
{
    if(Application.OpenForms["frmAddPerson"] ! = null)
    {
        Application.OpenForms["frmAddPerson"].Close();
    }


        FrmAddPerson frmAddPerson = new FrmAddPerson();
    frmAddPerson.MdiParent = this;
    frmAddPerson.Show();
}
```

8.2.7　实现“查找和编辑”功能

在项目中添加一个自定义控件“EditPersonCtrl.cs”，如图 8—5 所示。该控件由一个 PersonInfoCtrl 控件和一个表示“删除联系人”的按钮构成。这里没有放入表示“保存编辑”的功能按钮，但编辑联系人的功能代码已经在 AddressXml.cs 中给出，大家可以自行添加该功能。

“删除联系人”按钮的 Click 事件处理代码：

```
private void btnRemove_Click(object sender,EventArgs e)
{
    AddressXml addressXml = new AddressXml();
    addressXml.RemovePersonInfoById(base.currentPersonId);
    this.Parent.Controls.Remove(this);
}
```

在项目中添加一个窗体，命名为“FrmEdit.cs”，如图 8—6 所示。向窗体里面放入 1 个 Panel，再在 Panel 中放置 2 个 ComboBox、2 个 Label 和 1 个 Button。通过第 1 个 ComboBox 选择是按“姓名”还是按“分组”进行查找。第 2 个 ComboBox 与第 1 个实现联动，显示所有分组或所有联系人姓名，单击“查找”按钮时显示满足条件的联系人信息。

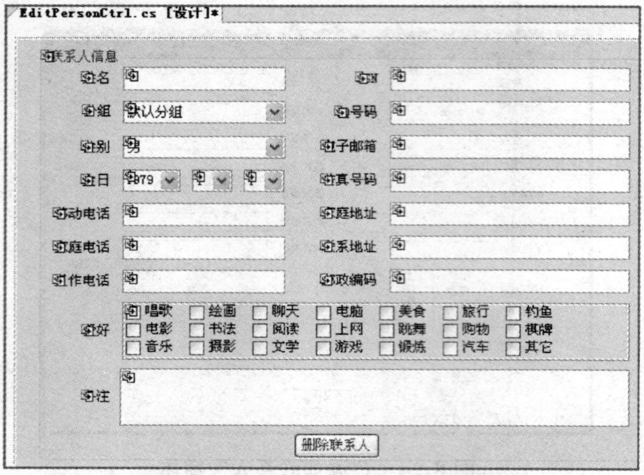

图 8—5　“EditPersonCtrl”自定义控件

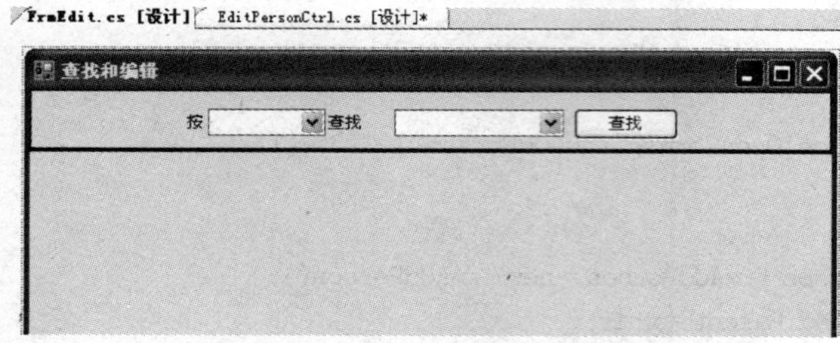

图 8—6　“FrmEdit.cs”窗体

下面是 FrmEdit 中需要输入的代码：

```
public partial class FrmEdit:Form
{
    public FrmEdit()
    {
        InitializeComponent();
    }

    AddressXml addressXml = new AddressXml();
    //根据第一个 ComboBox 的选择初始化第二个 ComboBox 的选项
    private void cbxCondition_SelectedIndexChanged(object sender,EventArgs e)
    {
        string cond = cbxCondition.Text;                //获取查询条件
        switch(cond)
        {
            case "姓名":
                cbxKey.DataSource = addressXml.GetAllNames();
                break;
            case "分组":
```

```
                    cbxKey.DataSource = addressXml.GetGroupNames();
                    break;
                default:
                    break;
            }
        }
        //显示满足条件的联系人信息用 PersonInfoCtrl 控件显示出来
        private void btnQuery_Click(object sender,EventArgs e)
        {
            XmlNodeList list = null;
            string key = cbxKey.Text.Trim();
            string cond = cbxCondition.Text;

            AddressXml addressXml = new AddressXml();

            switch(cond)
            {
                case "姓名":
                    list = addressXml.GetPersonInfoByName(key);
                    break;
                case "分组":
                    list = addressXml.GetPersonInfoByGroupName(key);
                    break;
                default:
                    break;
            }

            if(list = = null)
                return;

            XmlNode node;
            this.pnlResult.Controls.Clear();

            for(int i = list.Count - 1;i > = 0;i - - )
            {
                node = list[i];
                EditPersonCtrl person = new EditPersonCtrl();
                person.PersonInfoElement = (XmlElement)node;
                person.Dock = DockStyle.Top;
                this.pnlResult.Controls.Add(person);
            }
        }
    }
```

8.3 核心技能

虽然 XML 文件形式简单，但若自己编程从中识别标记和属性，提取元素内容，仍然需要费一番工夫。为解决XML的操作问题，W3C组织提供了DOM（Document Object Model，文档对象模型）规范。DOM是一个与平台无关、与语言无关的用来读写XML文件的应用程序接口（API，Application Programming Interface）规范，即规定了一系列操作XML文档的方法标准。DOM提供了一个统一的操作XML数据的接口。应用DOM，可以方便地动态创建XML文档、遍历文档，添加、修改、删除文档内容。

.NET平台扩展了W3C DOM级别1和级别2中可用的API，使XML文档的使用更容易。在完全支持W3C标准的同时，附加的类、方法和属性还增加了使用W3C XML DOM无法完成的功能。相关的类被组织在System.Xml命名空间中。

此外，.NET Framework还提供了XmlReader类和XmlWriter类，这两个类可以看做是SAX（Simple API for Xml）接口的替代品。SAX也是操作XML的一种接口规范，不过它以只进不退的、非缓存的、流式的方式来访问XML文档。另外，SAX接口并不是W3C标准。

8.3.1 XML文档对象模型（DOM）

1.DOM的简介

DOM模型的基本思想是将整个XML文档载入内存，解析出文档中的所有结点并用对象表示出来，再将这些结点对象构造成树形结构，各种编辑操作都是在这棵文档对象树上进行的。对于体积不大的XML文档进行编辑和处理，使用DOM非常方便。

XmlReader类也读取XML，但它提供非缓存的只进、只读访问。这意味着使用XmlReader无法编辑属性值或元素内容，也无法插入和移除结点。但是XmlReader类的速度快和开销小的优势也是DOM无法比拟的。

例如下面的XML文档：

```
<?xml version = "1.0" encoding = "gb2312"?>
<唐诗三百首>
    <诗 体裁 = "五言绝句">
        <作者>孟浩然</作者>
        <标题>春晓</标题>
        <内容>春眠不觉晓,处处闻啼鸟.夜来风雨声,花落知多少.</内容>
    </诗>
</唐诗三百首>
```

当使用DOM将此XML文档读入内存时，将形成如图8—7所示的内存结构，这个树形的XML内存结构通常简称为文档的“DOM结构”或“DOM树”。

在图8—7中，每个矩形框以及椭圆都表示一个“结点”（用XmlNode对象表示）。XmlNode对象是DOM树中的基本对象，XmlNode类是其他结点类的直接或间接基类。仔细观察该图可以发现文档中的各种“成分”都变成了“结点”，比如XML声明、元素、元素的特性、元素的内容等。在DOM树最顶端的是文档树的树根，这是一个较为抽象的结点，它是XmlDocument类的实例，代表整个XML文档。

XmlDocument类派生于XmlNode类，其中包含用于对整个文档执行操作的方法，比如读取文档到内存中，或者将内存中的DOM树的内容保存到磁盘文件中。此外XmlDocument类还提供了查看和处理整个XML文档中的结点的方法。通过XmlNode和Xml-

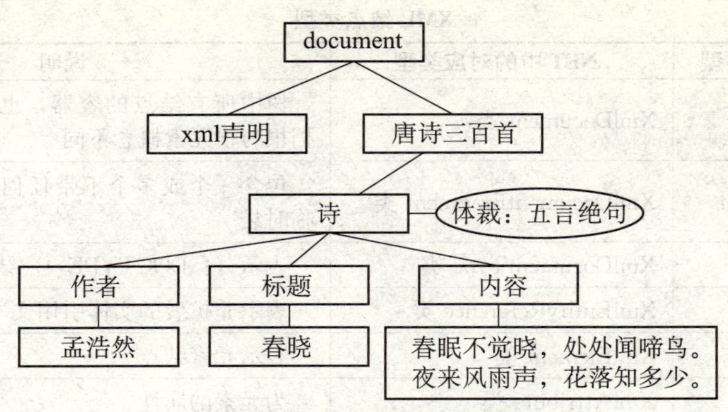

图 8—7　XML 文档的 DOM 结构

Document 提供的属性和方法可以访问和修改 DOM 特定的结点。

在 DOM 树中，结点对象与结点对象的关系概括起来就是两种，要么两个并列，要么一个包含另一个。对于根结点而言，它没有与之相邻的上一级结点（即父结点）；对于叶子结点而言，它没有与之相邻的下一级结点（即子结点）；多个结点拥有相同的父结点时，则它们是同辈的兄弟结点。大多数结点可以拥有多个子结点，比如 Document（文档）、Document Fragment（文档片段）、Entity Reference（实体引用）、Element（元素）、Attribute（特性）等类型的结点。而 Xml Declaration（Xml 声明）、Notation（符号）、Entity（实体）、CDATA Section（CDATA 节）、Text（文本）、Comment（注释）、Processing Instruction（处理指令）和 Document Type（文档类型）结点没有子结点。

在众多类型的结点中，要着重强调一下 Attribute 结点和 Text 结点。在 DOM 中，Attribute 结点比较特殊，它是不属于父子关系和同辈关系的结点。Attribute 结点被看做是元素结点的属性，而不是元素的子结点，故在图 8—7 中元素“诗”的“体裁”特性用一个椭圆来表示，而不是用矩形框来表示。当然也不能使用元素结点对象的获取子结点的方法去访问其所拥有的 Attribute 结点。Text 结点也比较特殊，在多数情况下，一个非空元素里面要么含有子元素，要么含有文本，较少出现子元素和文本混合的情况。对于初学者而言，当 XML 文档被加载到内存生成文档树后，比较容易理解子元素成了上一级元素的子结点，而容易将标记中文本仅仅当作是元素对象的属性（Property），而没有将其看做是一个文本结点对象。比如 XML 片段“〈作者〉孟浩然〈/作者〉”在 DOM 树上产生两个结点：一个是元素结点代表“作者”这个 XML 元素；另一个是文本结点，代表字符串“孟浩然”，它是“作者”元素结点的子结点。

2. XML 结点类型

使用 DOM 将 XML 读入内存时会创建结点对象。然而，并非所有结点都具有相同的属性和行为。因此，在读取各种数据时，将为每个结点分配一种结点类型。此结点类型确定结点的特性和功能。例如可以给元素结点增加 Attribute 结点，而对于文本结点、注释结点等就没有 Attribute 概念。

表 8—1 列出了 W3C DOM 中规定的结点类型及 . NET 中对应的类名称，还列出了 . NET 中增加的结点类型。. NET 中定义了 XmlNodeType 枚举来表示这些结点类型。

表 8—1 XML 结点类型

W3C DOM 结点类型	.NET 中的对应类型	说明
Document	XmlDocument 类	树中所有结点的容器，也称作文档根，文档根与根元素概念不同
DocumentFragment	XmlDocumentFragment 类	包含一个或多个不带任何树结构的结点的临时袋
DocumentType	XmlDocumentType 类	表示〈! DOCTYPE…〉结点
EntityReference	XmlEntityReference 类	表示非扩展的实体引用文本
Element	XmlElement 类	表示元素结点
Attr	XmlAttribute 类	为元素的属性
ProcessingInstruction	XmlProcessingInstruction 类	处理指令结点
Comment	XmlComment 类	注释结点
Text	XmlText 类	属于某个元素或属性的文本
CDATASection	XmlCDataSection 类	表示 CDATA
Entity	XmlEntity 类	表示 XML 文档（来自内部文档类型定义(DTD) 子集或来自外部 DTD 和参数实体）中的〈! ENTITY…〉声明
Notation	XmlNotation 类	表示 DTD 中声明的表示法
非 W3C 标准结点	XmlDeclaration	表示声明结点〈? xml version="1.0"…〉
非 W3C 标准结点	XmlSignificantWhitespace	表示有效空白（混合内容中的空白）
非 W3C 标准结点	XmlWhitespace	表示元素内容中的空白
非 W3C 标准结点	EndElement	当 XmlReader 到达元素的末尾时返回。对 DOM 而言无意义
非 W3C 标准结点	EndEntity	当 XmlReader 由于调用 ResolveEntity 而到达实体替换的末尾时返回，对 DOM 而言无意义

3. XML 文档对象模型层次结构

在.NET 中，与 DOM 相关的被组织在 System.Xml 命名空间中。图 8—8 显示了.NET 中 DOM 的类层次结构，其中 W3C 名称用括号括起来，另外还有相关的类名。从图 8—8 中可以看出，XmlNode 类是各种结点类的直接或间接的基类。

在图 8—8 中还有几个类要说明一下：

XmlNamedNodeMap 类处理未排序的结点集，XmlAttributeCollection 派生于此类。对于元素的特性而言，其顺序是不重要的。

XmlNodeList 类处理已排序的结点列表。

XmlLinkedNode 类从 XmlNode 类继承，其目的是从 XmlNode 类中重写两个属性：PreviousSibling 属性和 NextSibling 属性。这两个属性再加上从 XmlNode 继承而来的 ParentNode 属性、FirstChild 属性、LastChild 属性，可以很方便地从当前结点位置导航到邻近的结点。

- XmlNode(Node)
  - XmlDocument(Document)
    - XmlDataDocument
  - XmlDocumentFragment(DocumentFragment)
  - XmlEntity(Entity)
  - XmlNotation(Notation)
  - XmlAttribute(Attr)
  - XmlLinkedNode
    - XmlCharacterData(CharacterData)
      - XmlComment(Comment)
      - XmlText(Text)
      - XmlCDataSection(CDATASection)
      - XmlWhitespace
      - XmlSignificantWhitespace
    - XmlElement(Element)
    - XmlDeclaration
    - XmlDocumentType(DocumentType)
    - XmlEntityReference(EntityReference)
    - XmlProcessingInstruction(ProcessingInstruction)

- XmlImplementation(DOMImplementation)
- XmlNodeList(NodeList)
- XmlNamedNodeMap(NamedNodeMap)
  - XmlAttributeCollection
- XmlNodeChangedEventArgs

图 8—8 XML 文档对象模型（DOM）层次结构

8.3.2 使用 DOM 处理 XML 文档

1. 创建 XML 文档

使用 DOM 处理文档的第一步就是先创建一个 XmlDocument 文档对象，这个文档对象是 DOM 树的根结点。下面的代码创建了一个新的空 XmlDocument 对象。

```
XmlDocument doc = new XmlDocument();
```

创建文档对象后，一种加载方法是通过 Load 方法从字符串、流、URL、文本读取器或 XmlReader 派生类为该文档加载数据。还有另一种加载方法，即 LoadXML 方法，此方法从字符串中读取 XML。例如，读取磁盘上的 XML 文件，代码如下：

```
doc.Load(@"d:\联系人.xml");
```

用 XML 字符串来填充文档对象，代码如下：

```
doc.LoadXml("〈作者〉孟浩然〈/作者〉");
```

2. 保存 XML 文档

XmlDocument 对象提供了几个重载的 Save 方法，用以将文档保存到不同位置。

XmlDocument. Save（Stream）

XmlDocument. Save（String）

XmlDocument. Save（TextWriter）

XmlDocument. Save（XmlWriter）

例如，将文件保存到文件中，代码如下：

```
XmlDocument doc = new XmlDocument();
doc.Load(@"d:\联系人.xml");
//其他处理
doc.Save(@"d:\test.xml");
```

如果在调用 Save 方法之前将文档对象的 PreserveWhitespace 属性设置为 true，文档中的空白字符在输出中将保留；如果此属性为 false（默认值），XmlDocument 将使输出自动缩进。

空白字符指的是空格、换行、回车、制表符这样的不可见字符。

如果要给直接在内存中创建的文档编码，或者改变读入的文档的编码，则需要在保存文档之前，给文档添加 XmlDeclaration 文档声明对象，代码如下：

```
XmlDocument doc = new XmlDocument();
//创建 XmlDeclaration 结点并添加至文档树,用以指定文档的编码
XmlDeclaration decl = doc.CreateXmlDeclaration("1.0","gb2312",null);
doc.AppendChild(decl);
//其他处理
doc.Save(@"d:\test.xml");
```

如果要将文档或其他结点的内容序列化到字符串中，则从 XmlNode 继承而来的 OuterXml 属性和 InnerXml 属性最为实用。这两个属性是 Microsoft 对 W3C DOM 标准的扩展。OuterXml 属性返回表示给定结点及其所有子结点的标记字符串，而 InnerXml 属性用来获取或设置仅代表该结点的子结点的标记。

下面的代码显示了如何将整个文档保存为一个字符串。

```
XmlDocument doc = new XmlDocument();
doc.Load(@"d:\test.xml");
//其他处理
string xml = doc.OuterXml;
```

下面的代码显示了如何只保存文档元素（字符串中包含当前结点的开始标记和结束标记）。

```
string xml = mydoc.DocumentElement.OuterXml;
```

8.3.3 在 DOM 中检索结点

检索结点是 DOM 的基本操作。不论是编辑结点内容还是操作结点属性，首先需要获取对结点的引用。DOM 提供了多种方法和属性来完成结点的检索，这些方法或属性的返回值不外乎两种情况：一是单个结点对象，二是结点列表。而结点列表又分成两种类型：NamedNodeMap 和 NodeList。

1. NamedNodeMap

将结点集放在未排序的集合中时，W3C 将此结点集称为 NamedNodeMap。在这种类型的集合中可以按名称或索引检索数据，其中的集合元素的顺序对于 XML 文档而言是无关紧要的，比如元素的特性所构成的集合。NamedNodeMap 在 .NET Framework 中的实现为 XmlNamedNodeMap。

2. NodeList

将结点集放入已排序的集合中时，W3C 将此结点集称为 NodeList，可以按从零开始的索引检索数据。比如一个元素的子结点所构成的集合，它们的顺序对于 XML 文档而言是十分重要的。NodeList 在 .NET Framework 中的实现为 XmlNodeList。

在表 8—2 中列出了常见的查找结点的方法和属性。

表 8—2　　常见的用以检索结点的方法和属性

属性	返回值	属性说明
XmlElement. Attributes ID	XmlAttributeCollection	XmlAttributeCollection 派生于 XmlNamedNodeMap，它包含当前元素结点的属性（Attribute）。对于其他类型的结点而言，该属性将返回空引用
XmlNode. ChildNodes ID	XmlNodeList	返回一个 XmlNodeList，它包含当前结点的所有子结点。如果没有子结点，该属性返回空列表
XmlNode. FirstChild ID	XmlNode	返回当前结点子结点中的第一个。如果没有这样的结点，则返回空引用
XmlNode. LastChild ID	XmlNode	返回当前结点子结点中的最后一个。如果没有这样的结点，则返回空引用
XmlNode. ParentNode ID	XmlNode	返回当前结点的父结点
XmlNode. NextSibling ID	XmlNode	返回当前结点的后一个兄弟结点。如果没有则返回空引用
XmlNode. PreviousSibling ID	XmlNode	返回当前结点的前一个兄弟结点。如果没有则返回空引用
方法	**返回值**	**方法说明**
XmlNode. SelectNodes （String xpath）	XmlNodeList	选择匹配 XPath 表达式的结点列表
XmlNode. SelectSingleNode (String xpath)	XmlNode	选择匹配 XPath 表达式的第一个 XmlNode
XmlDocument. GetElementsByTagName (String tagName) XmlElement. GetElementsByTagName (String tagName)	XmlNodeList	查找所有标记名称为参数 tagName 的所有子代元素
XmlDocument. GetElementById (string id) XmlElement. GetElementById (string id)	XmlElement	查找具有指定 ID 的 XmlElement。注意：至于元素的哪个属性是 ID 类型的，需要在 DTD 中定义

下面的代码演示如何访问 XmlNodeList：

```
XmlDocument doc = new XmlDocument();
doc.Load("books.xml");
XmlElement root = doc.DocumentElement;
//获取所有的"title"元素放入到 elemList 集合中
XmlNodeList elemList = root.GetElementsByTagName("title");
for(int i = 0;i< elemList.Count;i ++ )
```

```
{
    //利用集合的 Count 属性循环访问集合内的成员
    Console.WriteLine(elemList[i].InnerXml);
}
```

DOM 中的 SelectSingleNode 和 SelectNodes 方法可以使用 XML 路径语言（XPath）来描述所要查询的信息。可以使用 XPath 查找单个特定结点，也可以查找与某个条件匹配的所有结点。

XPath 使用路径表达式来选取 XML 文档中的结点或者结点集。这些路径表达式和平常的计算机文件系统中看到的表达式非常相似。具体的 XPath 语法请参考相关资料。这里仅给出一些简单示例，演示 XPath 强大的查询功能。

输入文档，代码如下：

```
<?xml version="1.0" encoding="GB2312"?>
<通讯录>
    <联系人 分组="同学" id="0c43f1f8-d376-4c02-8ec1-f5fb143bb46b">
        <姓名>珍妮</姓名>
        <性别>女</性别>
        <生日>1987-04-26</生日>
        <兴趣爱好>唱歌~音乐~游戏~</兴趣爱好>
        <备注>同学珍妮</备注>
        <联系方式>
            <移动电话>12345678</移动电话>
            <家庭电话>12345678</家庭电话>
            <工作电话>12345678</工作电话>
            <传真号码>12345678</传真号码>
            <Email>Jenny@abc.com</Email>
            <QQ>34234</QQ>
            <MSN>sdfsdf</MSN>
            <邮政编码>123456</邮政编码>
        </联系方式>
        <地址>
            <家庭地址>重庆市大学城</家庭地址>
            <通信地址>重庆市大学城重庆电子工程职业学院</通信地址>
        </地址>
    </联系人>

<联系人 分组="朋友" id="220c5461-b444-4d5b-954e-05121058569c">
        <姓名>马克</姓名>
        <性别>男</性别>
        <生日>1986-01-22</生日>
        <兴趣爱好>唱歌~游戏~</兴趣爱好>
        <备注>朋友马克</备注>
        <联系方式>
          <移动电话>12345678</移动电话>
          <家庭电话>12345678</家庭电话>
          <工作电话>12345678</工作电话>
```

```
        <传真号码>12345678</传真号码>
        <Email>Jenny@abc.com</Email>
        <QQ>34234</QQ>
        <MSN>sdfsdf</MSN>
        <邮政编码>123456</邮政编码>
        </联系方式>
      <地址>
        <家庭地址>重庆市大学城</家庭地址>
        <通信地址>重庆市大学城重庆电子工程职业学院</通信地址>
      </地址>
    </联系人>

</通讯录>
```

使用不同 XPath 表达式查找不同的结点，对于 SelectNodes 方法返回的 XmlNodeList 列表可以通过其 Count 属性来进行 For 循环处理，也可以使用 foreach 语言来处理。代码如下：

```
XmlNodeList nodeList;
XmlNode node;
XmlNode root = doc.DocumentElement;

//选择所有的"姓名"元素."//"表示在 root 结点的所有后代中查找
nodeList = root.SelectNodes("//姓名");

//选择所有的"姓名"元素.其中的 XPath 表达式描述了从文档根元素到"姓名"元素的"绝对路径"
nodeList = root.SelectNodes("/通讯录/联系人/姓名");

//选择所有的"姓名"元素.其中的 XPath 表达式描述了从当前
//的 root 结点到"姓名"元素的"相对路径"
nodeList = root.SelectNodes("联系人/姓名");

//选择第二个"联系人"的"性别"元素.其中序号从 1 开始计算
node = root.SelectSingleNode("联系人[2]/姓名");

//选取所有"朋友"分组中的联系人元素,"@"表示选取属性
nodeList = root.SelectNodes("联系人[@分组 = '朋友']");

//选取所有"联系人"元素且要求"联系人"的子元素"性别"的内容是"女"
nodeList = root.SelectNodes("联系人[性别 = '女']");
```

8.3.4　访问 DOM 中的特性

特性（Attribute）是元素的属性，不是元素的子级。这一区别很重要，因为用来浏览 XML DOM 树中同辈、父级和子结点的方法或属性对于特性不起作用。例如，PreviousSibling 和 NextSibling 方法不能从元素浏览到特性或在特性间浏览。特性具有一个 OwnerElement 属性而非 parentNode 属性，并且具有不同的浏览方法。

XmlElement. HasAttribute（String attributeName）方法用来查看元素对象是否具有指定名称的特性。如果已知元素具有特性，有多种方法可以访问这些特性。要从元素中检索单个特性，可使用 XmlElement 的 GetAttribute 和 GetAttributeNode 方法，也可以将所有特性收集到一个集合中。如果需要循环访问集合，获取集合就很有用。如果需要一个元素中的所有特性，可使用该元素的特性将所有特性检索到一个集合中。XmlElement 类中操作 Attribute 的属性和方法见表 8—3。

表 8—3　XmlElement 类中操作 Attribute 的属性和方法

属性	属性说明
Attributes	获取包含该结点属性列表的 XmlAttributeCollection
HasAttributes	获取一个 boolean 值，该值指示当前结点是否有任何属性
方法	**方法说明**
GetAttribute	返回指定属性的属性值
GetAttributeNode	返回指定的 XmlAttribute
HasAttribute	确定当前结点是否具有指定的属性
RemoveAllAttributes	从元素移除所有指定的属性，不移除默认属性
RemoveAttribute	移除指定的属性（如果移除的属性有一个默认值，则立即予以替换）
RemoveAttributeAt	从元素中移除具有指定索引的属性结点
RemoveAttributeNode	移除 XmlAttribute
SetAttribute	设置指定属性的值
SetAttributeNode	添加一个新 XmlAttribute

下面的代码显示如何移除特性并创建新特性。

```
using System;
using System.Xml;
class test {
    public static void Main(){
        XmlDocument doc = new XmlDocument();
        doc.LoadXml("<root><child1 attr1 = 'val1' attr2 = 'val2'>text1 "
            + "</child1><child2 attr3 = 'val3'>text2</child2></root>");
XmlElement child1 = doc.DocumentElement.FirstChild;

        //输出特性的值
        Console.WriteLine("attr1 = " + child1.GetAttribute("attr1"));
        Console.WriteLine("attr2 = " + child1.GetAttributeNode("attr2").Value);

        //获取"child2"的所有特性
        XmlAttributeCollection ac =

doc.DocumentElement.ChildNodes[1].Attributes;

        //打印特性个数
        Console.WriteLine("特性个数:" + ac.Count);

        //遍历访问特性集中的每一个特性结点
```

```
        for(int i = 0;i< ac.Count;i ++ )
            Console.WriteLine((i + 1) + ". 特性名:" + ac[i].Name +
"' 特性值:'" + ac[i].Value + "'");

        //获取"child1"的 "attr1"特性
        XmlAttribute attr = doc.DocumentElement.ChildNodes[0].Attributes[0];

        //将特性添加到特性集 "ac".
        ac.SetNamedItem(attr);

        //"attr1"特性将从"child1"元素中移除,并添加到元素"child2"中
        //输出"child2"特性的个数
        Console.WriteLine("特性个数:" + ac.Count);
        for(int i = 0;i< ac.Count;i ++ )
            Console.WriteLine((i + 1) + ". 特性名:" + ac[i].Name
+ "' 特性值:'" + ac[i].Value + "'");

        //创建一个新特性并添加到特性集 ac 中,即添加到元素"child2"中
        XmlAttribute attr2 = doc.CreateAttribute("attr4");
        attr2.Value = "val4";
        ac.SetNamedItem(attr2);

        Console.WriteLine("特性个数:" + ac.Count);
        //打印特性
        for(int i = 0;i< ac.Count;i ++ )
            Console.WriteLine((i + 1) + ". 特性名:" + ac[i].Name
+ "' 特性值:'" + ac[i].Value + "'");

        //也可以使用 foreach 处理元素的特性集合
        foreach(XmlAttribute attr in ac)
        {
            Console.WriteLine(attr.Name + " = " + attr.Value);
        }

    }
}
```

8.3.5 向 XML 文档中添加结点

要为 DOM 树添加新的结点，不能直接使用 new 运算符来创建相应的结点对象，而只能通过 XmlDocument 对象所提供的 Creat 方法来创建结点。XmlDocument 为所有结点类型提供了 Creat 方法，为该法提供必要的参数便可创建相应类型的结点。

（1）CreateCDataSection。

（2）CreateComment。

（3）CreateDocumentFragment。

（4）CreateDocumentType。

(5) CreateElement。

(6) CreateNode。

(7) CreateProcessingInstruction。

(8) CreateSignificantWhitespace。

(9) CreateTextNode。

(10) CreateWhitespace。

(11) CreateXmlDeclaration。

下面的代码显示了该如何创建常见的结点对象。

```
XmlDocument doc = new XmlDocument();

//创建属性结点
XmlAttribute attr = doc.CreateAttribute("attr");
//创建注释结点
XmlComment comm = doc.CreateComment("这是一个注释");
//创建元素结点
XmlElement elem1 = doc.CreateElement("作者");
//创建文本结点
XmlText txt = doc.CreateTextNode("张三");
//创建 XML 声明结点
XmlDeclaration decl = doc.CreateXmlDeclaration("1.0","gb2312","yes");
```

在上面的代码中，尽管通过doc对象创建了一系列新结点，但这些结点还是孤立的，并没有添加到doc对象所代表的DOM树中。XmlNode中定义的几个方法可用来将结点插入到树中。表8—4列出了添加结点的方法，并描述了新结点在XML文档对象模型中的位置。

表8—4　添加结点的方法

方法	结点位置
InsertBefore	插入到引用结点之前。例如： XmlNode refChild＝node.ChildNodes [4]； node.InsertBefore (newChild，refChild)；
InsertAfter	插入到引用结点之后。例如： node.InsertAfter (newChild，refChild)；
AppendChild	将结点添加到给定结点的子结点列表的末尾。如果所添加的结点是XmlDocumentFragment，则会将文档片段的全部内容移至该结点的子列表中
PrependChild	将结点添加到给定结点的子结点列表的开头。如果所添加的结点是XmlDocumentFragment，则会将文档片段的全部内容移至该结点的子列表中

8.3.6 移除DOM中的结点和结点内容

1. 移除DOM中的结点

若要移除DOM中的结点，可使用RemoveChild方法移除特定结点。在移除结点时，该方法将移除指定的子结点，以及子结点所拥有的任何子级。

要移除DOM中的多个结点，可使用RemoveAll方法移除当前结点的所有子级和属性。

如果使用的是 XmlNamedNodeMap，可使用 RemoveNamedItem 方法移除结点。

2. 移除 DOM 中的结点内容

对于从 XmlCharacterData 继承的结点类型，包括 XmlComment、XmlText、XmlCDataSection、XmlWhitespace 和 XmlSignificantWhitespace，可以使用 DeleteData 方法移除字符，该方法从结点中删除某个范围的字符。例如：

```
node.DeleteData(2,5);
```

以上代码将从 node 结点的文本中删除从索引号为 2 开始的 5 个字符。

8.3.7 修改 DOM 中的结点和结点内容

有多种方法可以修改 DOM 中的结点和结点内容。

（1）使用 Value 属性更改结点的值。

（2）通过用新结点替换现有结点来修改全部结点集，此操作使用 InnerXml 属性完成。

（3）使用 RemoveChild 方法用新结点替换现有结点。

（4）使用 AppendData、InsertData 或 ReplaceData 方法向从 XmlCharacterData 类继承的结点添加附加字符。

（5）通过在从 XmlCharacterData 继承的结点类型上使用 DeleteData 方法移除某个范围的字符，以修改内容。

更改结点值的一个简单方法是：

```
node.Value = "new value";
```

尽管所有的结点类型都从 XmlNode 类那里继承了 Value 属性，但 Value 属性并不是对所有类型的结点都是有效的。比如，elem 是个元素对象，则 elem.Value 的值始终为空引用。表 8—5 列出了具有有效的 Value 属性的结点类型，以及 Value 属性所代表的含义。

表 8—5 不同类型结点的 Value 属性

结点类型	Value 属性更改的数据
Attribute	属性的值
CDATASection	CDATA 结点的内容
Comment	注释的内容
ProcessingInstruction	内容（不包括目标）
Text	文本的内容
XmlDeclaration	声明的内容，不包括〈? xml 和?〉标记
Whitespace	空白的值。可以将该值设置为四个可识别的 XML 空白字符之一：空格、制表符、CR 或 LF
SignificantWhitespace	有效空白的值。可以将该值设置为四个可识别的 XML 空白字符之一：空格、制表符、CR 或 LF

表 8—5 中未列出的其他结点类型都没有有效的 Value 属性，对这些结点设置 Value 属性会引发 InvalidOperationException 异常。

InnerXml 属性更改当前结点的子结点标记，设置此属性将用给定字符串的分析内容替换子结点，分析在当前命名空间上下文中完成。此外，InnerXml 移除多余的命名空间声明，因此，大量的剪切和粘贴操作并不会使文档的大小因多余的命名空间声明而增加。

拓展实训 8

1. 实训目的

在了解了如何操作 XML 文档以后，来让我们为“个人通讯录”增加分组管理功能。添加一个如图 8—9 所示的窗体。

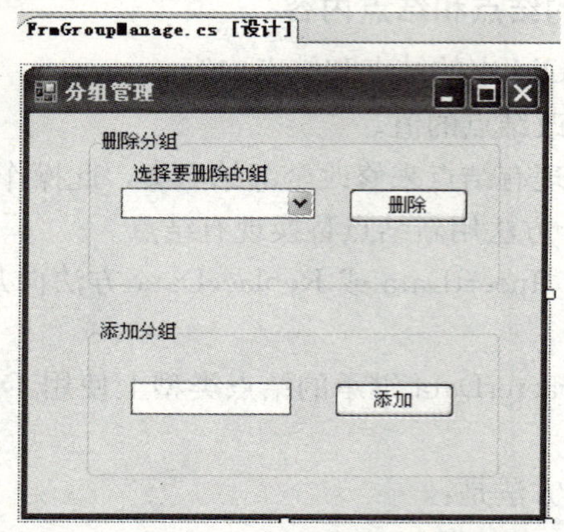

图 8—9 “FrmGroupManage”窗体

2. 任务描述

Group. xml 的结构前面已经给出，现在要求向项目中添加如图 8—9 所示的窗体。要求在窗体显示时，在 ComboBox 中显示所有已经存在的分组的名称。

要求：

(1) 删除分组，并删除该分组的所有联系人。

(2) 添加分组，当组名已经存在时给出提示。

3. 要点提示

(1) 要在 ComboBox 中显示所有分组，应该在窗体的 Load 事件中，使用自定义类的 AddressXml 类的“public string [] GetGroupNames ()”方法获取由所有组名构成的字符串数组，将该数组设置为 ComboBox 的 DataSource 属性以实现数据绑定。

(2) 在 AddressXml 类中添加方法 public void AddGroup (string groupName)，将添加分组的代码写入其中。根据输入的组名在 DOM 树上查找，若找到则给出提示，否则根据输入的组名构造“分组”元素，将该元素添加到 DOM 树上，保存文档。

(3) 在 AddressXml 类中添加方法 public void RemoveGroup (string groupName)。根据当前选择的组名在 address. xml 查找“联系人”元素，通过循环依次将“联系人”元素从文档中删除，然后在 group 中删除相应的“分组”元素。

注意：对 DOM 树进行了增删等编辑操作后，要及时使用 Save 方法将更改保存到磁盘文件中，否则这些更改仅仅表现在内存中而不会影响相应的 XML 磁盘文件。

课后练习 8

在因特网普及的今天，我们经常会在网络上下载一些电子书、文章、示例代码等电子资料。时间一长，电子资料繁多，常常不容易找到，因此有必要用软件管理这些资料，以便我们查找和使用。

1. 任务描述

制作一个“电子书管理系统”，它的功能如下：

(1) 浏览、添加、编辑电子书信息。

(2) 对电子书信息进行分类。

(3) 能按多种条件进行查找。

2. 要点提示

这个练习所涉及的知识和“个人通讯录”一致，大家可参考书中步骤完成。

第 9 章　日记本程序设计

技能目标

- 了解 Access 数据库创建的基本方法
- 了解 ADO. NET 基本对象、方法
- 了解日记本程序设计过程
- 掌握数据库连接的基本方法
- 掌握数据库操作类的定义
- 掌握 UserControl 控件的创建和使用方法
- 熟练掌握通过数据库连接向导完成添加数据源
- 熟练掌握 BindingNavigator、DataGridView 控件的使用

教学情景导入

在第 8 章里，我们以 XML 文件作为数据存储文件，制作了一个小小的通讯录程序。在实际使用中，XML 更大的用武之地是程序间的数据交换，作为数据存储手段的话则比较适合存放少量的、单用户访问的数据。要存储大量数据都需要用到数据库技术，常见的大型数据库管理系统有 Oracle、SQL Server 等；小型的如微软的 Access，还有风靡网络的 MySqL 等。在 . NET 平台上，微软提供了 ADO. NET 来实现 . NET 应用程序对各种数据源的访问，并提供了功能强大的数据绑定控件用以显示数据。

在本章里，我们就使用最简单的 Access 数据库作为数据存储手段，使用 ADO. NET 来实现一个日记本程序。

9.1　情景描述：制作日记本程序

随着计算机的普及，人们越来越多地使用计算机做各种各样的事情，办公、游戏、记录自己的各种心情，管理自己的财务等，电子日记应运而生。本章介绍日记本程序的设计方法，虽然功能有些简单，但日记本的基本功能都已经具备了。“美好生活日记本”界面设计如图 9—1 所示。

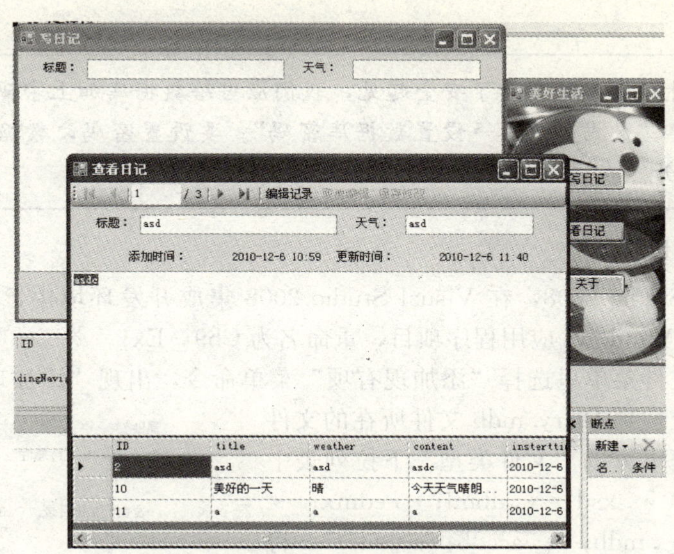

图 9—1　日记本程序的界面

“美好生活日记本”主要有以下功能：

(1) 身份验证。要求用户输入用户名和密码后才能查看日记，保证日记的私密性。

(2) 编写日记。包括日记标题、天气以及内容，并记录日记的编写时间。

(3) 查看并编辑日记。可以查看以前的日记，并提供修改功能。

(4) “关于”窗体。版权信息的提示。

本例仍然采用模块化的设计思想，设计一个用户控件，并将操作数据库的代码像第 8 章一样，将它们收归到一个类中。

9.2　实战引导：完成“美好生活日记本”

9.2.1　创建 Access 数据库

本例中，对数据库的要求并不高，所以采用简单方便的 Access 数据库。首先使用 MS Office Access 软件可以创建一个 mdb 文件，命名为“Diary. mdb”。然后创建两张数据表“Users”和“Diaries”，分别用来存放用户信息和日记信息。创建 Access 数据库的具体步骤将在核心技能中介绍。

数据表的结构如图 9—2 所示。Users 表中存放了一条记录，用户名和密码都是“admin”。

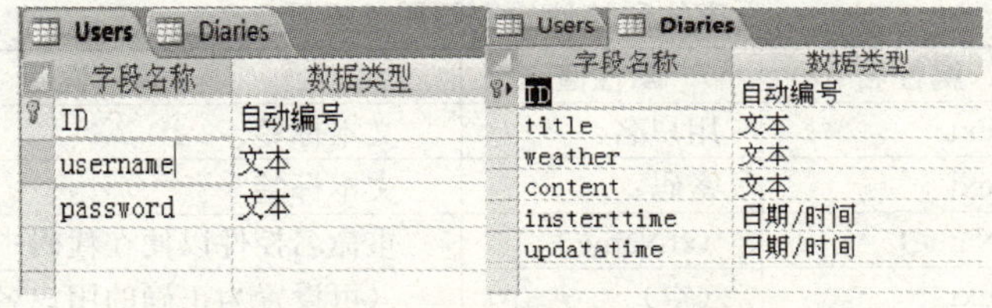

字段名称	数据类型
ID	自动编号
username	文本
password	文本

字段名称	数据类型
ID	自动编号
title	文本
weather	文本
content	文本
inserttime	日期/时间
updatatime	日期/时间

图 9—2　Users 表和 Diaries 表的结构

> **说明：** 设计数据库时，为了安全起见，我们应当给数据库加上密码，具体是设置方法是单击菜单“数据库工具→设置数据库密码”。要设置密码，数据库文件必须以“独占方式”打开。在这个例子里，设置密码为123456。

9.2.2 新建日记本

启动Visual Studio 2008，在Visual Studio 2008集成开发环境中，单击“文件→新建→项目”，新建Windows应用程序项目，重命名为Ch9 _ Ex1。

从“项目”文件菜单里选择“添加现有项”菜单命令，出现“添加现有项”对话框。将“查找范围”定位到Diary. mdb文件所在的文件夹位置，在对话框下方的“文件类型”下拉列表中选择“数据文件（*. xsd; *. dbml; *. edmx; *. xml; *. mdf; *. mdb; *. accdb; *. sdf)”，将“Diary. mdb”文件添加到项目中来。

在“解决方案资源管理器”中点击“Diary. mdb”，则在属性对话框中出现它的属性，如图9—3所示。将“复制到输出目录”由“始终复制”改为“如果较新则复制”。

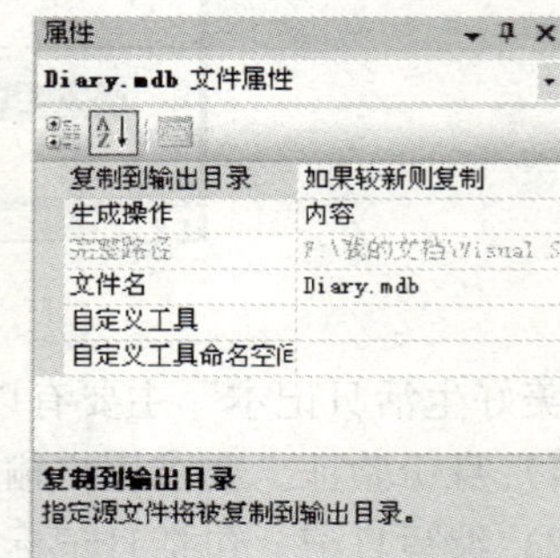

图9—3 查看“Diary. mdb”的属性

> **说明：** 如果使用“始终复制”这样的默认配置，则每次调试程序的时候Visual Studio 2008都会将“Diary. mdb”文件从项目文件夹复制到Debug文件夹。这样的话，在之前的调试中对数据库的更改就会被覆盖掉，这样就可能导致用户误会程序没能成功访问mdb数据库文件。

9.2.3 日记本程序界面设计

1. 设计登录窗体（frmLogin）

在“解决方案资源管理器”中，将Visual Studio 2008自动生成的“Form1. cs”重命名为“frmLogin. cs”。登录窗体设计如图9—4所示，具体设计步骤可参考第2章内容，与第2章不同的是，在这里使用PictureBox来实现的图片的显示。

对窗体和控件的主要属性设置见表9—1。

表9—1 窗体和控件的主要属性设置

控件原ID	属性名	属性值	说明
lable1	Text	用户名：	文本标签
lable2	Text	密码：	文本标签
textBox1	(Name)	txtName	重命名控件以便在代码中识别
	Text	（空）	（可设置为正确的用户名，以方便调试）

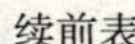

续前表

控件原 ID	属性名	属性值	说明
textBox2	(Name)	txtPwd	重命名控件以便在代码中识别
	Text	（空）	（可设置为正确的用户密码，以方便调试）
	PasswordChar	*	输入密码时回显的字符
button1	(Name)	btnOK	重命名控件，以便识别
	Text	确定	按钮文字
button2	(Name)	btnExit	重命名控件，以便识别
	Text	退出	按钮文字
frmLogin	AcceptButton	btnOK	设置 Enter 键对应"确定"按钮
	CancelButton	btnExit	设置 ESC 键对应"取消"按钮
	Text	登录	设置标题栏文字
	StartPosition	CenterScreen	设置窗体启动的位置

2. 主窗体（frmMain）

添加新的窗体，命名为"frmMain. cs"。窗体整体设计如图 9—5 所示。本例主要目的是演示功能，所以窗体结构非常简单，这里仅仅放置了 3 个 Button 控件，读者可以自己按照前面的讲解添加菜单栏、工具栏等，进一步优化界面。

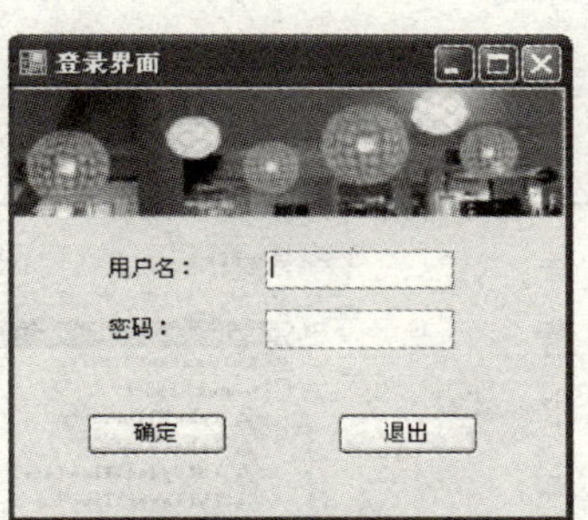

图 9—4　登录窗体设计

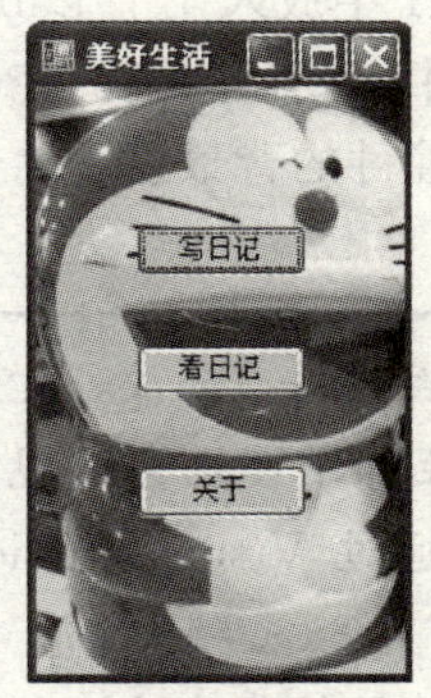

图 9—5　窗体整体设计

对主窗体的主要属性设置见表 9—2。

表 9—2　主窗体的主要属性设置

控件原 ID	属性名	属性值	说明
button1	(Name)	btnWrite	重命名控件名称，便于识别
	Text	写日记	控件中显示的文字
button2	(Name)	btnRead	重命名控件名称，便于识别
	Text	看日记	控件中显示的文字
button3	(Name)	btnAbout	重命名控件名称，便于识别
	Text	关于	控件中显示的文字
frmMain	Text	美好生活	设置标题
	StartPosition	CenterScreen	设置窗体启动的位置
	BackgroundImage	加载的一张图片	设置背景图片

3. 设计“DiaryCtrl”用户控件

从“项目”菜单中选择“添加用户控件”菜单项，向项目中添加一个用户控件，并命名为“DiaryCtrl”。“DiaryCtrl”用户控件界面如图9—6所示。

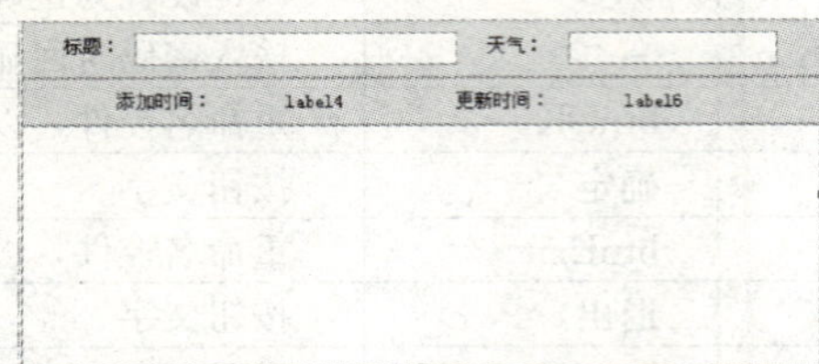

图9—6 “DiaryCtrl”用户控件

DiaryCtrl用户控件设计步骤如下：

（1）向控件中放入2个Panel控件和1个TextBox控件。将Textbox控件重命名为txtContent，并将其MultiLine属性设置为true，该控件用以表示日记的正文部分。

（2）将2个Panel控件的Dock属性设置为Top，将TextBox控件的Dock属性设置为Fill，适当调整它们的高度。

（3）在panel2中放入Label控件和TextBox控件，用以表示“标题”和“天气”

（4）在panel1中放入4个Label控件，表示日记的编写时间和修改时间。

（5）对代码中需要访问到的控件进行重命名。

（6）至于各控件的背景色和前景色，可根据自己的喜好进行设置。

说明： 在给panel1、panel2、txtContent控件设置Dock属性时，可能会出现停靠次序颠倒的情况。这时可以通过Visual Studio 2008的菜单栏中“视图→其他窗体→文档大纲”窗体，然后通过上下箭头调整控件的停靠次序，如图9—7所示。

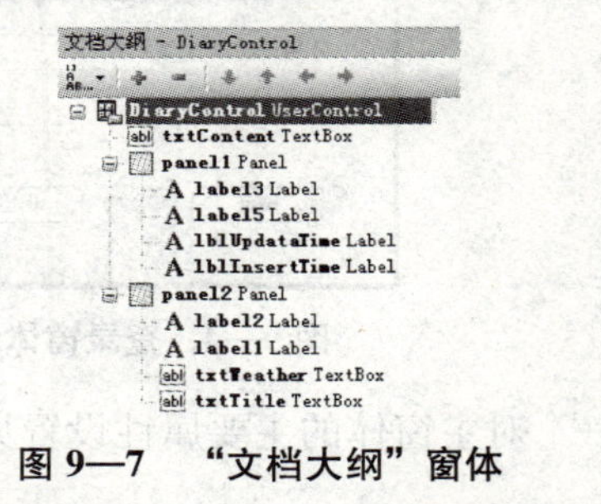

图9—7 “文档大纲”窗体

（7）为了能够方便使用“DiaryCtrl”用户控件，进入到DiaryCtrl的代码视图，为DiaryCtrl定义属性，代码如下：

```
//DiaryCtrl.cs
namespace Ch9_Ex1
{
    public partial class DiaryControl:UserControl
    {
        public DiaryControl()
        {
            InitializeComponent();
        }
```

```
        //该属性用来指示是否显示自定义控件中的 panel1,
        //panel1 中放置有显示日记添加时间和修改时间的 Label 控件
        //当 DiaryCtrl 控件用在添加日记记录的窗体中时,不需要显示时间.
        public bool DisplayDatetime
        {
            get { return panel1.Visible;}
            set { panel1.Visible = value;}
        }

        //日记标题 属性
        public string DiaryTitle
        {
            get { return txtTitle.Text.Trim();}
            set { txtTitle.Text = value;}
        }
        //天气 属性
        public string DiaryWeather
        {
            get { return txtWeather.Text.Trim();}
            set { txtWeather.Text = value;}
        }
        //日记 内容属性
        public string DiaryContent
        {
            get { return txtContent.Text.Trim();}
            set { txtContent.Text = value;}
        }
        //添加时间 属性
        public string DiaryInstertTime
        {
            get { return lblInsertTime.Text;}
            set { lblInsertTime.Text = value;}
        }
        //更新时间 属性
        public string DiaryUpdateTime
        {
            get { return lblUpdataTime.Text;}
            set { lblUpdataTime.Text = value;}
        }
    }
}
```

（8）在 Visual Studio 2008 的“生成”菜单里面选择“生成解决方案”，“DiaryCtrl”用户控件经过编译后，就会出现在 Visual Studio 2008 的工具箱里，需要的时候从工具箱里面拖出即可，如图 9—8 所示。

4. “写日记”窗体（frmWrite）

添加新窗体，并命名为“frmWrite.cs”。“写日记”窗体界面如图 9—9 所示。

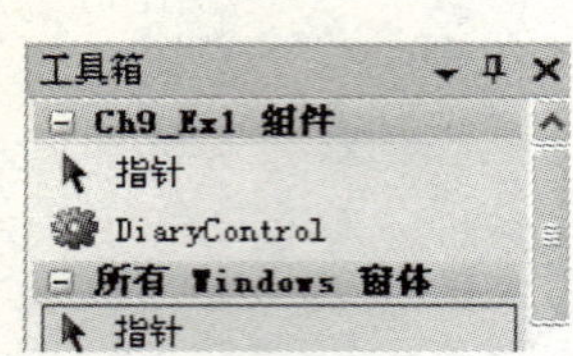

图 9—8 工具箱中的自定义控件

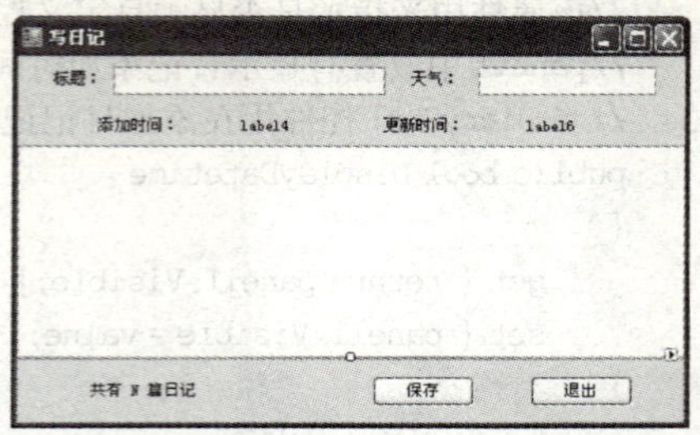

图 9—9 “写日记”窗体界面

frmWrite 窗体主要设计步骤如下：

(1) 从 Visual Studio 2008 工具箱中拖放 1 个自定义的“DiaryCtrl”控件和 1 个 Panel 控件到窗体设计器中，将 panel1 的 Dock 属性设置为 Bottom，将 diaryCtrl1 的 Dock 属性设置为 Fill。注意使用“文档大纲”调整控件的呈现顺序。

(2) 在 panel1 中放入 2 个按钮和 1 个 Label 控件，参照图 9—9 进行设置，将它们的 (Name) 属性分别重命名为 lblCount、btnSave、btnCancel，适当调整各个控件的位置。

(3) 将 diaryCtrl1 的 DisplayDatetime 属性的值设置为 false。

5. “查看日记”窗体（frmView）

添加新的窗体，重命名为“frmView. cs”。“查看日记”窗体界面如图 9—10 所示。

frmView 窗体设计步骤如下：

(1) 将窗体的 Text 属性设置为“查看日记”。

(2) 从 Visual Studio 2008 工具箱的“数据”栏里找到 BindingNavigator 控件和 DataGridView 控件，将它们拖放到窗体中。再向窗体添加一个“DiaryCtrl”用户控件，以上控件均采用默认命名。

(3) 将 BindingNavigator、DiaryCtrl 和 DataGridView 的 Dock 属性分别设置为 Top、Fill 和 Bottom。如图 9—11 所示，利用“文档大纲”调整它们的相对位置。

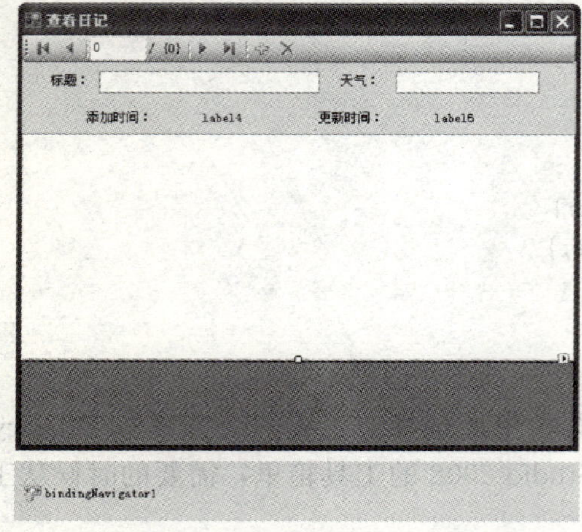

图 9—10 “查看日记”窗体界面

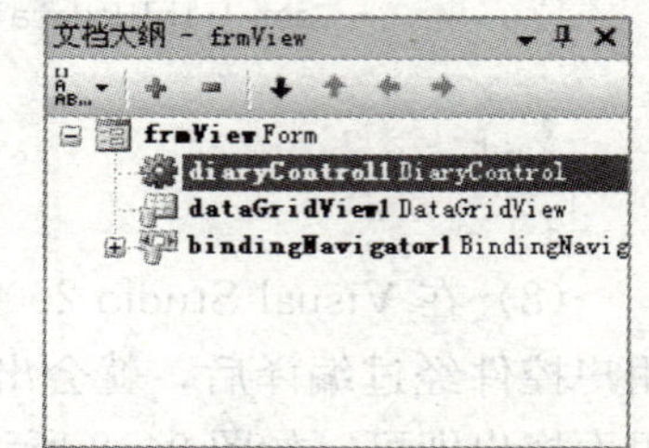

图 9—11 “文档大纲”窗体

(4) BindingNavigator 实际上也是一种 ToolStrip，参照图 9—12 对所添加的 binding-

Navigator1 作出修改：删掉“新建”和“删除”按钮；添加 3 个按钮分别表示“编辑记录”、“取消编辑”和“保存更改”，并重命名为“btnEdit”、“btnCancelEdit”和“btnSave”，然后将它们的 Enabled 属性分别设置为 true、false、false。

图 9—12　编辑 BindingNavigator 控件

说明：要快速地设置 BindingNavigator 各个控件的属性，可以在要修改的控件上单击鼠标右键，如图 9—13 所示，对常用属性进行快速修改。

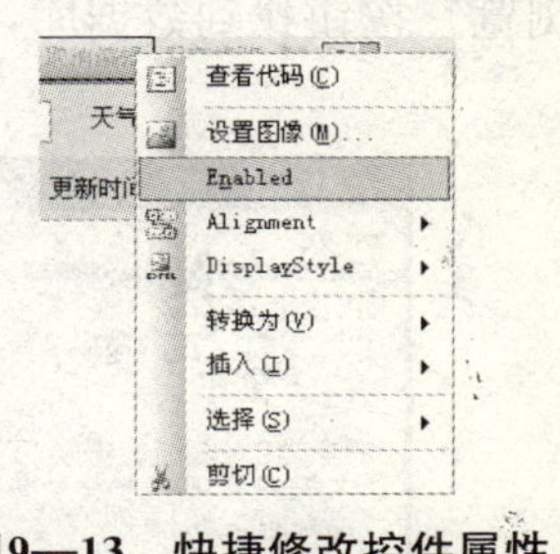

图9—13　快捷修改控件属性

（5）在窗体设计器中选中 dataGridView1 控件，单击控件右上角的三角形标志，打开控件的常见任务面板，如图 9—14 所示，将复选框中的勾去掉，即不启用这些功能。

6. “关于”窗体（frmAbout）

添加新窗体，命名为“frmAbout. cs”。“关于”窗体界面如图 9—15 所示，其设计步骤不再赘述。

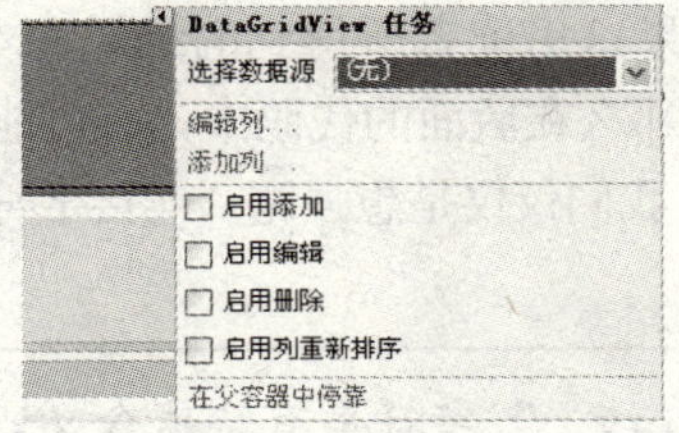

图 9—14　设置 dataGridView1 控件

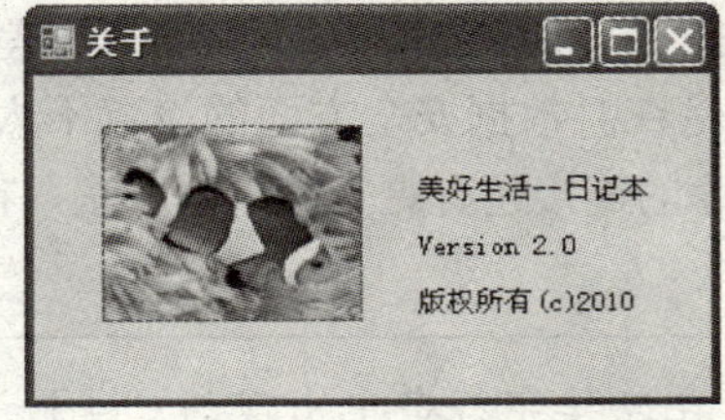

图 9—15　“关于”窗体界面

9. 2. 4　日记本程序功能实现与编码

1. 创建“连接字符串”

“连接字符串”是描述如何连接到物理数据源的字符串，它由一系列“名称/值对”形式的参数构成。微软建议将连接字符串保存在配置文件中，而不是固化在代码中的某个变量里面。在使用可视化向导配置数据连接时，Visual Studio 2008 都会将字符串保存在配置文件中。

如图 9—16 所示，在使用“Windows 应用程序”项目模板创建项目时，所创建的项目中包含了一个类叫做 Settings，并创建了一个该类的实例“Settings. settings”，这个对象就是帮助我们读写配件的。双击它可以进入到其可视化设计视

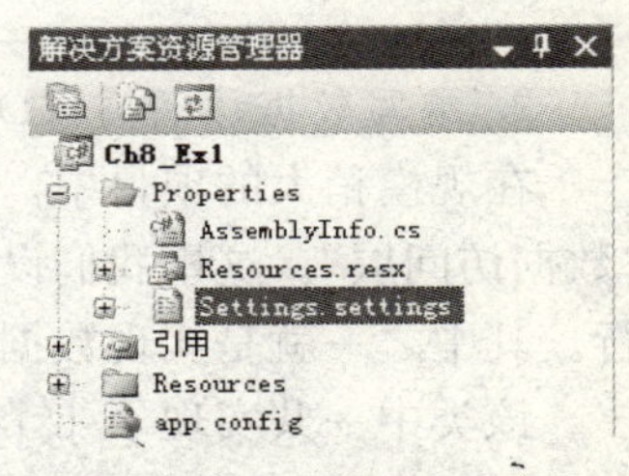

图 9—16　Settings 对象

图模式，如图 9—17 所示。

名称	类型	范围	值
ConnString	(连接字符串)	应用程序	

图 9—17　创建应用程序配置

根据图 9—17，将所创建的参数名字改成“ConnString”，类型改为“(连接字符串)”，然后单击右边的小按钮，出现“选择数据源”对话框，如图 9—18 所示。选择“Microsoft Access 数据库文件”单击“继续”按钮，打开“连接属性”对话框配置连接属性，单击“浏览”按钮找到数据库，如图 9—19 所示。

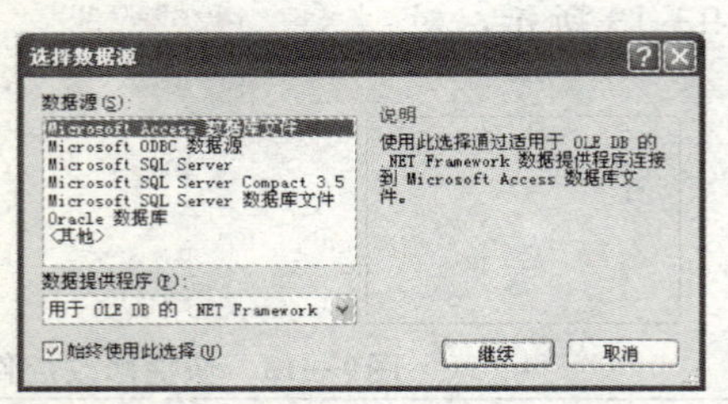

图 9—18　“选择数据源”对话框

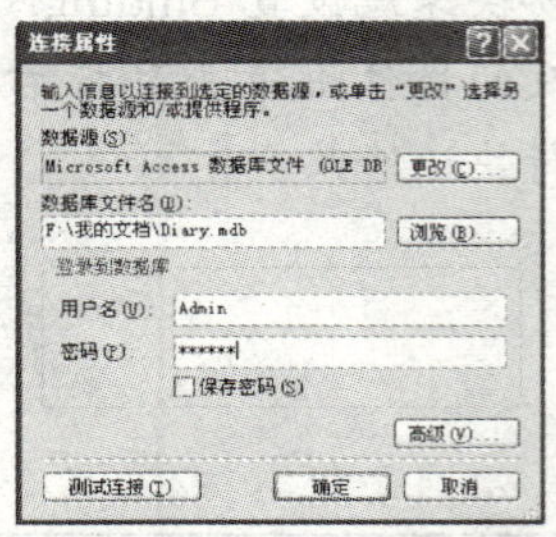

图 9—19　“连接属性”对话框

完成连接的配置后，在图 9—17 的“值”那一列可能会出现这样的文本：

```
Provider = Microsoft.Jet.OLEDB.4.0;Data Source = |DataDirectory|\Diary.mdb;Persist Security Info = True;Jet OLEDB:Database Password = 123456
```

这就是一个连接到 Access 数据库文件的“连接字符串”。“连接字符串”的构成随着所要连接的物理数据源和连接方式的不同而有所差异。如果这里读者所得到的结果和本例中不太一样，有可能是在对数据安全方面的设置不太一样，那么在后面的代码中，有可能出现问题。想要实现数据库的连接还有更为简单的方法，在这里，我们仅仅是想强调“连接字符串”。

说明：在连接字符串中出现的“|DataDirectory|”字符串有特殊含义，它是一个替代字符串。如果 Windows 应用程序以 ClickOnce 方式部署，则在安装过程中在“C:\Documents and Settings”下的用户目录中创建数据文件夹，并将数据文件复制过去，否则的话它就代表应用程序的所在的目录，即.exe 文件所在的位置。

另外如果在 Windows XP 操作系统下安装 Visual Studio 2008，在使用向导完成添加数据源时，会出现.dll 库的问题，这时，安装 Visual Studio 2008 sp1 即可解决。

2. 编写数据访问类（DB.cs）

在规模稍大的项目中，都会尽量采用多层结构，将数据库的各种操作集中在一起形成“数据访问层”。这里我们设计一个类，命名为 DB，尽量将对数据库的操作放在此类中进行。其中之一就是实现数据库的连接。

该类中一共实现了 4 个方法 GreateConnection、ValidateUser、DiaryCount 和 AddDiary，分别用来实现数据库类连接、验证用户、查询日记篇数和添加日记。值得一提的是，这里出现了 using 的另外一个用法，使用 using 语句可保证括号中的对象能及时释放资源。代码如下：

```
//DB.cs
using System;
using System.Data.OleDb;


namespace Ch9_Ex1
{
    internal static class DB
    {
        //创建连接对象
        public static OleDbConnection CreateConnection()
        {           //获取存储在配置文件中的连接字符串
            string connString = Properties.Settings.Default.ConnString;
            return new OleDbConnection(connString);
        }

        //验证用户输入的用户名和密码是否合法,"合法"则返回 true,否则返回 false
        public static bool ValidateUser(string name,string pwd)
        {
            //构造 select 语句
            string sql = "select count( * )from Users where(username = '"
                         + name + "' and password = '" + pwd + "')";
            int num = 0;               //查询结果的记录条数

            //使用 using 语句可保证括号中的 Connection 对象能及时释放资源
            using(OleDbConnection connection = DB.CreateConnection())
            {
                OleDbCommand command = new OleDbCommand(sql,connection);
                connection.Open();
                num = (int)command.ExecuteScalar();
            }
            if(num == 1)
            { return true;}
            else
            { return false;}
        }

        //查询日记篇数
        public static int DiaryCount()
        {
            string cmdText = "select Count( * )from Diaries";
            int count = 0;
            using(OleDbConnection connection = DB.CreateConnection())
```

```
                {
                    OleDbCommand command = new OleDbCommand(cmdText,connection);
                    connection.Open();
                    count = ((int)command.ExecuteScalar());
                }
                return count;
            }
    // 添加新日记记录

        public static int AddDiary(string title,string weather,string content)
        {
            string cmdText = "INSERT INTO Diaries(title,weather,content,insterttime,updatatime)"
VALUES('" + title + "','" + weather + "','" + content + "',now(),now())";
            int rowsAffected = 0;

            using (OleDbConnection connection = DB.CreateConnection())
            {

                OleDbCommand command = new OleDbCommand(cmdText,connection);
                connection.Open();
                rowsAffected = command.ExecuteNonQuery();
            }
            return rowsAffected;
        }
        }
    }
```

3. 用户登录（frmLogin.cs）

在“登录”窗体的代码视图中，除了一些必要的判断，主要是调用 DB.ValidateUser 方法验证用户合法性，代码如下：

```
    //frmLogin.cs
    //"确定"按钮 Click 事件处理
            private void btnOK_Click(object sender,EventArgs e)
            {
                if(txtName.Text == "" || txtPwd.Text == "")
                {
                    MessageBox.Show("用户名或密码不能为空!","错误提示",
                        MessageBoxButtons.OK,
                        MessageBoxIcon.Error);
                return;
                }

                //调用 DB.ValidateUser 方法验证用户合法性
                if(DB.ValidateUser(txtName.Text.Trim(),txtPwd.Text))
                {  //显示登录成功后的欢迎消息框
                    MessageBox.Show("欢迎您," + txtName.Text + "!","登录成功");
```

```
            this.Hide();                //隐藏登录窗体
            new frmMain().ShowDialog();              //将主窗体以模式对话框形式显示
            this.Close();               //关闭登录窗体,此句在 frmMain 被关闭后才会执行
        }
        else
        {
            MessageBox.Show("用户名或密码错误!\n 请重新输入!","错误提示",
                MessageBoxButtons.OK,MessageBoxIcon.Error);
        }
    }
    //"取消"按钮 Click 事件处理
    private void btnExit_Click(object sender,EventArgs e)
    {
        Application.Exit();
    }
```

4. 主窗体功能编码（frmMain.cs）

主窗体的代码主要是按钮的 Click 事件处理，这部分代码非常简单，只需要打开各自对应的对话框即可。代码如下：

```
//打开"写日记"窗体
private void btnWrite_Click(object sender,EventArgs e)
{
    frmWrite frmWrite = new frmWrite();
    frmWrite.Show();
}

//打开"查看日记"窗体
private void btnView_Click(object sender,EventArgs e)
{
    frmView frmView = new frmView();
    frmView.Show();
}

//打开"关于"窗体
private void btnAbout_Click(object sender,EventArgs e)
{
    new frmAbout().ShowDialog();
}
```

5. "写日记"功能（frmWrite.cs）

在"frmWrite"窗体中，在写日记页面的代码文件中，"保存"按钮是调用了 DB 类中定义的 AddDiary 方法，代码如下：

```
//窗体载入
private void frmWrite_Load(object sender,EventArgs e)
{
    this.lblCount.Text = "共有 " + DB.DiaryCount().ToString() + " 篇日记!";
```

```
            diaryControl1.DisplayDatetime = false;
        }

        //"保存" 按钮
        private void btnSave_Click(object sender, EventArgs e)
        {
                if ( DB.AddDiary ( diaryControl1.DiaryTitle, diaryControl1.DiaryWeather,
diaryControl1.DiaryContent) == 1)
            {
                MessageBox.Show("保存成功");
                this.Close();
            }
        }

        //"退出" 按钮
        private void btnCancel_Click(object sender, EventArgs e)
        {
            if(MessageBox.Show("确认退出?","确认退出",MessageBoxButtons.YesNo,
MessageBoxIcon.Question)
                == DialogResult.Yes)
            { this.Close();}
        }
```

6. 为“查看日记”窗体实施数据绑定

(1) 创建类型化数据集。在“查看日记”窗体（frmView）中放置了 BindingNavigator 控件和 DataGridView 控件，这些控件通常都要和数据集对象结合起来使用。

要添加数据集可单击 Visual Studio 2008 的“数据”菜单下的“添加新数据源”菜单项，启动“数据源配置向导”，然后一步一步单击“下一步”按钮，直到完成数据集的添加，如图 9—20～图 9—22 所示。

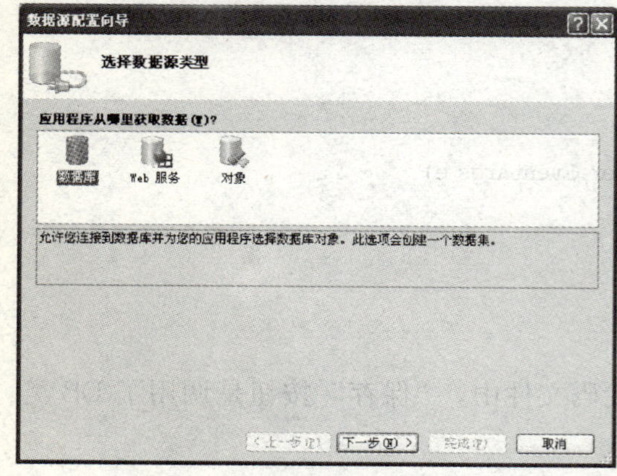

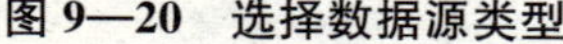
图 9—20 选择数据源类型

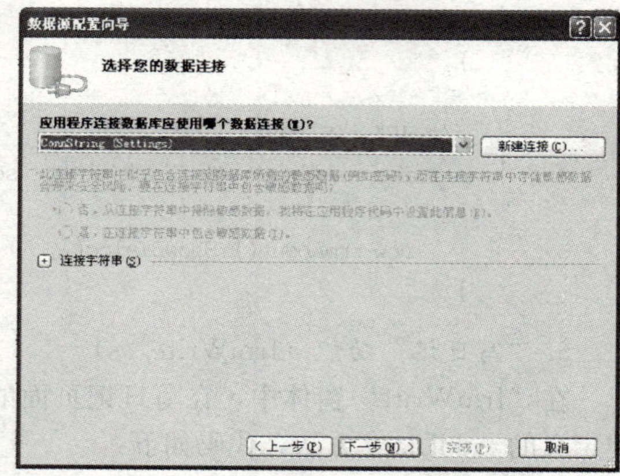

图 9—21 配置连接到数据源的连接字符串

在图 9—21 中，打开连接字符串，就会看到如图 9—23 所示的内容，在前面出现的“Settings.settings”设置中也出现了类似的字符串。在需要的时候，可以通过向导复制连

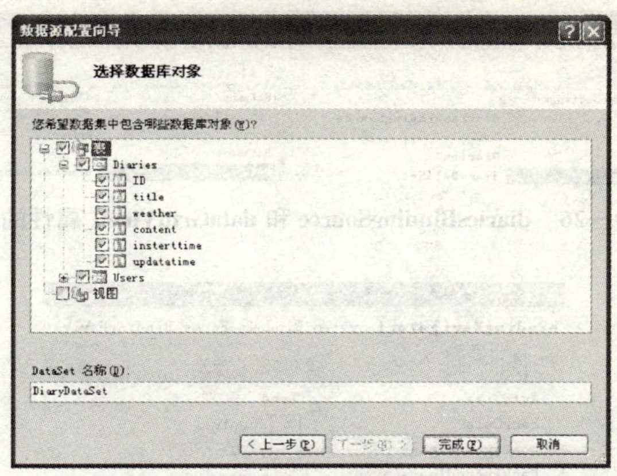

图 9—22 配置在数据集中所包含的数据库对象

接字符串，放在需要的地方。

图 9—23 配置连接到数据源的连接字符串

（2）为 dataGridView1 控件配置绑定数据源。如图 9—24 所示，为 dataGridView1 选择数据源，选择“Diaries”表。

完成配置后，Visual Studio 2008 帮助我们添加了 diariesBindingSource、diariesDataSet 两个组件对象，如图 9—25 所示。

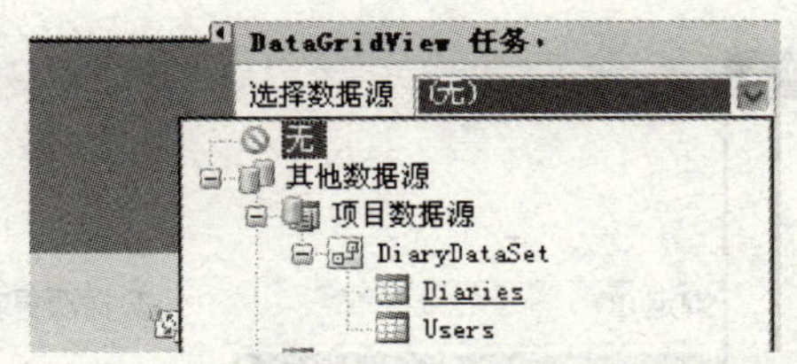

图 9—24 为 dataGridView1 控件绑定数据源

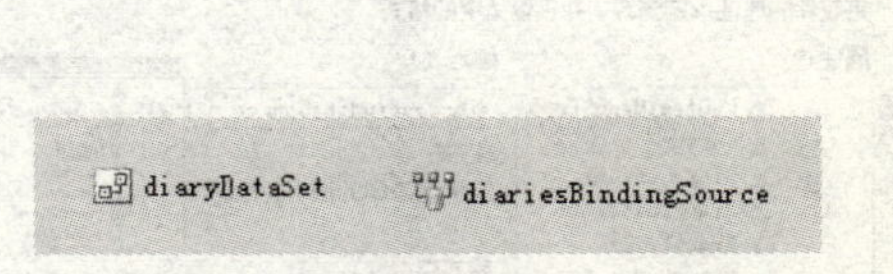

图 9—25 自动添加的两个组件对象

diaryDataSet 是 DiaryDataSet 类的实例，代表一个内存中的数据表集合，其中存放来自数据库的数据，而 diariesBindingSource 则是数据显示控件和数据集对象之间的桥梁。在“属性”窗体中可以观察到 diariesBindingSource 的 DataSource 属性值就是 diaryDataSet，dataGridView1 的 DataSource 属性值是 diariesBindingSource 组件，如图 9—26 所示。

（3）设置 bindingNavigator1 控件的绑定属性。在“属性”窗体将 bindingNavigator1 的 BindingSource 属性设置为 diariesBindingSource，如图 9—27 所示。

（4）为 diaryCtrl1 控件实施数据绑定。将自定义控件的 DiaryTitle、DiaryWeather 等属性绑定到 diariesBindingSource 的数据项上。

具体操作步骤如下：单击图 9—28 中的“（Advanced）”后的图标“...”，打开如图

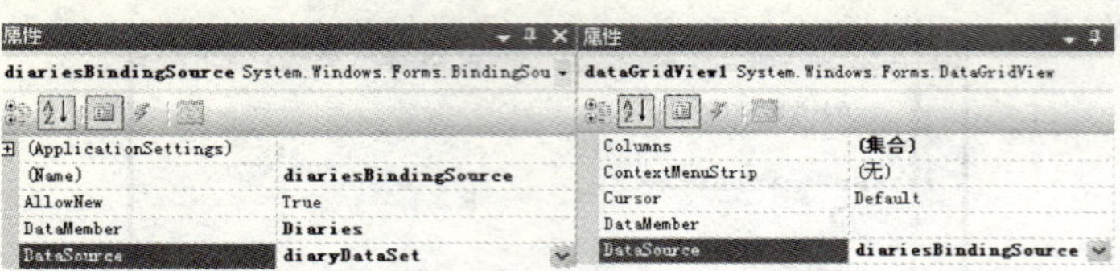

图 9—26　diariesBindingSource 和 dataGridView1 属性的设置

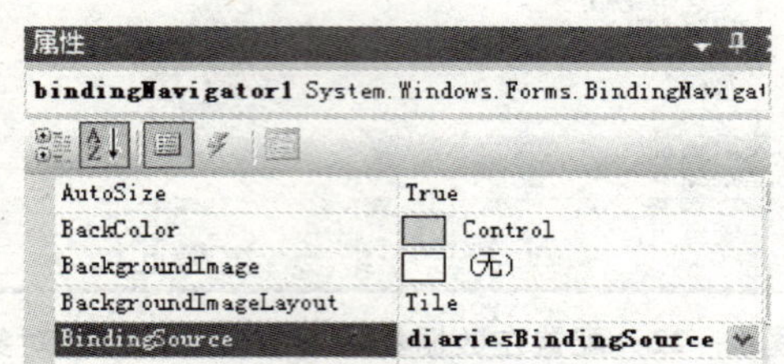

图 9—27　bindingNavigator1 的属性设置

9—29 所示的"格式设置与高级绑定"对话框，在属性栏中找到 DiaryTitle 属性，单击绑定下拉列表框，选择对应字段"title"，单击"确定"按钮完成 DiaryTitle 属性的绑定，其余各项绑定类似。

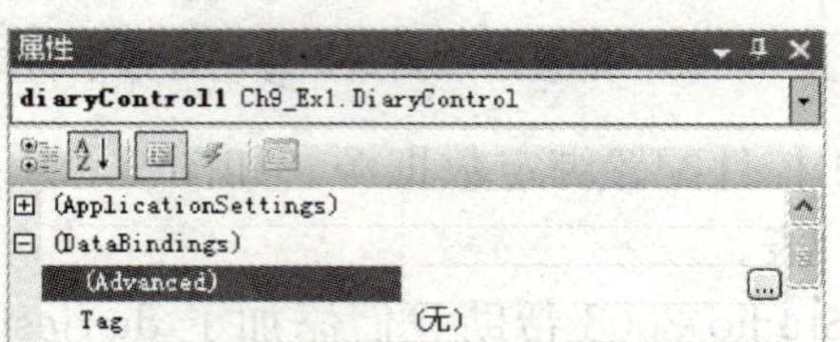

图 9—28　配置 diaryCtrl1 控件的高级绑定特性

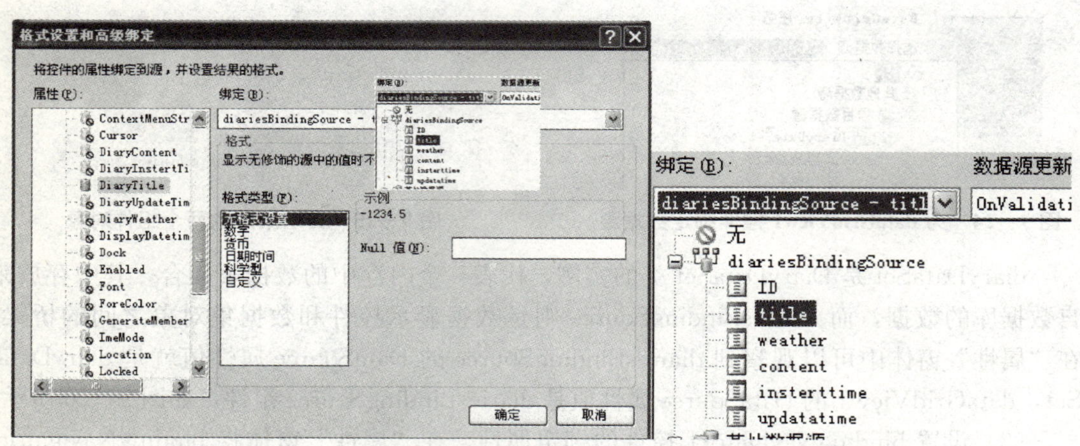

图 9—29　diaryCtrl1 的属性绑定到 bingdingSource1 的相应数据项

7. "查看日记"功能实现（frmView. cs）

在完成数据绑定操作后，进入"frmView"窗体的代码视图。

为 bindingNavigator1 控件上的用户添加按钮实现 Click 事件处理。代码如下：

```
//"保存更改"按钮 Click 事件处理
private void btnSave_Click(object sender,EventArgs e)
{
    this.diaryControl1.DiaryUpdateTime = DateTime.Now.ToString();

    this.Validate();
    this.diariesBindingSource.EndEdit();
    //将更改保存到数据库中,重新载入数据到控件中

    this.diariesTableAdapter.Update(this.diaryDataSet.Diaries);
    this.diaryControl1.Enabled = false;
    this.dataGridView1.Enabled = true;
    this.btnEdit.Enabled = true;
    this.btnCancelEdit.Enabled = false;
    this.btnSave.Enabled = false;
}

//"编辑记录"按钮 Click 事件处理
private void btnEdit_Click(object sender,EventArgs e)
{
    if(diariesBindingSource.Count == 0)
    {
        MessageBox.Show("当前无记录可编辑!");
        return;
    }
    this.diaryControl1.Enabled = true;
    this.dataGridView1.Enabled = false;
    this.btnEdit.Enabled = false;
    this.btnCancelEdit.Enabled = true;
    this.btnSave.Enabled = true;
}

//"取消编辑"按钮 Click 事件处理
private void btnCancelEdit_Click(object sender,EventArgs e)
{
    this.diariesBindingSource.CancelEdit();

    this.diaryControl1.Enabled = false;
    this.dataGridView1.Enabled = true;
    this.btnEdit.Enabled = true;
    this.btnCancelEdit.Enabled = false;
    this.btnSave.Enabled = false;
}
```

为了保证数据能够及时更新，我们还为 bindingNavigator1 添加刷新数据事件，代码如下：

```
private void bindingNavigator1_RefreshItems(object sender,EventArgs e)
```

```
    {
        btnCancelEdit.PerformClick();
    }
```

说明：在程序功能要求比较简单的情况下，可以只使用 bindingNavigator1 默认按钮的功能，而不另外添加按钮，这样可以更加简单地完成数据的查看任务。

在完成数据添加后，可以打开数据源窗体。如果"数据源"没有打开，单击菜单栏上"数据→显示数据源"，默认情况下，在开发环境左边（工具栏所在位置）打开数据源对话框，如图 9—30 所示。

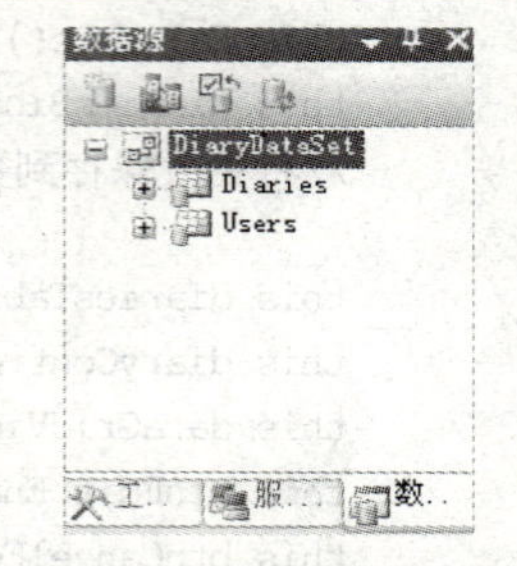

图 9—30 "数据源"对话框

为了演示，添加一个新窗体，用来查看日记。添加窗体的方法此处不再赘述，单击数据源中"Diaries"表后的图标"⌄"，选择"DataGridView"，如图 9—31 所示。

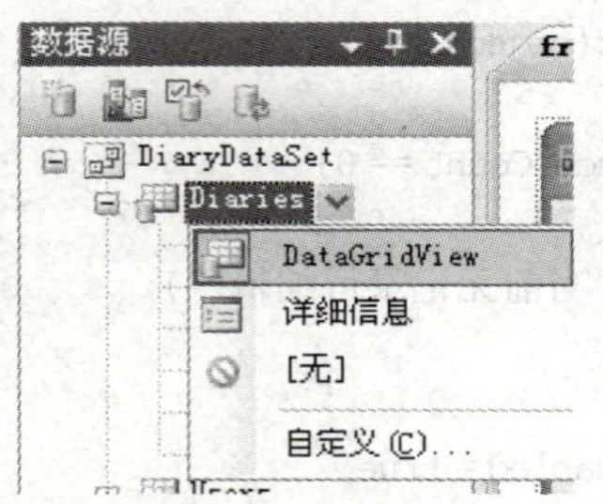

图9—31 绑定数据显示设置

将 Diaries 直接拖动到窗体上，如图 9—32（a）所示。调整一下布局，直接运行，可以看到运行的结果如图 9—32（b）所示。

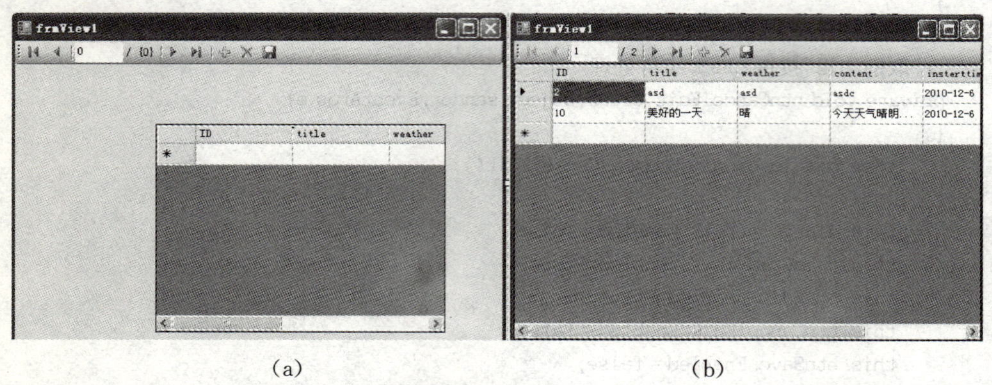

(a) (b)

图 9—32 数据源中数据拖动到窗体上的显示

读者也可以尝试一下，选择"详细信息"，然后拖动到窗体上的效果。

8. 编译、调试

按"F5"键直接启动调试，或者单击工具栏中图标"▶"启动调试。

说明：本例虽然简单，但有关数据库编程的基本操作均已涉及，登录窗体、查看日记用到了查询，写日记用到了插入，更新日记用到了更新。这些都是最基本的有关数据库的操作。读者还可以自行添加删除日记的功能。

9.3　核心技能

9.3.1　Microsoft Access 数据库简介

Microsoft Access 数据库是典型的桌面型数据库，以小巧、易用、操作方便著称。在这里以 MS Access 2007 为例，介绍创建本章项目中使用的 Diray. mdb 数据库的方法。

1. 创建数据库

打开 Access 2007 后，单击工具栏“新建”菜单后的界面如图 9—33 所示。

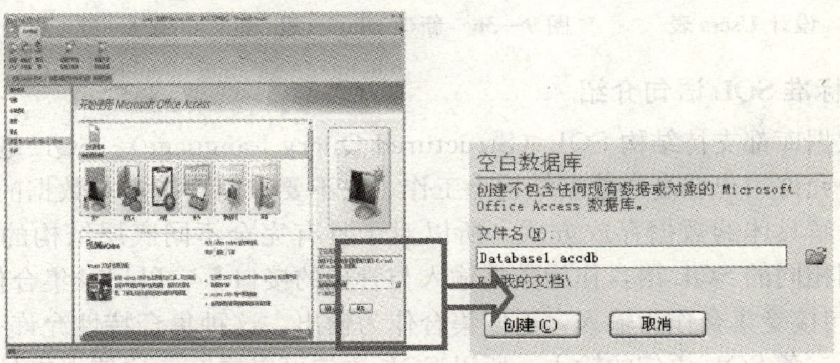

图 9—33　创建 Access 数据库

默认的文件类型为 accdb，但现阶段更为常用的是 mdb，我们将文件名直接修改为 Diray. mdb，单击“创建”按钮，数据库就创建成功，如图 9—34 所示。Visual Studio 2008 也支持 accdb 类型的数据库，在我们创建“连接字符串”时，选择数据类型为 Microsoft. ACE. OLEDB. 12. 0。

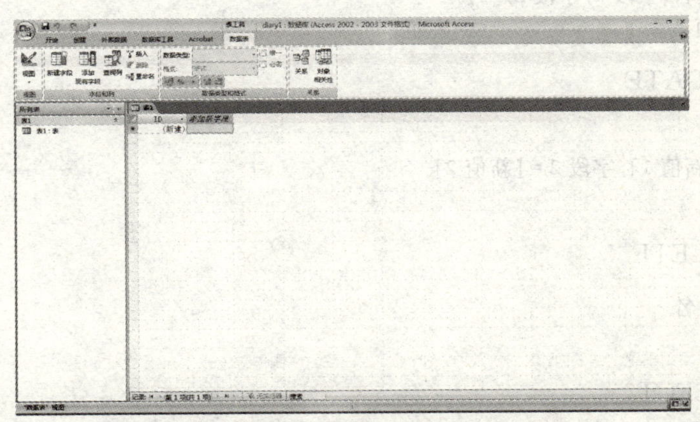

图 9—34　创建数据库

2. 创建数据表

单击“视图”按钮，在弹出的“另存为”对话框中，输入表名“Users”，单击“确定”按钮，进入表设计器，设计User表如图9—35所示。

选择“创建”菜单下“表”按钮，新建Diaries表，如图9—36所示。

按照如图9—37所示设计Diaries表中的字段。

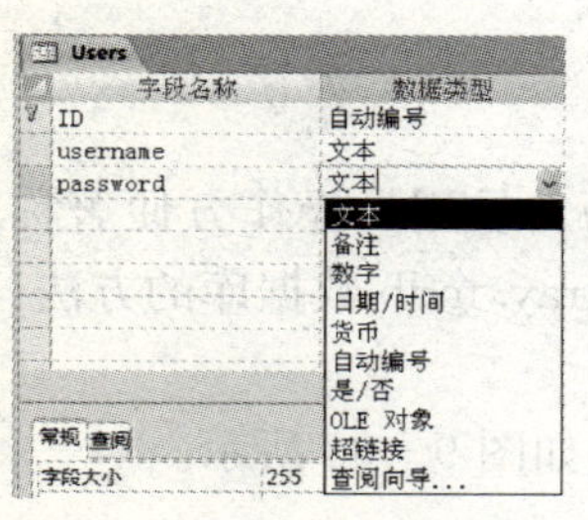

图9—35 设计Users表

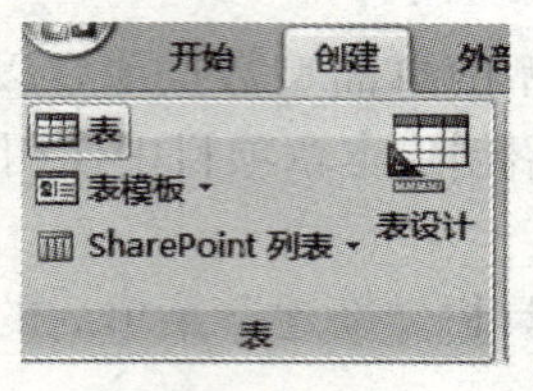

图9—36 新建Diaries表

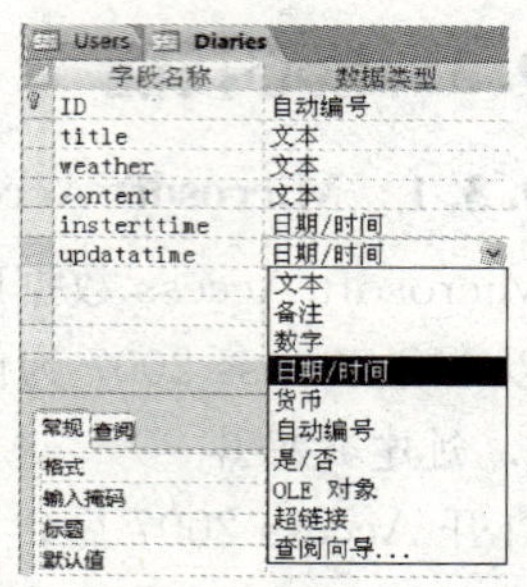

图9—37 设计Diaries表

9.3.2 标准SQL语句介绍

关系型数据库都支持结构SQL（Structured Query Language）。SQL是高级的非过程化编程语言，允许用户在高层数据结构上工作。它不要求用户指定对数据的存放方法，也不需要用户了解具体的数据存放方式，所以对于具有完全不同底层结构的不同数据库系统，可以使用相同的SQL语言作为数据输入与管理的接口。它以记录集合作为操作对象，所有SQL语句接受集合作为输入，返回集合作为输出，这种集合特性允许一条SQL语句的输出作为另一条SQL语句的输入，所以SQL语句可以嵌套，这使得它具有极大的灵活性和强大的功能。在多数情况下，在其他语言中需要一大段程序实现的功能只需要一条SQL语句就可以达到目的，这也意味着用SQL语言可以写出非常复杂的语句。下面简单介绍一些典型的SQL语句。

1. 插入INSERT

```
INSERT INTO 表名(字段1,字段2,...)
VALUES(值1,值2,...)
```

2. 更新UPDATE

```
UPDATE 表名
SET 字段1=[新值1],字段2=[新值2]
WHERE {条件}
```

3. 删除DELETE

```
DELETE FROM 表名
WHERE {条件}
```

4. 选择SELECT

（1）选择字段。

```
SELECT 字段 FROM 表名
```

（2）选择不重复的字段。

```
SELECT DISTINCT 字段
FROM 表名
```

（3）按照简单条件选择字段。

```
SELECT 字段
FROM 表名
WHERE 条件
```

（4）按照组合条件选择字段。

```
SELECT 字段
FROM 表名
WHERE 简单条件
{[AND|OR] 简单条件}
```

（5）选择指定值字段。

```
SELECT 字段
FROM 表名
WHERE 字段 IN('值一','值二',...)
```

（6）选择指定区间的字段。

```
SELECT 字段
FROM 表名
WHERE 字段 BETWEEN '值一' AND '值二'
```

（7）选择指定样式的字段。

```
SELECT 字段
FROM 表名
WHERE 字段 LIKE {模式}
```

常用来表示模式的符号有以下几种：

_：下划线，表示任意一个字符。例如“a_b”可以表示“abb”或“acb”等，中间有一个字符的形式，但是“avvb”就不符合。

%：百分号，表示任意多个字符。例如“张%”如果查找的是姓名的话，可以查找姓张的所有人，无论名字是单字的还是双字的。灵活地使用可以实现模糊查找的功能。

（8）选择字段并排序。

```
SELECT 字段
FROM 表名
[WHERE 条件]
ORDER BY 字段 [ASC,DESC]
```

注意：WHERE 不一定需要，但是如果出现 WHERE 子句，必须放在 ORDER BY 子句之前。ASC 代表从小到大的顺序，DESC 代表由大到小的顺序。没有声明的情况默认为 ASC。

(9) 对选择的字段计数。

```
SELECT COUNT(字段)
FROM 表名
```

(10) 对字段2求和，并按照字段1分组。

```
SELECT 字段1,SUM(字段2)
FROM 表名
GROUP BY 字段1
```

(11) 对字段2求和，并按照字段1分组，并完成相应的函数操作。

```
SELECT 字段1,SUM(字段2)
FROM 表名
GROUP BY 字段1
HAVING(函数条件)
```

常用的函数有以下几种：

① AVG (平均)。

② COUNT (计数)。

③ MAX (最大值)。

④ MIN (最小值)。

⑤ SUM (总和)。

运用函数的语法是：

```
SELECT 函数名(字段名)
FROM 表名
```

9.3.3 ADO.NET基础

1. ADO.NET简介

ADO.NET是一系列用于操作数据的类。ADO.NET为创建分布式数据共享应用程序提供了一组丰富的组件。它提供了对关系数据、XML和应用程序数据的访问，因此是.NET Framework中不可缺少的一部分。ADO.NET包含用于连接数据库、执行命令和检索结果的.NET Framework提供程序。ADO.NET类在System.Data.dll中，并且与System.Xml.dll中的XML类集成。

ADO.NET区别于ADO的最大特点是提供了断开式数据库访问。用户可以利用连接对象取得数据源中原始数据，然后缓存在离线对象(数据集)中，再由缓存对象提供给前台用户。前台用户在处理数据的过程中，并不需要保持与数据库连接，当对所有数据完成操作之后，再一次性通过连接对象将数据返回到数据库。因为不需要时时保持与数据库的连接，所以能够极大地降低系统资源的消耗。ADO.NET对象模型如图9—38所示。

如图9—38所示，可将ADO.NET分成两大组成部分：

(1) 数据提供程序(DataProvider)，又称托管提供程序，负责与物理数据源(比如SQL Server、Access等)连接。数据提供程序主要由连接对象、命令对象、数据读取器对象和数据适配器对象构成。

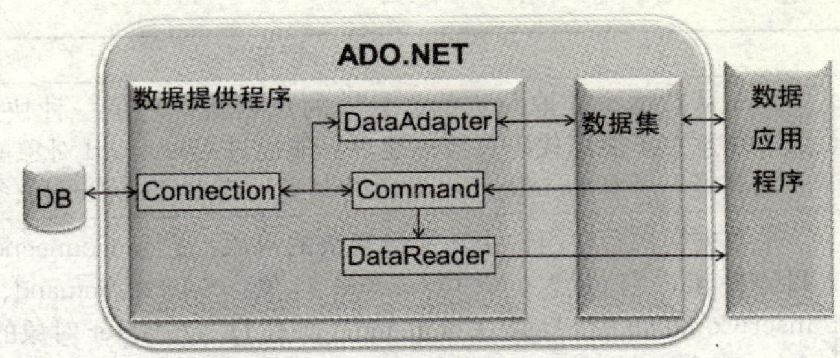

图 9—38 ADO. NET 对象模型

(2) 数据集 (DataSet)，代表离线式的数据，相当于一个存在于内存中的小型关系型数据库。可以通过"数据提供程序"将数据库中的数据提取到数据集，再将数据集作为数据源向数据应用程序提供数据，从而实现离线式数据访问。数据集也可以脱离数据库而直接使用。数据集类位于 System. Data 命名空间。

2. 数据提供程序

. NET Framework 数据提供程序是物理数据源和数据应用程序连接的桥梁，用于连接到数据库、执行命令和检索结果，可以直接处理检索到的结果，或将其放入 ADO. NET DataSet 对象，再做进一步处理。. NET Framework 常见有四种版本的数据提供程序，而且可根据需要开发适用于其他物理数据源的数据提供程序。

(1) SQL Server. NET Framework 数据提供程序，提供对 Microsoft SQL Server 7. 0 版本或更高版本的数据访问，使用 System. Data. SqlClient 命名空间。

(2) OLE DB. NET Framework 数据提供程序，适用于使用 OLE DB 公开的数据源，使用 System. Data. OleDb 命名空间。使用 OLE DB 版本的提供程序也可以连接到 SQL Server、Oracle 等数据库，但需要通过相应的 OLE DB 提供程序中转，因而性能比不上专门为它们而优化设计的数据提供程序。

(3) ODBC. NET Framework 数据提供程序，适用于使用 ODBC 公开的数据源，使用 System. Data. Odbc 命名空间。

(4) Oracle. NET Framework 数据提供程序，适用于 Oracle 数据源。Oracle. NET Framework 数据提供程序支持 Oracle 客户端软件 8. 1. 7 版本和更高版本，使用 System. Data. OracleClient 命名空间。

尽管存在多个版本的数据提供程序，但每个版本都提供功能相同、用法相似的四个核心对象，见表 9—3。

表 9—3 数据提供程序的核心对象

对象	说明
×××Connection	表示与一个数据源的物理连接，它有一个 ConnectionString 属性，用于设置打开数据库的字符串。所有 Connection 对象的基类均为 DbConnection 类
×××Command	代表在数据源上执行的 SQL 语句或存储过程，它有一个 CommandText 属性，用于设置针对数据源执行的 SQL 语句或存储过程。所有 Command 对象的基类均为 DbCommand 类

续前表

对象	说明
×××DataReader	用于从数据源获取只进的、只读的数据流，它是一种快速的、低开销的对象，注意它不能用代码直接创建，只能通过 Command 对象的 ExecuteReader 方法来获得。所有 DataReader 对象的基类均为 DbDataReader 类
×××DataAdapter	是数据提供程序组件中功能最复杂的对象，它是 Connection 对象和数据集之间的桥梁，它包含 4 个 Command 对象：SelectCommand、UpdateCommand、InsertCommand 和 DeleteCommand。所有 DataAdapter 对象的基类均为 DbDataAdapter 类

说明：表 9—3 中×××为前缀，表示不同版本的数据提供程序，比如 OLE DB 版本的连接类是 OleDbConnection；SQL Server 版本的连接类是 SqlConnection，类似的 Oracle 版的是 OracleConnection；ODBC 版的是 OdbcConnection。它们有着共同的基类 DbConnection，其他三个类也是如此。

3. Connection 对象

要与物理数据源进行数据通信，首先要建立连接，这一任务是交给连接对象完成的。连接对象的常用属性和方法见表 9—4。

表 9—4　　连接对象的常用属性和方法

属性	属性说明
ConnectionString	获取或设置用于打开连接的字符串
State	获取连接的状态，它的值是 ConnectionState 枚举值之一
方法	**方法说明**
Open	使用 ConnectionString 所指定的设置打开数据库连接
Close	关闭与数据库的连接。这是关闭任何打开连接的首选方法
CreateCommand	创建并返回与当前连接关联的 DbCommand 对象

ConnectionString（连接字符串）用来描述如何连接到数据源。Open 方法执行具体的连接动作，Close 方法用来关闭连接。应用程序与数据源的通信过程，可比作两个人之间的打电话的过程：连接字符串相当于电话号码，有了电话号码才知道打给谁；Open 方法相当于拨号；Close 方法就相当于挂机。双方要通电话首先要建立话机之间的通路，也就是要先建立连接。

对于不同的物理数据源，采用不同的连接方式，则其连接字符串也是不同的。如前面介绍的，可借助 Visual Studio 2008 的数据源连接向导来获取正确的连接字符串。

下面是几个连接字符串代码。

（1）连接到 SQL Server 2000（采用 SQL Server 版数据提供程序）。

```
Data Source = myServerAddress; Initial Catalog = myDataBase; User Id = myUsername; Password =
myPassword;

Data Source = myServerAddress; Initial Catalog = myDataBase; Integrated Security = SSPI;
```

（2）连接到 SQL Server 2005（采用 SQL Server 版数据提供程序）。

```
Server = myServerName\theInstanceName;Database = myDataBase;Integrated Security = True
```

（3）连接到 Excel 2003（采用 OLE DB 版数据提供程序）。

```
Provider = Microsoft.Jet.OLEDB.4.0;Data Source = C:\MyExcel.xls;Extended Properties = "Excel 8.0;HDR = Yes;IMEX = 1";
```

（4）连接到 Access 2003（采用 OLE DB 版数据提供程序）。

```
Provider = Microsoft.Jet.OLEDB.4.0;Data Source = C:\mydatabase.mdb;User Id = admin;Password = ;
```

（5）连接到 Access2007（采用 OLE DB 版数据提供程序）。

```
Provider = Microsoft.ACE.OLEDB.12.0;Data Source = C:\myFolder\myAccess2007file.accdb;Persist Security Info = False;
```

下面是使用 SqlConnection 对象的代码：

```
string constr = @" Data Source = .\sqlexpress;Initial Catalog = Northwind;" + "Integrated Security = True";
//SqlConnection conn = new SqlConnection(constr);
SqlConnection conn = new SqlConnection();
conn.ConnectionString = constr;
conn.Open();                          //打开连接
                                      //执行数据库操作
conn.Close();                         //推荐使用 using 语句
```

4. Command 对象

使用 Connection 对象与数据源建立连接之后，可以使用 Command 对象来对数据源执行查询、添加、删除和修改等各种操作。操作实现的方式可以使用 SQL 语句，也可以使用存储过程。

命令对象的常用属性和方法见表 9—5。

表 9—5　命令对象的常用属性和方法

属性	属性说明
CommandText	获取或设置针对数据源运行的命令的文本。当将 CommandType 设置为 CommandType.StoredProcedure 时，应将 CommandText 属性设置为存储过程的名称。当调用 Execute 方法之一时，该命令将执行此存储过程。若 CommandType 设置为 Text，则该属性设置为需要执行的 SQL 语句
CommandTimeout	获取或设置在终止执行命令的尝试并生成错误之前的等待时间（秒钟数），默认值为 30
CommandType	指示或指定如何解释 CommandText 属性，默认值为 CommandType.Text
Connection	获取或设置此 DbCommand 使用的 DbConnection
Parameters	获取 DbParameter 对象的集合。DbParameter 对象是 SQL 语句或存储过程的参数
Transaction	获取或设置将在其中执行此 DbCommand 对象的 DbTransaction

续前表

方法	方法说明
Cancel	尝试取消 DbCommand 对象的执行
CreateParameter	创建 DbParameter 对象的新实例
ExecuteNonQuery	对连接执行 SQL 语句并返回受影响的行数
ExecuteReader	针对 Connection 执行 CommandText，并返回 DbDataReader
ExecuteScalar	执行查询，并返回查询所返回的结果集中第一行的第一列。忽略其他列或行
(ExecuteXmlReader)	将 CommandText 发送到 Connection 并生成一个 XmlReader 对象。仅在派生类 SqlCommand 中有此方法

Command 对象最常用方法主要是以下三种：

(1) ExecuteNonQuery 方法。对连接执行非查询的 SQL 语句并返回受影响的行数。

返回值：受影响的行数。

注意： *使用 ExecuteNonQuery 方法来执行编录操作（例如，查询数据库的结构或创建数据库对象），或通过执行 UPDATE 语句、INSERT 语句或 DELETE 语句。对于 UPDATE 语句、INSERT 语句和 DELETE 语句，返回值为该命令所影响的行数。对于所有其他类型的语句，返回值为 1；如果发生回滚，返回值也为 1。*

(2) ExecuteScalar 方法。执行查询，并返回查询所返回的结果集中第一行的第一列。忽略其他列或行。

返回值：结果集中第一行的第一列的值，如果结果集为空则返回空引用。

注意： *使用 ExecuteScalar 方法从数据库中检索单个值（一般为一个聚合值）。*

(3) ExecuteReader 方法。将 CommandText 属性发送到 Connection 对象并生成一个 SqlData Reader 结果集。

返回值：一个 SqlDataReader 对象。

注意： *当 CommandType 属性设置为 StoredProcedure 值时，CommandText 属性应设置为存储过程的名称。调用 ExecuteReader 方法时，该命令将执行此存储过程。*

Command 对象必须与数据库保持连接并进行沟通，Command 对象返回的数据集可以通过 DataSet 类对象获取。在 Command 对象中较为重要的属性有 CommandText 属性、CommandType 属性和 Connetion 属性，其中 CommandText 属性是用于获取或设置数据源运行的文本命令；Command Type 属性用于指定 Command 对象操作数据的方式，是使用 SQL 语句，还是使用存储过程。

下面是使用 SqlCommand 的一个示例代码：

```
private static void ReadOrderData(string connStr){
    string sql = "SELECT OrderID, CustomerID FROM dbo. Orders;";
    using(SqlConnection conn = new SqlConnection(connStr))
    {
        SqlCommand cmd = new SqlCommand(sql, conn);
        conn. Open();
        SqlDataReader reader = cmd. ExecuteReader();
        while(reader. Read()){
```

```
            Console.WriteLine(String.Format("{0},{1}",reader[0],reader[1]));
        }
        reader.Close();
    }
}
```

5. DataReader 对象

DataReader 对象是从数据源读取行的一个只进流。DataReader 对象只允许以只读、只进不退的方式查看查询结果集，同时 DataReader 对象还是一种非常节省资源的数据对象。可以把 DataReader 看做一个“行”缓存，每次调用其 Read 方法，就从数据源读取一行（查询结果中的一条记录）放入到 DataReader 对象中。数据集对象用来保存一个或多个查询结果集，相比之下 DataReader 只缓存一条记录，需要的系统开销比较小，在查询大批量数据的时候比较适合采用 DataReader。

注意：每次打开一个新对象，必须关闭前一个 DataReader 对象，因为它是以独占式与数据库交互。否则，会接收到其产生的异常。

DataReader 对象不能通过 new 加构造函数的形式创建，只能由 Command 对象的 ExecuteReader 方法返回创建好的实例。

DataReader 对象拥有字符串索引器和整数索引器，使用索引器可以很方便地获取某个字段的值。不过索引器返回的值是 Object 类型，在使用的时候要注意类型转换。

DataReader 对象的常用属性和方法见表 9—6。

表 9—6　DataReader 对象的常用属性和方法

属性	属性说明
FieldCount	获取当前行的列数。如果未放在有效的记录集中为 0；否则为当前行中的列数，默认值为—1
RecordsAffected	如果 DbDataReader 包含一行或多行，则为 true；否则为 false
方法	**方法说明**
Read	使 DataReader 对象前进到下一条记录
Close	关闭 DataReader 对象
GetValue	用来读取数据集的当前行的某一列的数据数据（返回值为 Object 类型）

6. DataAdapter 对象

DataAdapter 对象是 DataSet 对象和数据库之间的桥接器，用于检索和保存数据。DataAdapter 对象通过对数据源使用适当的 SQL 语句映射 Fill 方法（它可更改 DataSet 对象中的数据以匹配数据源中的数据）和 Update 方法（它可更改数据源中的数据以匹配 DataSet 对象中的数据）来提供这一桥接。当 DataAdapter 对象填充 DataSet 对象时，它为返回的数据创建必需的表和列（如果这些表和列尚不存在）。但是，除非将 MissingSchemaAction 属性设置为 AddWithKey，否则这个隐式创建的架构中不包括主键信息。用户也可以使用 FillSchema 方法，让 DataAdapter 对象创建 DataSet 对象的架构，并在用数据填充它之前就将主键信息包含进去。

DbDataAdapter 对象的常用属性和方法见表 9—7。

表 9—7　　DbDataAdapter 对象的常用属性和方法

属性	属性说明
DeleteCommand	获取或设置用于从数据集中删除记录的命令
InsertCommand	获取或设置用于将新记录插入到数据源中的命令
SelectCommand	获取或设置用于在数据源中选择记录的命令
UpdateCommand	获取或设置用于更新数据源中的记录的命令
UpdateBatchSize	获取或设置每次到服务器的往返过程中处理的行数
方法	**方法说明**
Fill	使用 SelectCommand 的执行结果填充 DataSet 或 DataTable
Update	为 DataSet 中每个已插入、已更新或已删除的行调用相应的 INSERT、UPDATE 或 DELETE 语句

7. DataSet 对象

DataSet 对象是支持 ADO. NET 的断开式、分布式数据方案的核心对象。DataSet 对象是数据的内存驻留表示形式，无论数据源是什么，它都会提供一致的关系编程模型。它可以用于多种不同的数据源，比如用于 XML 数据或用于管理应用程序本地的数据。DataSet 对象表示包括相关表、约束和表间关系在内的整个数据集。DataSet 对象模型如图 9—39 所示。

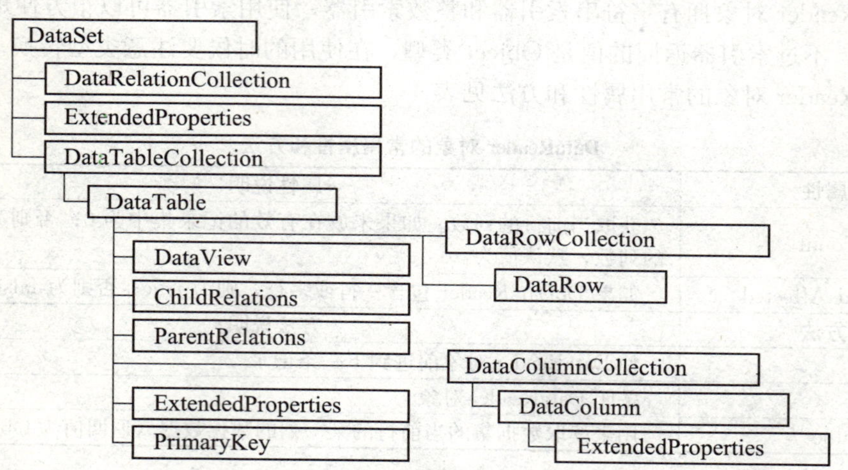

图 9—39　DataSet 对象模型

DataSet 对象的常用属性和方法见表 9—8。

表 9—8　　DataSet 对象的常用属性和方法

属性	属性说明
CaseSensitive	获取或设置一个值，该值指示 DataTable 对象中的字符串比较是否区分大小写
DataSetName	获取或设置当前 DataSet 对象的名称
EnforceConstraints	获取或设置一个值，该值指示在尝试执行任何更新操作时是否遵循约束规则
ExtendedProperties	获取与 DataSet 对象相关的自定义用户信息的集合

续前表

属性	属性说明
HasErrors	获取一个值，指示在此 DataSet 对象中的任何 DataTable 对象中是否存在错误
IsInitialized	获取一个值，该值表明是否初始化 DataSet 对象
Locale	获取或设置用于比较表中字符串的区域设置信息
Namespace	获取或设置 DataSet 类的命名空间
Prefix	获取或设置一个 XML 前缀，该前缀是 DataSe 类的命名空间的别名
Relations	获取用于将表连接起来并允许从父表浏览到子表的关系的集合
SchemaSerializationMode	获取或设置 DataSet 对象的 SchemaSerializationMode 属性
Site	获取或设置 DataSet 对象的 System. ComponentModel. Isite 接口
Tables	获取包含在 DataSet 对象中的表的集合
方法	**方法说明**
AcceptChanges	提交自加载此 DataSet 对象或上次调用 AcceptChanges 方法以来对其进行的所有更改
BeginInit	开始初始化在窗体上使用或由另一个组件使用的 DataSet 对象。初始化发生在运行时
Clear	通过移除所有表中的所有行来清除任何数据的 DataSet 对象
Clone	复制 DataSet 对象的结构，包括所有 DataTable 对象架构、关系和约束。不要复制任何数据
Copy	复制该 DataSet 对象的结构和数据
CreateDataReader	为每个 DataTable 对象返回带有一个结果集的 DataTableReader 对象，顺序与 Tables 集合中表的显示顺序相同
EndInit	结束在窗体上使用或由另一个组件使用的 DataSet 对象的初始化。初始化发生在运行时
GetChanges	获取 DataSet 对象的副本，该副本包含自上次加载以来或自调用 AcceptChanges 方法以来对该数据集进行的所有更改
GetObjectData	用序列化 DataSet 对象所需的数据填充序列化信息对象
GetXml	返回存储在 DataSet 对象中的数据的 XML 表示形式
GetXmlSchema	返回存储在 DataSet 对象中的数据的 XML 表示形式的 XML 架构
HasChanges	获取一个值，该值指示 DataSet 对象是否有更改，包括新增行、已删除的行或已修改的行
Load	通过所提供的 IdataReader 接口，用某个数据源的值填充 DataSet 对象
Merge	将指定的 DataSet 对象、DataTable 对象或 DataRow 对象的数组合并到当前的 DataSet 对象或 DataTable 对象中
ReadXml	将 XML 架构和数据读入 DataSet 对象
ReadXmlSchema	将 XML 架构读入 DataSet 对象
RejectChanges	回滚自创建 DataSet 对象以来或上次调用 DataSet. AcceptChanges 方法以来对其进行的所有更改
Reset	将 DataSet 对象重置为初始状态。子类应重写 Reset 方法，以便将 DataSet 对象还原到原始状态
WriteXml	从 DataSet 对象写 XML 数据，还可以选择写架构
WriteXmlSchema	写 XML 架构形式的 DataSet 对象结构

9.3.4 数据绑定

数据绑定是一种设置窗体上任何控件的任何运行时可访问属性的自动方法。

1. BindingNavigator 控件

使用 BindingNavigator 控件创建标准化方法，提供用户搜索和更改 Windows 窗体中的数据的功能。BindingNavigator 控件由 ToolStrip 和一系列 ToolStripItem 对象组成，完成一些常见的与数据相关的操作：添加数据、删除数据和定位数据。默认情况下，BindingNavigator 控件包含这些标准按钮，如图 9—40 所示。

2. BindingSource 组件

BindingSource 组件主要用于简化将控件绑定到基础数据源的过程。BindingSource 组件既可以作为一个数据连接，也可以作为一个数据源。将命令传递到基础数据列表时，该组件为窗体提供抽象的数据连接，直接向该组件添加数据时，组件本身就是数据源。

BindingSource 组件可以绑定到两种数据源：一是简单数据源，如对象的单个属性或 ArrayList 类似的基本集合；二是复杂数据源，如数据库表。在设计或运行时，通过将 BindingSource 组件的 DataSource 和 DataMember 属性分别设置为数据库和表，可以将该组件绑定到复杂数据源。

在数据绑定结构中，BindingSource 组件所处位置如图 9—41 所示。

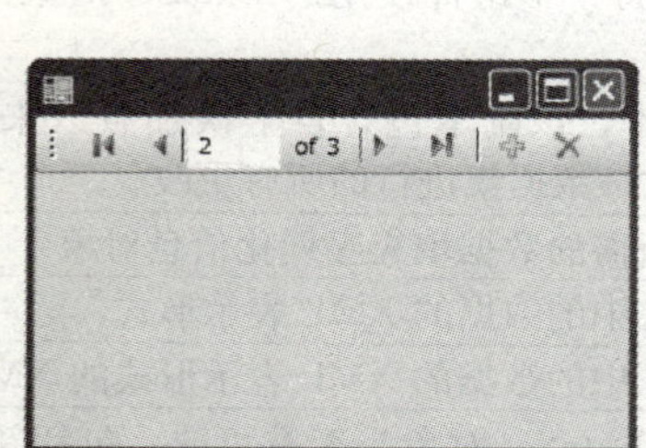

图 9—40 BindingNavigator 控件的标准按钮

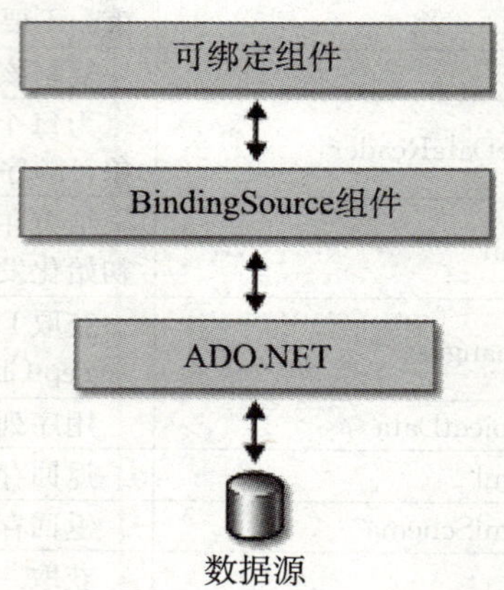

图 9—41 BindingSource 组件所处位置

BindingSource 组件可以用作所有绑定的 CurrencyManager。BindingSource 组件的常用属性和方法见表 9—9。

表 9—9 BindingSource 组件的常用属性和方法

属性	属性说明
Current	获取数据源的当前项
Position	获取或设置基础列表中的当前位置
List	获取 DataSource 计算和 DataMember 计算列表。如果未设置 DataMember，则返回由 DataSource 指定的列表
方法	**方法说明**
Insert	将项插入列表的指定索引处

续前表

方法	方法说明
RemoveCurrent	从列表中移除当前项
EndEdit	将挂起的更改应用于基础数据源
CancelEdit	取消当前的编辑操作
AddNew	在基础列表中添加一个新项。如果数据源实现了 IBindingList 并从 AddingNew 事件返回一个项，则添加该项。否则，请求将被传递到列表的 AddNew 方法。如果基础列表不是一个 IBindingList，会通过它的公共默认构造函数自动创建该项

3. 使用设计器将 Windows 窗体控件与 BindingSource 组件进行绑定

在设计时绑定控件的方法：

(1) 将 TextBox 控件拖到窗体上。

(2) 在“属性”窗体中，展开“(DataBindings)”结点。

(3) 单击 Text 属性旁边的箭头图标。此时将打开“DataSource” UI 类型编辑器。如果以前已经为项目或窗体配置了数据源，将显示此数据源。

(4) 单击“添加项目数据源”，连接到数据并创建数据源。

(5) 在“数据源配置向导”欢迎页上单击“下一步”按钮。

(6) 在“选择数据源类型”页上选择“数据库”。

(7) 在“选择您的数据连接”页上，从可用连接列表中选择一个数据连接。如果所需的数据连接不可用，请选择“新建连接”以创建新的数据连接。

(8) 选择“是，保存连接”，以保存应用程序配置文件中的连接字符串。

(9) 选择要放置到应用程序中的数据库对象。在本例中，在表中选择一个希望显示 TextBox 的字段。如果需要，请替换默认数据集名称，单击“完成”按钮。

(10) 在“属性”窗体中，再次单击 Text 属性旁的箭头图标。在“DataSource” UI 类型编辑器中，选择要将 TextBox 绑定到的字段的名称。

(11) “DataSource” UI 类型编辑器关闭，并且特定于该数据连接的数据集、BindingSource 和表适配器将添加到窗体中。

4. DataGridView 控件

DataGridView 控件提供一种强大而灵活的以表格形式显示数据的方式。下面列出一些常用的属性，一些高级的设置可以通过查阅 MSDN 得到。DataGridView 控件的常用属性见表 9—10。

表 9—10　DataGridView 控件的常用属性

属性	属性值	说明
AutoGenerateColumns	如果自动创建列，则为 True；否则为 False，默认值为 True	用于获取或设置一个值，该值指示在设置数据源 DataSource 或 DataMember 属性时，是否自动创建列
ColumnCount	DataGridView 控件中显示的列数	用于获取或设置 DataGridView 控件中显示的列数

续前表

属性	属性值	说明
Dock	指定控件停靠的位置和方式值之一。默认值为 None	使用 Dock 属性可以定义在调整控件的父控件大小时，如何自动调整控件的大小
DataSource	包含 DataGridView 控件要显示的数据的对象	用于获取或设置 DataGridView 控件所显示数据的数据源

DataSource 属性是最重要的一个属性，它可以：

（1）将数据源列的名称自动用作列标头文本。

（2）用数据源的内容进行填充。

（3）DataGridView 列是为数据源中的每个列自动创建的。

（4）为表中的每个可见行创建一行。用户单击列标头时，将根据基础数据自动对行进行排序。

拓展实训 9

1. 实训目的

了解了数据访问后，为“美好生活日记本”增加修改密码和日记查询功能。

2. 任务描述

（1）增加“修改密码”功能。提供一个窗体用来修改用户的密码，在修改之前应验证旧的密码是否合法。

（2）增加“日记查询”功能。提供一个窗体完成依据写日记的时间实现日记查询的功能。

3. 要点提示

（1）“修改密码”功能。提供一个窗体用来修改用户的密码，在修改之前应验证旧的密码是否合法。在实现该功能的时候，应当注意的问题是，不同的用户在访问日记本的时候，只能看到的是个人数据，这就要求在成功登录后，我们要记录登录用户的用户名，在调用其他页面的时候，要首先依据登录的用户名打开属于该用户的日记信息。

（2）“日记查询”功能。提供一个窗体，或者在“看日记”窗体添加该功能，使得能够根据日期查询日记，将查询结果用 DataGridView 控件显示出来。功能实现的关键是 select语句的实现。

课后练习 9

1. 任务描述

制作一个基于 SQL Server 数据库的通讯录程序。

2. 要点提示

要访问 SQL Server 2005 数据库，应该采用 SQL Server 版本的数据提供程序。对数据操作使用 ADO.NET 的对象。基本的操作涉及在 SQL Server 2005 创建数据库、创建数据表，创建应用程序项目，建立数据库连接，完成数据操作几个方面。

附录　编程规范

一、术语定义

1. Pascal 大小写

标识符的首字母和后面连接的每个单词的首字母都大写。可以对三字符或更多字符的标识符使用 Pascal 大小写。

例如：BackColor。

2. Camel 大小写

标识符的首字母小写，而每个后面连接的单词的首字母都大写。

例如：backColor。

二、文件注释

在每个文件头必须包含以下注释说明：

```
/*-----------------------------------------------------------------------
//Copyright(C)2004×××公司
//版权所有.
//
//文件名:
//文件功能描述:
//
//
//创建标识:
//
//修改标识:
//修改描述:
//
//修改标识:
//修改描述:
            //----------------------------------------------------------
-----------*/
```

三、代码外观

1. 列宽

代码列宽控制在 110 个字符左右。

2. 换行

当表达式超出或即将超出规定的列宽，遵循以下规则进行换行：

(1) 在逗号后换行。

(2) 在操作符前换行。

(3) 规则 (1) 优先于规则 (2)。

当以上规则会导致代码混乱的时候自己采取更灵活的换行规则。

3. 缩进

缩进应该是每行一个 Tab (4 个空格)，不要在代码中使用 Tab 字符。

Visual Studio. Net 设置：工具→选项→文本编辑器→C#→制表符→插入空格。

4. 空行

空行是为了将逻辑上相关联的代码分块，以便提高代码的可阅读性。

在以下情况下使用两个空行：

(1) 接口和类的定义之间。

(2) 枚举和类的定义之间。

(3) 类与类的定义之间。

在以下情况下使用一个空行：

(1) 方法与方法、属性与属性之间。

(2) 方法中变量声明与语句之间。

(3) 方法与方法之间。

(4) 方法中不同的逻辑块之间。

(5) 方法中的返回语句与其他的语句之间。

(6) 属性与方法、属性与字段、方法与字段之间。

(7) 注释与它注释的语句间不空行，但与其他的语句间空一行。

5. 空格

在以下情况中要使用到空格：

(1) 关键字和左括号"("应该用空格隔开。

注意：在方法名和左括号"("之间不要使用空格，这样有助于辨认代码中的方法调用与关键字。

(2) 多个参数用逗号隔开，每个逗号后都应加一个空格。

(3) 除了 . 之外，所有的二元操作符都应用空格与它们的操作数隔开，一元操作符、++及--与操作数间不需要空格。

(4) 语句中的表达式之间用空格隔开。

6. 括号

(1) 左括号"("不要紧靠关键字，中间用一个空格隔开。

(2) 左括号"("与方法名之间不要添加任何空格。

(3) 没有必要的话不要在返回语句中使用"()"。

7. 花括号

(1) 左花括号"{"放于关键字或方法名的下一行并与之对齐。

(2) 左花括号“{”要与相应的右花括号“}”对齐。

(3) 通常情况下左花括号“{”单独成行，不与任何语句并列一行。

(4) if、while、do 语句后一定要使用“{}”，即使“{}”中为空或只有一条语句。

(5) 右花括号“}”后建议加一个注释以便于方便地找到与之对应的“{”。

四、控件命名规则

1. 命名方法

控件名简写＋英文描述，英文描述首字母大写。

2. 控件名简写对照表

控件名简写对照表见附表。

附表　控件名简写对照表

控件名	简写	控件名	简写
Label	lbl	TextBox	txt
Button	btn	LinkButton	lnkbtn
ImageButton	imgbtn	DropDownList	ddl
ListBox	ist	DataGrid	dg
DataList	dl	CheckBox	chk
CheckBoxList	chkls	RadioButton	rdo
RadioButtonList	rdolt	Image	img
Panel	pnl	Calender	cld
AdRotator	ar	Table	tbl
RequiredFieldValidator	rfv	CompareValidator	cv
RangeValidator	rv	RegularExpressionValidator	rev
ValidatorSummary	vs	CrystalReportViewer	rptvew

五、匈牙利命名法

匈牙利命名法是一名匈牙利程序员发明的，他在微软工作了多年，此命名法就是通过微软的各种产品和文档传出来的。多数有经验的程序员，不管他们用的是哪门语言，都或多或少在使用它。

这种命名法的基本原则是：变量名＝属性＋类型＋对象描述。

一个变量名是由三部分信息组成，这样，程序员很容易理解变量的类型、用途，而且便于记忆。

下边是一些推荐使用的规则例子，可以挑选使用，也可以根据个人喜好做些修改再用之。

1. 属性部分

全局变量：g_。

常量：c_。

类成员变量：m_。

2. 类型部分

指针：p。

句柄：h。

布尔型：b。

浮点型：f。

无符号：u。"

3. 描述部分

初始化：Init。

临时变量：Tmp。

目的对象：Dst。

源对象：Src。

窗体：Wnd。

下边举例说明：

hwnd：h表示句柄，wnd表示窗体，合起来为“窗体句柄”。

m _ bFlag：m表示成员变量，b表示布尔，合起来为“某个类的成员变量，布尔型，是一个状态标志”。

六、命名规范

1. 命名空间

（1）命名空间时的一般性规则是使用公司名称，后跟技术名称和可选的功能与设计，代码如下：

```
CompanyName.TechnologyName[.Feature][.Design]
```

例如：

```
namespace WuDi.Procurement                   /无敌公司的采购单管理系统
namespace WuDi.Procurement.DataRules         //无敌公司的采购单管理系统的业务规则模块
```

（2）命名空间使用Pascal大小写，用逗号分隔开。

（3）TechnologyName指的是该项目的英文缩写或软件名。

（4）命名空间和类不能使用同样的名字。例如，有一个类被命名为Debug后，就不要再使用Debug作为一个名称空间名。

2. 类

（1）使用Pascal大小写。

（2）用名词或名词短语命名类。

（3）使用全称避免缩写，除非缩写已是一种公认的约定，如URL、HTML。

（4）不要使用类型前缀，如在类名称上对类使用C前缀。例如，使用类名称FileStream，而不是CFileStream。

（5）不要使用下划线字符“ _ ”。

（6）有时候需要提供以字母I开始的类名称，虽然该类不是接口。只要I是作为类名称组成部分的整个单词的第一个字母，这便是适当的，例如类名称IdentityStore是适当的。在适当的地方，使用复合单词命名派生的类。派生类名称的第二个部分应当是基类的名称。例如，ApplicationException作为Exception类的派生类的名字是适当的，原因是

ApplicationException 是一种 Exception。但请在应用该规则时进行合理的权衡。例如，Button 类是从 Control 类派生而来，由于 Button 是常用的控件，用户对它比较熟悉，若将其名称取做“ButtonControl”则显得繁琐了。

```
public class FileStream
public class Button
public class String
```

3. 接口

以下规则概述接口的命名指南：

（1）用名词或名词短语或者描述行为的形容词命名接口。例如接口名称 IComponent 使用描述性名词，接口名称 ICustomAttributeProvider 使用名词短语，名称 IPersistable 使用形容词。

（2）使用 Pascal 大小写。

（3）少用缩写。

（4）给接口名称加上字母 I 前缀，以指示该类型为接口。在定义类/接口对（其中类是接口的标准实现）时使用相似的名称。两个名称的区别应该只是接口名称上有字母 I 前缀。

（5）不要使用下划线字符“_”。

（6）当类是接口的标准执行时，定义这一对类/接口组合就要使用相似的名称。两个名称的不同之处只是接口名前有一个 I 前缀。

4. 特性

应该总是将后缀 Attribute 添加到自定义特性类。以下是正确命名的特性类的代码：

```
public class ObsoleteAttribute
{
}
```

5. 枚举

枚举（Enum）值类型从 Enum 类继承。以下规则概述枚举的命名指南：

（1）对于 Enum 类型和值名称使用 Pascal 大小写。

（2）少用缩写。

（3）不要在 Enum 类型名称上使用 Enum 后缀。

（4）对大多数 Enum 类型使用单数名称，但是对作为位域的 Enum 类型使用复数名称。

（5）总是将 FlagsAttribute 添加到位域 Enum 类型。

6. 参数

以下规则概述参数的命名指南：

（1）使用描述性参数名称。参数名称应当具有足够的描述性，以便参数的名称及类型可用于在大多数情况下确定它的含义。

（2）对参数名称使用 Camel 大小写。

（3）使用描述参数的含义的名称，而不要使用描述参数的类型的名称。开发工具将提供有关参数的类型的有意义的信息。因此，通过描述意义，可以更好地使用参数的名称。少用基于类型的参数名称，仅在适合使用它们的地方使用它们。

(4) 不要使用保留的参数。保留的参数是专用参数，如果需要，可以在未来的版本中公开它们。相反，如果在类库的未来版本中需要更多的数据，请为方法添加新的重载。

(5) 不要给参数名称加匈牙利语类型表示法的前缀。

以下是正确命名的参数的代码：

```
Type GetType(string typeName)
string Format(string format,args()As object)
```

7. 方法

以下规则概述方法的命名指南：

(1) 使用动词或动词短语命名方法。

(2) 使用 Pascal 大小写。

(3) 以下是正确命名的方法的代码：

```
RemoveAll()
GetCharArray()
Invoke()
```

8. 属性

以下规则概述属性的命名指南：

(1) 使用名词或名词短语命名属性。

(2) 使用 Pascal 大小写。

(3) 不要使用匈牙利语表示法。

(4) 考虑用与属性的基础类型相同的名称创建属性。例如，如果声明名为 Color 的属性，则属性的类型同样应该是 Color。

9. 事件

以下规则概述事件的命名指南：

(1) 对事件处理程序名称使用 EventHandler 后缀。

(2) 指定两个名为 sender 和 e 的参数。sender 参数表示引发事件的对象。sender 参数始终是 object 类型的，即使在可以使用更为特定的类型时也如此。与事件相关联的状态封装在名为 e 的事件类的实例中。对 e 参数类型使用适当而特定的事件类。

(3) 用 EventArgs 后缀命名事件参数类。

(4) 考虑用动词命名事件。

(5) 使用动名词（动词的“ing”形式）创建表示事件前的概念的事件名称，用过去式表示事件后。例如，可以取消的 Close 事件应当具有 Closing 事件和 Closed 事件。不要使用 Before×××/After×××命名模式。

(6) 不要在类型的事件声明上使用前缀或者后缀。例如，使用 Close，而不要使用 OnClose。

(7) 通常情况下，对于可以在派生类中重写的事件，应在类型上提供一个受保护的方法（称为 On×××）。此方法只应具有事件参数 e，因为发送方总是类型的实例。

10. 常量

以下规则概述常量的命名指南：

所有单词大写，多个单词之间用“_”隔开。例如：

```
public const string PAGE_TITLE = "Welcome"
```

11. 字段

以下规则概述字段的命名指南：

（1）private、protected 使用 Camel 大小写。

（2）public 使用 Pascal 大小写。

（3）拼写出字段名称中使用的所有单词。仅在开发人员一般都能理解时使用缩写。字段名称不要使用大写字母。

（4）不要对字段名使用匈牙利语表示法。好的名称描述语义，而非类型。

（5）不要对字段名或静态字段名应用前缀。具体说来，不要对字段名称应用前缀来区分静态和非静态字段。例如，应用 g_ 或 s_ 前缀是不正确的。

（6）对预定义对象实例使用公共静态只读字段。如果存在对象的预定义实例，则将它们声明为对象本身的公共静态只读字段。使用 Pascal 大小写，原因是字段是公共的。

12. 静态字段

以下规则概述静态字段的命名指南：

（1）使用名词、名词短语或者名词的缩写命名静态字段。

（2）使用 Pascal 大小写。

（3）对静态字段名称使用匈牙利语表示法前缀。

（4）建议尽可能使用静态属性而不是公共静态字段。

13. 集合

集合是一组组合在一起的类似的类型化对象，如哈希表、查询、堆栈、字典和列表，集合的命名建议用复数。

参考文献

1. 周礼 . C＃和 . NET3. 0 第一步：适用 Visual Studio 2005 与 Visual Studio 2008. 北京：清华大学出版社，2008

2. 王小科，梁冰，吕双 . C＃开发典型模块大全 . 北京：人民邮电出版社，2009

3. ［美］沃森，内格尔等著，齐立波译 . C＃入门经典（第 4 版）. 北京：清华大学出版社，2008

4. ［美］内格尔，艾维耶，格林著，李铭译 . C＃高级编程（第 6 版）. 北京：清华大学出版社，2008

5. ［美］李著，薛莹译 . C＃2008 编程参考手册 . 北京：清华大学出版社，2009

6. ［美］特勒尔森著，朱晔等译 . C＃与 . NET3. 5 高级程序设计（第 4 版）. 北京：人民邮电出版社，2009

教育部高职高专计算机教指委规划教材

序号	标准书号	书　名	主　编	定价(元)	备　注
1	ISBN 978-7-300-12890-0	大学计算机基础教程	舒望皎、王瑛舒雅	26.00	配备教学资源
2	ISBN 978-7-300-	计算机信息技术基础与实训教程	王洪香、孟祥瑞	27.00	即将出版
3	ISBN 978-7-300-12889-4	C 语言程序设计项目教程	吕新平	29.80	配备教学资源
4	ISBN 978-7-300-13434-5	算法与数据结构（C 语言版）	田晶、金鑫	28.00	配备教学资源
5	ISBN 978-7-300-12888-7	计算机组装与维修案例教程·浙江省高校重点教材建设（高职高专）	张海波	28.00	配备教学资源
6	ISBN 978-7-300-	计算机网络技术项目教程	向隅	29.00	即将出版
7	ISBN 978-7-300-11722-5	ASP. NET 网络程序设计	崔连和	28.00	配备教学资源
8	ISBN 978-7-300-13432-1	现代办公自动化项目教程（Windows XP＋Office2010）	靳广斌	29.00	配备教学资源
9	ISBN 978-7-300-11475-0	软件工程技术与实用开发工具	王伟	26.00	配备教学资源
10	ISBN 978-7-300-	软件测试技术与项目实训	于艳华	28.00	即将出版
11	ISBN 978-7-300-12061-4	Java 程序设计项目教程	张兴科、季昌武	29.80	配备教学资源
12	ISBN 978-7-300-12059-1	Java 网络程序设计项目教程——校园通系统的实现	王茹香	25.00	配备教学资源
13	ISBN 978-7-300-12060-7	JSP 动态网站设计项目教程	张兴科	28.00	配备教学资源
14	ISBN 978-7-300-12504-6	Dreamweaver CS4 网页设计与实训教程	史晓红、章立	29.00	配备教学资源
15	ISBN 978-7-300-12887-0	SQL Server 2005 数据库案例教程	尹毅峰、李东	28.00	配备教学资源
16	ISBN 978-7-300-13435-2	Web 数据库设计项目教程	邵冬华	29.00	配备教学资源
17	ISBN 978-7-300-12759-0	企业级网站开发项目教程（ASP. NET）	陈义辉、沙继东	32.00	配备教学资源
18	ISBN 978-7-300-12891-7	动态网站开发技术项目教程（ASP. NET）	牛立成	29.00	配备教学资源
19	ISBN 978-7-300-13430-7	基于 C# 的 Windows 应用程序设计项目教程	刘昌明、郑卉	28.00	配备教学资源
20	ISBN 978-7-300-13246-4	数据库开发技术项目教程（SQL Server 2008＋C# 2008）	王跃胜	28.00	配备教学资源
21	ISBN 978-7-300-13431-4	Windows Server 操作系统维护与管理项目教程	王伟	29.00	配备教学资源
22	ISBN 978-7-300-13433-8	Linux 网络服务器搭建管理与应用	周奇	28.00	配备教学资源
23	ISBN 978-7-300-	数字电子技术及 EDA 设计项目教程	王艳芬、候聪玲	28.00	即将出版
24	ISBN 978-7-300-	Flash CS5 动画设计项目实践教程	周奇	29.00	即将出版
25	ISBN 978-7-300-12892-4	Premiere Pro CS4 视频编辑项目教程（彩印）	尹敬齐	38.00	配备教学资源
26	ISBN 978-7-300-12894-8	中文版 Photoshop 设计与制作项目教程（彩印）	张小志、高欢	35.00	配备教学资源
27	ISBN 978-7-300-12893-1	3ds Max 动画设计与制作项目教程（彩印）	许广彤	35.00	配备教学资源
28	ISBN 978-7-300-12886-3	网页美术设计（彩印）	许广彤	42.00	配备教学资源

全国高职高专计算机系列精品教材

序号	标准书号	书　名	主　编	定价(元)	备　注
1	ISBN 978-7-300-12039-3	网络管理与维护	马志彬	26.00	配备教学资源
2	ISBN 978-7-300-12437-7	计算机应用基础	沈美莉、陈孟建、池敏	32.00	
3	ISBN 978-7-300-12435-3	计算机应用基础实训	刘静	26.00	
4	ISBN 978-7-300-12458-2	C 语言程序设计	汪剑	25.00	
5	ISBN 978-7-300-12432-2	Java 实例应用教程	王建虹	26.00	
6	ISBN 978-7-300-12459-9	计算机组成原理	朱小军	25.00	
7	ISBN 978-7-300-12429-2	计算机网络技术实训教程	曹建春	28.00	
8	ISBN 978-7-300-12431-5	Dreamweaver 网页设计与制作案例教程	李敏	26.00	
9	ISBN 978-7-300-12428-5	计算机组装与维护	陈桂生	22.00	
10	ISBN 978-7-300-12434-6	多媒体应用技术基础教程	张明	20.00	
11	ISBN 978-7-300-12436-0	三维动画设计与制作	向华	28.00	
12	ISBN 978-7-300-12430-8	数据结构导论	蔡厚新	39.80	
13	ISBN 978-7-300-12438-4	操作系统概论	杨云	29.00	
14	ISBN 978-7-300-12433-9	二维动画制作技术	牟奇春	26.00	

图书在版编目（CIP）数据

基于C＃的Windows应用程序设计项目教程/刘昌明等主编．—北京：中国人民大学出版社，2011
教育部高职高专计算机教指委规划教材
ISBN 978-7-300-13430-7

Ⅰ．①基…　Ⅱ．①刘…　Ⅲ．①C语言-程序设计-教材②窗口软件，Windows-程序设计-教材
Ⅳ．①TP312②TP316．7

中国版本图书馆CIP数据核字（2011）第032152号

教育部高职高专计算机教指委规划教材
基于C＃的Windows应用程序设计项目教程
主　编　刘昌明　郑　卉

出版发行	中国人民大学出版社			
社　　址	北京中关村大街31号		**邮政编码**	100080
电　　话	010－62511242（总编室）			010－62511398（质管部）
	010－82501766（邮购部）			010－62514148（门市部）
	010－62515195（发行公司）			010－62515275（盗版举报）
网　　址	http：//www. crup. com. cn			
	http：//www. ttrnet. com(人大教研网)			
经　　销	新华书店			
印　　刷	北京华正印刷有限公司			
规　　格	185 mm×260 mm　16开本		**版　　次**	2011年5月第1版
印　　张	15．25		**印　　次**	2016年8月第3次印刷
字　　数	339 000		**定　　价**	28．00元

教师信息反馈表

为了更好地为您服务，提高教学质量，中国人民大学出版社愿意为您提供全面的教学支持，期望与您建立更广泛的合作关系。请您填好下表后以电子邮件或信件的形式反馈给我们。

您使用过或正在使用的我社教材名称		版次	
您希望获得哪些相关教学资料			
您对本书的建议（可附页）			
您的姓名			
您所在的学校、院系			
您所讲授课程名称			
学生人数			
您的联系地址			
邮政编码		联系电话	
电子邮件（必填）			
您是否为人大社教研网会员	□ 是　会员卡号：________ □ 不是，现在申请		
您在相关专业是否有主编或参编教材意向	□ 是　□ 否 □ 不一定		
您所希望参编或主编的教材的基本情况（包括内容、框架结构、特色等，可附页）			

我们的联系方式：北京市海淀区中关村大街31号
中国人民大学出版社教育分社
邮政编码：100080
电话：010-62515923
网址：http://www.crup.com.cn/jiaoyu
E-mail：jyfs_2007@126.com